G101 平法钢筋识图与算量从入门到精通

梁 瑶 编著

北京希望电子出版社
Beijing Hope Electronic Press
www.bhp.com.cn

内 容 简 介

本书共分为九章。第一章介绍平法、钢筋以及钢筋算量的基础知识；第二章分别介绍独立基础、条形基础和筏形基础的平法施工图识图规则、平法识图和钢筋算量；第三章介绍柱构件平法识图与钢筋算量；第四章介绍梁构件平法识图与钢筋算量；第五章介绍板构件平法识图与钢筋算量；第六章介绍剪力墙构件平法识图与钢筋算量；第七章介绍楼梯平法识图与钢筋算量；第八章和第九章分别以某框架结构平法施工图识图实例和某剪力墙结构平法施工图识图实例说明平法施工图的识读。

本书可作为施工人员及工程造价人员的培训教材，也可供大中专院校土木工程、工程造价、工程管理等相关专业的师生学习参考。

图书在版编目（CIP）数据

G101 平法钢筋识图与算量从入门到精通 / 梁瑶编著.
—北京：北京希望电子出版社，2021.1
ISBN 978-7-83002-803-9

Ⅰ.①G… Ⅱ.①梁… Ⅲ.①钢筋混凝土结构－建筑构图－识图 ②钢筋混凝土结构－结构计算 Ⅳ.①TU375

中国版本图书馆 CIP 数据核字（2020）第 236917 号

出版：北京希望电子出版社　　　　　　　　封面：杨　莹
地址：北京市海淀区中关村大街 22 号　　　编辑：龙景楠
　　　中科大厦 A 座 10 层　　　　　　　　校对：安　源
邮编：100190　　　　　　　　　　　　　　开本：710mm×1000mm 1/16
网址：www.bhp.com.cn　　　　　　　　　　印张：22.5
电话：010 - 82626261　　　　　　　　　　字数：530 千字
传真：010 - 62543892　　　　　　　　　　印刷：北京军迪印刷有限责任公司
经销：各地新华书店　　　　　　　　　　　版次：2021 年 1 月 1 版 1 次印刷

定价：88.00 元

前　　言

平法，即建筑结构施工图平面整体设计方法，是山东大学陈青来教授首次提出的。平法的提出，极大提高了结构设计的效率，大大减少了绘制图纸的数量，可以说是历史性的改革和突破。到目前为止，平法已广泛应用于施工图中。

如今，随着我国经济的发展，建筑行业的从业人员越来越多，提高从业人员的基本素质和专业技能已成为当务之急。为了使相关从业人员能快速地看懂平法施工图，正确地进行钢筋计算，我们针对工程中较为常见的框架结构、剪力墙结构，编写了这本《G101 平法钢筋识图与算量从入门到精通》。

本书依据《混凝土结构施工图平面整体表示方法制图规则和构造详图（现浇混凝土框架、剪力墙、梁、板）》(16G101－1)、《混凝土结构施工图平面整体表示方法制图规则和构造详图（现浇混凝土板式楼梯）》(16G101－2)、《混凝土结构施工图平面整体表示方法制图规则和构造详图（独立基础、条形基础、筏形基础及桩基础）》(16G101－3) 等图集编写，共分为九章。第一章介绍平法、钢筋以及钢筋算量的基础知识；第二章分别介绍独立基础、条形基础和筏形基础的平法施工图识图规则、平法识图和钢筋算量；第三章介绍柱构件平法识图与钢筋算量；第四章介绍梁构件平法识图与钢筋算量；第五章介绍板构件平法识图与钢筋算量；第六章介绍剪力墙构件平法识图与钢筋算量；第七章介绍楼梯平法识图与钢筋算量；第八章和第九章分别以某框架结构平法施工图识图实例和某剪力墙结构平法施工图识图实例说明平法施工图的识读。

本书在编写过程中参考了大量的文献资料，借鉴了大量的案例。为了编写方便，未能对所引用的文献资料和案例一一注明，在此，我们向有关专家和原作者致以真诚的感谢。

由于编者的水平有限，书中难免会有疏漏和不足之处，恳请广大读者批评指正。

编者

目　　录

第一章
平法钢筋识图与算量基础知识

第一节　平法基础知识

建筑识图第一集

扫码观看本视频

一、平法概述

1. 平法的概念

平法，即"建筑结构施工图平面整体表示方法"，是将结构构件的尺寸和配筋等按照平面整体表示方法的制图规则，整体直接将各类构件表达在结构平面布置图上，再与标准构造详图配合，即构成一套新型完整的结构设计。

平法是对结构设计技术方法的理论化、系统化，是对传统设计方法的一次深化变革。它是一种科学合理、简洁高效的结构设计方法，具体体现在：图纸数量少、层次清晰；识图、记忆、查找、核对、审核、验收较方便；图纸与施工顺序一致；对结构易形成整体概念。

平法将结构设计分为创意性设计内容和重复性（非创意性）设计内容两部分。设计者采用制图规则中的标准符号、数字来体现其设计内容，属于创造性内容；传统设计中大量重复表达的内容，如节点详图，搭接、锚固值，加密范围等，属于重复性、通用性设计内容。重复性设计内容部分（主要是节点构造和构件构造）以"广义标准化方式"编制成国家建筑标准构造设计有其现实合理性，符合现阶段的中国国情。标准构造设计由设计者完成，构造设计缺乏必要条件：结构分析结果不包括节点内的应力；以节点边界内力进行节点设计的理论依据并不充分；节点设计缺少足够的试验数据。构造设计缺少试验依据是普遍现象，现阶段由国家建筑标准设计将其统一起来，是一种理性的设计。

2. 平法的原理

平法的系统科学原理在于：平法视全部设计过程与施工过程为一个完整的主系统，主系统由多个子系统构成，主要包括以下几个子系统：基础结构、柱墙结构、梁结构、板结构，各子系统有明确的层次性、关联性和相对完整性。

（1）层次性。基础、柱墙、梁、板，均为完整的子系统。

（2）关联性。柱、墙以基础为支座——柱、墙与基础关联；梁以柱为支座——梁与柱关联；板以梁为支座梁——板与梁关联。

（3）相对完整性。对于基础自成体系，仅有自身的设计内容而无柱或墙的设计内容；对于柱、墙自成体系，仅有自身的设计内容（包括在支座内的锚固纵筋）而无梁的设计内容；对于梁自成体系，仅有自身的设计内容（包括锚固在支座内的纵筋）而无板的设计内容；对于板自成体系，仅有板自身的设计内容（包括锚固在支座内的纵筋）。在设计出图的表现形式上它们都是独立的板块。

3. 平法的实用效果

（1）平法采用标准化的设计制图规则，结构施工图表达数字化、符号化，单张图纸的信息量多而且集中；构件分类明确，层次清晰，表达准确，设计速度快，效率成倍提高；平法使设计者易掌握全局，易进行平衡调整，易修改，易校审，改图可不涉及其他构件，易控制设计质量；平法既能适应业主分阶段分层提图施工的要求，也可适应在主体结构开始施工后又进行大幅度调整的特殊情况。平法分结构层设计的图纸和水平逐层施工的顺序完全一致，对标准层可实现单张图纸施工，施工工程师对结构比较容易形成整体概念，有利于施工质量管理。

（2）平法采用标准化的构造设计，形象、直观，施工易懂、易操作。标准构造详图集国内较成熟、可靠的常规节点构造之大成，集中分类归纳整理后编制成国家建筑标准设计图集供设计选用，可避免构造做法反复抄袭以及由此产生的设计失误，保证节点构造在设计与施工两个方面均达到高质量。此外，对节点构造的研究、设计和施工实现专门化提出了更高的要求，已初步形成结构设计与施工的部分技术规则。

（3）平法大幅度降低设计成本，降低设计消耗，节约自然资源。平法施工图是有序化、定量化的设计图纸，与其配套的标准设计图集可以重复使用，与传统方法相比，图纸量减少了 70％以上，减少了综合设计工日，降低了设计成本，在节约人力资源的同时也节约了自然资源，间接保护了自然环境。

二、平法制图与传统图示方法的不同

建筑识图第二集

扫码观看本视频

平法施工图把结构构件的尺寸和配筋等，按照平面整体表示方法的制图规则，整体直接地表示在各类构件的结构布置平面图上，再与标准构造详图配合，结合成了一套新型完整的结构设计表示方法。它改变了传统的那种将构件（柱、剪力墙、梁）从结构平面设计图中索引出来，再逐个绘制模板详图和配筋详图的烦琐办法。

（1）如框架图中的梁和柱，在"平法制图"中的钢筋图示方法，施工图中只绘制梁、柱平面图，不绘制梁、柱中配置钢筋的立面图（梁不画截面图；柱在其平面图上只按编号不同各取一个在原位放大画出的带有钢筋配置的柱截面图）。

（2）传统框架图中的梁和柱，既画梁、柱平面图，同时也绘制梁、柱中配置钢筋的立面图及其截面图；但在"平法制图"中的钢筋配置，省略不画这些图，而是去查阅《混凝土结构施工图平面整体表示方法制图规则和构造详图》。

（3）传统的混凝土结构施工图，可以直接从其绘制的详图中读取钢筋配置尺寸，而"平法制图"则需要查找相应的详图——《混凝土结构施工图平面整体表示方法制图规则和构造详图》中相应的详图，钢筋的大小尺寸和配置尺寸，均以"相关尺寸"（跨度、钢筋直径、搭接长度、锚固长度等）为变量的函数来表达，而不是具体数字。借此用来实现其标准图的通用性。概括地说，"平法制图"使混凝土结构施工图的内容简化了。

（4）柱与剪力墙的"平法制图"，均以施工图列表注写方式，表达其相关规格与尺寸。

（5）"平法制图"中的突出特点，表现在梁的"原位标注"和"集中标注"上。"原位标注"概括地说分两种：标注在柱子附近处，且在梁上方，是承受负弯矩的箍筋直径和根数，其钢筋布置在梁的上部；标注在梁中间且下方的钢筋，是承受正弯矩的，其钢筋布置在梁的下部。"集中标注"是从梁平面图的梁处引铅垂线至图的上方，注写梁的编号、挑梁类型、跨数、截面尺寸、箍筋直径、箍筋肢数、箍筋间距、梁侧面纵向构造钢筋或受扭钢筋的直径和根数、通长筋的直径和根数等。如果"集中标注"中有通长筋时，则"原位标注"中的负筋数量包含通长筋数量。

（6）在传统混凝土结构施工图中，计算斜截面的抗剪强度时，在梁中配置45°或60°的弯起钢筋。而在"平法制图"中，梁不配置这种弯起钢筋，而是由加密的箍筋来承受其斜截面的抗剪强度。

三、平法的适用范围

平法系列图集包括：《混凝土结构施工图平面整体表示方法制图规则和构造详图（现浇混凝土框架、剪力墙、梁、板)》（16G101-1）、《混凝土结构施工图平面整体表示方法制图规则和构造详图（现浇混凝土板式楼梯)》（16G101-2）、《混凝土结构施工图平面整体表示方法制图规则和构造详图（独立基础、条形基础、筏形基础及桩基础)》（16G101-3）（以下分别简称16G101-1图集、16G101-2图集、16G101-3图集）。

16G101-1图集适用于非抗震和抗震设防烈度为6～9度地区的现浇混凝土框架、剪力墙、框架—剪力墙和部分框支剪力墙等主体结构施工图的设计以及各类结构中的现浇混凝土板（包括有梁楼盖和无梁楼盖）、地下室结构部分现浇混凝土墙体、柱、梁、板结构施工图的设计。

16G101-2图集适用于非抗震及抗震设防烈度为6～9度地区的现浇钢筋混凝土板式楼梯。

16G101-3图集适用于各种类型下的现浇混凝土独立基础、条形基础、筏形基础（分梁板式和平板式）、桩基承台施工图设计。

第二节　钢筋基础知识

一、钢筋的等级选用

钢筋

扫码观看本视频

根据《混凝土结构设计规范》（GB 50010—2010）中的相关规定，混凝土结构中的钢筋应按下列规定选用。

（1）纵向受力普通钢筋宜采用 HRB400、HRB500、HRBF400、HRBF500 钢筋，也可采用 HPB300、HRB335、HRBF335、RRB400 钢筋。

（2）梁、柱纵向受力普通钢筋应采用 HRB400、HRB500、HRBF400、HRBF500。

（3）箍筋宜采用 HRB400、HRBF400、HPB300、HRB500、HRBF500 钢筋，也可采用 HRB335、HRBF335 钢筋。

（4）预应力筋宜采用预应力钢丝、钢绞线和预应力螺纹钢筋。

二、钢筋的表示方法

1. 钢筋的一般表示方法

（1）普通钢筋的表示方法见表1-1。

表 1-1　普通钢筋的表示方法

序号	名称	图例	说明
1	钢筋断面	●	—
2	无弯钩的钢筋端部		左图表示长、短钢筋投影重叠时，短钢筋的端部用45°短画线表示
3	带半圆形弯钩的钢筋端部		—
4	带直钩的钢筋端部		—
5	带丝扣的钢筋端部		—
6	无弯钩的钢筋搭接		—
7	带半圆形弯钩的钢筋搭接		—
8	带直钩的钢筋搭接		—
9	花篮螺丝的钢筋接头	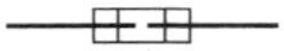	—
10	机械连接的钢筋接头		用文字说明机械连接的方式（如冷挤压或直螺纹）

（2）预应力钢筋的表示方法见表 1-2。

表 1-2　预应力钢筋的表示方法

序号	名称	图例
1	预应力钢筋或钢绞线	
2	后张法预应力钢筋断面、无黏结预应力钢筋断面	⊕
3	预应力钢筋断面	+
4	张拉端锚具	
5	固定端锚具	
6	锚具的端视图	 ⊕
7	可动连接件	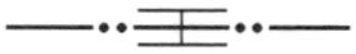
8	固定连接件	

（3）钢筋网片的表示方法见表 1-3。

表 1-3　钢筋网片的表示方法

名称	图例
一片钢筋网平面图	 W-1
一行相同的钢筋网平面图	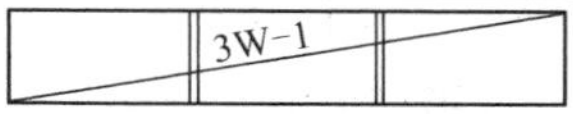 3W-1

（4）钢筋焊接接头的表示方法见表1-4。

表 1-4　钢筋焊接接头的表示方法

名称	接头形式	标注方法
单面焊接的钢筋接头		
双面焊接的钢筋接头	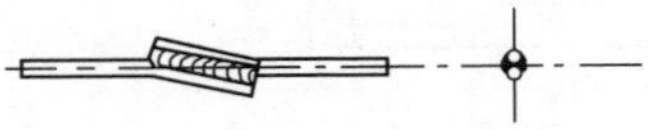	
用帮条单面焊接的钢筋接头	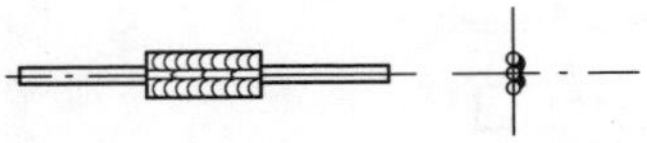	
用帮条双面焊接的钢筋接头	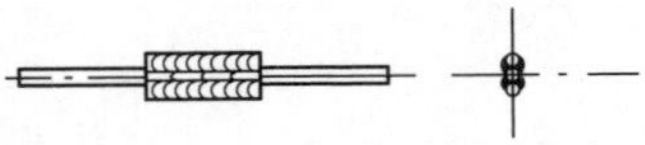	
接触对焊的钢筋焊头（闪灯焊、压力焊）	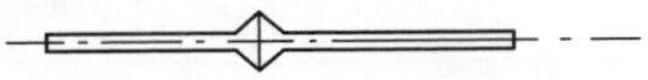	
坡口平焊的钢筋接头	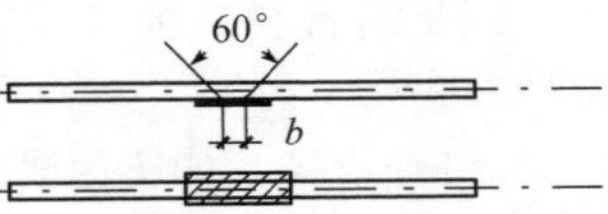	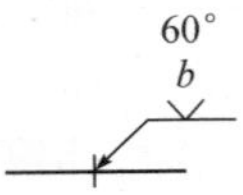
坡口立焊的钢筋接头	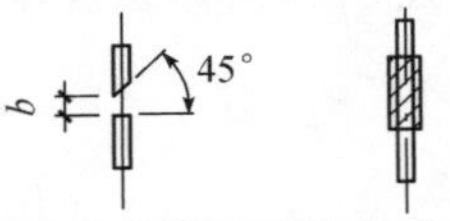	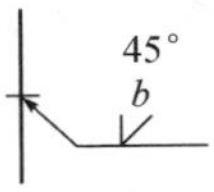
用角钢或扁钢做连接板焊接的钢筋接头	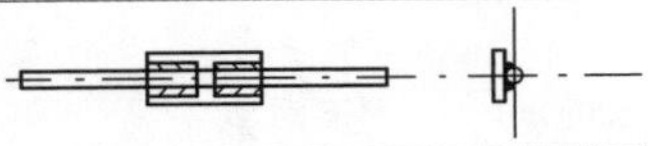	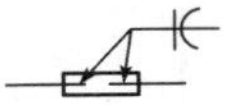
钢筋或螺（锚）栓与钢板穿孔塞焊的接头	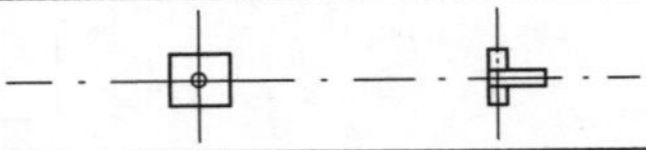	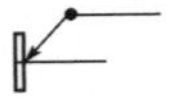

（5）钢筋的画法见表1-5。

表 1-5　钢筋的画法

序号	图例	说明
1	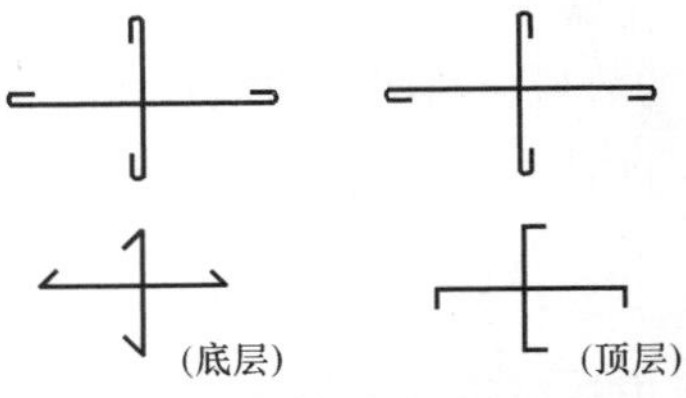 （底层）　（顶层）	在结构楼板中配置双层钢筋时，底层钢筋的弯钩应向上或向左，顶层钢筋的弯钩则应向下或向右
2	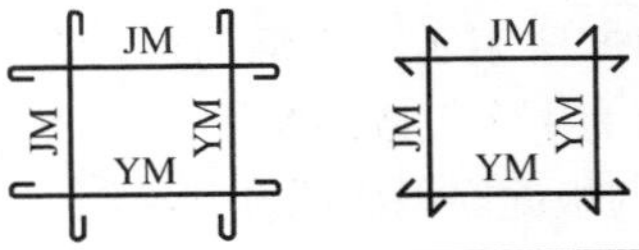 JM　YM	钢筋混凝土墙体配双层钢筋时，在配筋立面图中，远面钢筋的弯钩应向上或向左，而近面钢筋的弯钩应向下或向右（JM：近面，YM：远面）

续表

序号	图例	说明
3		若在断面图中不能表达清楚钢筋布置,应在断面图外增加钢筋大样图(如钢筋混凝土墙、楼梯)
4		若图中所表示的箍筋、环筋等布置复杂时,可加画钢筋大样及说明
5		每组相同的钢筋、箍筋或环筋,可用一根粗实线表示,同时用一根带斜短画线的横穿细线表示其钢筋及起止范围

(6)钢筋的标注方法。钢筋的直径、根数或相邻钢筋中心距一般采用引出线方式标注,其尺寸标注有下列两种形式。

1)标注钢筋的根数、等级和直径,如梁内受力筋和架立筋,如图 1-1 所示。

2)标注钢筋的等级、直径和相邻钢筋中心距,如梁内箍筋和板内钢筋,如图 1-2 所示。

图 1-1　钢筋的尺寸标注(一)

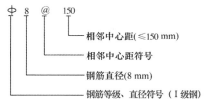

图 1-2　钢筋的尺寸标注(二)

(7)钢筋、钢丝网及钢筋网片的标注应按下列规定进行标注。

1)钢筋、钢丝束的说明应给出钢筋的代号、直径、数量、间距、编号及所在位置,其说明应沿钢筋的长度标注或标注在相关钢筋的引出线上。

2)钢筋网片的编号应标注在对角线上。网片的数量应与网片的编号标注在一起。

3)钢筋、杆件等编号的直径宜采用 5~6mm 的细实线圆表示,其编号应采用阿拉伯数字按顺序编写。

4)简单的构件、钢筋种类较少可不编号。

(8)钢筋在平面、立面、剖(断)面中的表示方法应符合下列规定。

1)钢筋在平面图中的配置应按图 1-3 所示的方法表示。当钢筋标注的位置不够时,可采用引出线标注。引出线标注钢筋的斜短画线应为中实线或细实线。

2)当构件布置较简单时,结构平面布置图可与板配筋平面图合并绘制。

3)平面图中的钢筋配置较复杂时,可按表 1-5 的方法绘制,其表示方法如图 1-4 所示。

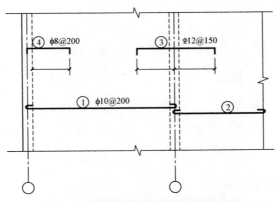

图1-3 钢筋在楼板配筋图中的表示方法

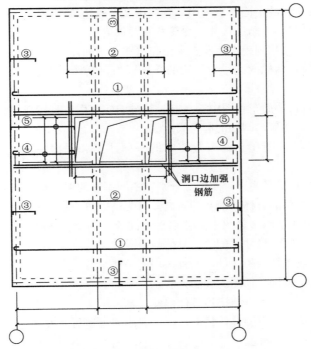

图1-4 楼板配筋较复杂的表示方法

4）钢筋在梁纵、横断面图中的配置，应按图1-5所示的方法表示。

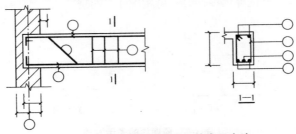

图1-5 梁纵、横断面图中钢筋表示方法

7

5）构件配筋图中箍筋的长度尺寸应指箍筋的里皮尺寸。弯起钢筋的高度尺寸应指钢筋的外皮尺寸，如图 1-6 所示。

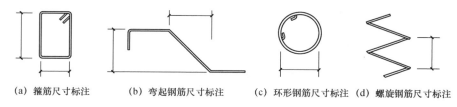

(a) 箍筋尺寸标注　　(b) 弯起钢筋尺寸标注　　(c) 环形钢筋尺寸标注　(d) 螺旋钢筋尺寸标注

图 1-6　钢筋尺寸标注法

2. 文字注写构件的表示方法

（1）在现浇混凝土结构中，构件的截面和配筋等数值可采用文字注写方式表达。

（2）按结构层绘制的平面布置图中，直接用文字表达各类构件的编号（编号中含有构件的类型代号和顺序号）、断面尺寸、配筋及有关数值。

（3）混凝土柱可采用列表注写和在平面布置图中截面注写方式，并应符合下列规定。

1）列表注写应包括柱的编号、各段的起止标高、断面尺寸、配筋、断面形状和箍筋的类型等有关内容。

2）截面注写可在平面布置图中选择同一编号的柱截面，直接在截面中引出断面尺寸、配筋的具体数值等，并应绘制柱的起止高度表。

（4）混凝土梁可采用在平面布置图中的平面注写和截面注写方式，并应符合下列规定。

1）平面注写可在梁平面布置图中，分别在不同编号的梁中选择一个，直接注写编号、断面尺寸、跨数、配筋的具体数值和相对高差（无高差可不注写）等内容。

2）截面注写可在平面布置图中，分别在不同编号的梁中选择一个，用剖面号引出截面图形并在其上注写断面尺寸、配筋的具体数值等。

（5）重要构件或较复杂的构件，不宜采用文字注写方式表达构件的截面尺寸和配筋等有关数值，宜采用绘制构件详图的表示方法。

（6）基础、楼梯、地下室结构等其他构件，当采用文字注写方式绘制图纸时，可采用在平面布置图上直接注写有关具体数值，也可采用列表注写的方式。

（7）采用文字注写构件的尺寸、配筋等数值的图纸，应绘制相应的节点做法及标准构造详图。

3. 预埋件、预留孔洞的表示方法

（1）在混凝土构件上设置预埋件时，可按图 1-7 的规定在平面图或立面图上表示。引出线指向预埋件，并标注预埋件的代号。

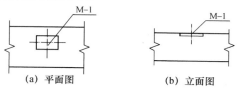

(a) 平面图　　　　　　　　(b) 立面图

图 1-7　预埋件的表示方法

（2）在混凝土构件的正、反面同一位置均设置相同的预埋件时，可按图 1-8 的规定，引出线为一条实线和一条虚线并指向预埋件，同时在引出横线上标注预埋件的数量及代号。

（3）在混凝土构件同一位置的正、反面设置编号不同的预埋件时，可按图 1-9 的规定引一条实线和一条虚线并指向预埋件。引出横线上标注正面预埋件代号，引出横线下标注反面预埋件代号。

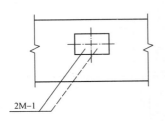 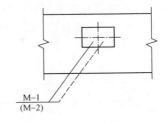

图 1-8　同一位置正、反面预埋件相同的表示方法　　图 1-9　同一位置正、反面预埋件不相同的表示方法

（4）在构件上设置预留孔、洞或预埋套管时，可按图 1-10 的规定在平面或断面图中表示。引出线指向预留（埋）位置，引出横线上方标注预留孔、洞的尺寸和预埋套管的外径。横线下方标注孔、洞（套管）的中心标高或底标高。

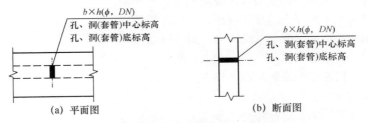

图 1-10　预留孔、洞及预埋套管的表示方法

三、钢筋的分类及作用

钢筋按其在构件中起的作用不同，通常加工成各种不同的形状。构件中常见的钢筋可分为主钢筋（纵向受力钢筋）、弯起钢筋（斜钢筋）、架立钢筋、分布钢筋、腰筋、拉筋和箍筋几种类型，如图 1-11 所示。

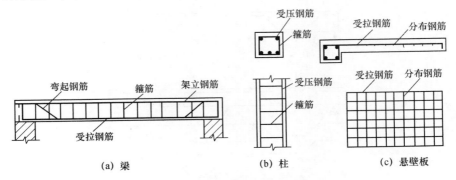

图 1-11　钢筋在构件中的种类

1. 主钢筋

主钢筋又称纵向受力钢筋，可分为受拉钢筋和受压钢筋两类。

受拉钢筋配置在受弯构件的受拉区和受拉构件中，承受拉力；受压钢筋配置在受弯构件的受压区和受压构件中，与混凝土共同承受压力。

一般在受弯构件受压区配置主钢筋是不经济的，只有在受压区混凝土不足以承受压力时，才在受压区配置受压主钢筋以补强。

受拉钢筋在构件中的位置如图 1-12 所示。

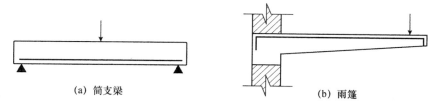

图 1-12 受拉钢筋在构件中的位置

受压钢筋是通过计算用以承受压力的钢筋，一般配置在受压构件中。虽然混凝土的抗压强度较大，然而钢筋的抗压强度远大于混凝土的抗压强度，在构件的受压区配置受压钢筋，帮助混凝土承受压力，就可以减小受压构件或受压区的截面尺寸。

受压钢筋在构件中的位置如图 1-13 所示。

2. 弯起钢筋

弯起钢筋是受拉钢筋的一种变化形式。

在简支梁中，为抵抗支座附近由于受弯和受剪而产生的斜向拉力，就将受拉钢筋的两端弯起来，承受这部分斜拉力，称为弯起钢筋。但在连续梁和连续板中，经实验证明受拉区是变化的：跨中受拉区在连续梁、板的下部；到接近支座的部位时，受拉区主要移到梁、板的上部。为了适应这种受力情况，受拉钢筋到一定位置须弯起。

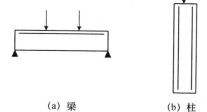

图 1-13 受压钢筋在构件中的位置

弯起钢筋在构件中的位置如图 1-14 所示。

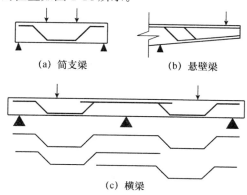

图 1-14 弯起钢筋在构件中的位置

斜钢筋一般由主钢筋弯起，当主钢筋长度不够弯起时，也可采用吊筋，如图 1-15 所示，但不得采用浮筋。

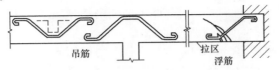

图 1-15　吊筋布置图

3. 架立钢筋

架立钢筋能够固定箍筋，并与主筋等一起连成钢筋骨架，保证受力钢筋的设计位置，使其在浇筑混凝土过程中不发生移动。

架立钢筋的作用是使受力钢筋和箍筋保持正确位置，以形成骨架。但当梁的高度小于 150mm 时，可不设箍筋，在这种情况下，梁内也不设架立钢筋。

架立钢筋的直径一般为 8～12mm。架立钢筋在钢筋骨架中的位置，如图 1-16 所示。

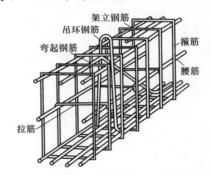

图 1-16　架立钢筋、腰筋等在钢筋骨架中的位置

4. 箍筋

箍筋除了可以满足斜截面抗剪强度外，还有使连接的受拉主钢筋和受压区的混凝土共同工作的作用。此外，亦可用于固定主钢筋的位置，使梁内各种钢筋构成钢筋骨架。

箍筋的形式主要有开口式和闭口式两种。闭口式箍筋有三角形、圆形和矩形等多种形式。单个矩形闭口式箍筋也称双肢箍；两个双肢箍拼在一起称为四肢箍。在截面较小的梁中可使用单肢箍；在圆形或有些矩形的长条构件中也有使用螺旋形箍筋的。

箍筋的构造形式，如图 1-17 所示。

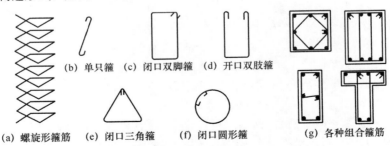

图 1-17　箍筋的构造形式

5. 腰筋与拉筋

腰筋的作用是防止梁太高时，由于混凝土收缩和温度变化导致梁变形而产生的竖向裂缝，同时亦可加强钢筋骨架的刚度。腰筋用拉筋连系，如图1-18所示。

当梁的截面高度超过700mm时，为了保证受力钢筋与箍筋整体骨架的稳定，以及承受构件中部混凝土收缩或温度变化所产生的拉力，在梁的两侧面沿高度每隔300～400mm设置一根直径不小于10mm的纵向构造钢筋，称为腰筋。腰筋要用拉筋连系，拉筋直径采用6～8mm。

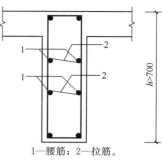

1—腰筋；2—拉筋。

图1-18 腰筋与拉筋布置

由于安装钢筋混凝土构件的需要，在预制构件中，根据构件体形和质量，在一定位置设置有吊环钢筋。在构件和墙体连接处，部分还预埋有锚固筋等。

6. 分布钢筋

分布钢筋是指在垂直于板内主钢筋方向上布置的构造钢筋。其作用是将板面上的荷载更均匀地传递给受力钢筋，也可在施工中通过绑扎或点焊以固定主钢筋位置，还可抵抗温度应力和混凝土收缩应力。

分布钢筋在构件中的位置如图1-19所示。

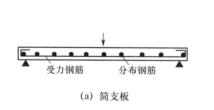

（a）简支板

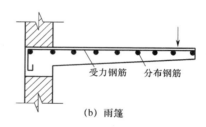

（b）雨篷

图1-19 分布钢筋在构件中的位置

第三节　钢筋算量基础知识

一、钢筋计算前的准备工作

1. 阅读和审查图纸的要求

通常所说的图纸是指土建施工图纸。施工图一般分为"建施"和"结施"两部分，"建施"即建筑施工图，"结施"即结构施工图。钢筋计算主要使用结构施工图。当房屋结构比较复杂，单纯看结构施工图不容易看懂时，可以结合建筑施工图的平面图、立面图和剖面图，以便于我们理解某些构件的位置和作用。

看图纸一定要注意阅读最前面的"设计说明"，因为里面有许多重要的信息和数据，还包含一些在具体构件图纸上没有画出的一些工程做法。对于钢筋计算来说，设计说明中的重要信息和数据有：房屋设计中采用哪些设计规范和标准图集、抗震等级（以及抗震设

钢筋新建过程及轴网第一集

扫码观看本视频

防烈度)、混凝土强度等级、钢筋的类型、分布钢筋的直径和间距等。认真阅读设计说明,可以对整个工程有一个总体的印象。

要认真阅读图纸目录,根据目录对照具体的每一张图纸,看看手中的施工图纸有无缺漏,然后浏览每一张结构平面图。首先明确每张结构平面图所适用的范围:是几个楼层合用一张结构平面图,还是每一个楼层分别使用一张结构平面图?再对比不同的结构平面图,看看它们之间有什么联系和区别。看各楼层之间的结构有哪些是相同的,有哪些是不同的,以便于划分"标准层",制定钢筋计算的计划。

平法施工图主要是通过结构平面图来表示。但是,对于某些复杂的或者特殊的结构或构造,设计者会给出构造详图,在阅读图纸时要注意观察和分析。

在阅读和审查图纸的过程中,要注意把不同的图纸进行对照和比较,要善于读懂图纸,更要善于发现图纸中的问题。设计者也难免会出错,而施工图是进行施工和工程预算的依据,如果图纸出错了,后果将是严重的。在将结构平面图、建筑平面图、立面图和剖面图对照比较的过程中,要注意平面尺寸的对比和标高尺寸的对比。

2. 阅读和审查平法施工图的注意事项

施工图纸都采用平面设计,所以要结合平法技术的要求进行图纸的阅读和审查。

(1) 构件编号的合理性和一致性。例如,把某根"非框架梁"编号为"LL1"。事实上,非框架梁的编号为"L",所以这根非框架梁只能编号为"L1",而"LL1"是剪力墙结构中的"连梁"的编号。

(2) 平法梁集中标注信息是否完整和正确。例如,梁的侧面构造钢筋缺乏集中标注。16G101-1图集中规定,梁的截面高度大于或等于450mm时需要设置侧面构造钢筋,且还规定施工人员不允许自行设计梁的侧面构造钢筋。

(3) 平法梁原位标注是否完整和正确。例如,悬挑端缺乏原位标注,这是某些图纸上经常出现的问题。框架梁的悬挑端应该具有众多的原位标注:在悬挑端的上部跨中进行上部钢筋的原位标注、悬挑端下部钢筋的原位标注、悬挑端箍筋的原位标注、悬挑端梁截面尺寸的原位标注等。

(4) 关于平法柱编号的一致性问题。同一根框架柱在不同的楼层时应统一注写柱编号。例如,框架柱 KZ1 在柱表中开列三行,每行的编号都应是 KZ1,这样就能方便地看出同一根 KZ1 在不同楼层上的柱截面变化,而不能把同一根框架柱,在一层时编号为 KZ1,在二层时编号为 KZ2,在三层时编号为 KZ3……

(5) 柱表中的信息是否完整和正确。在阅读和检查图纸时,既要检查平面图中的所有框架柱是否在柱表中存在,又要检查柱表中的柱编号是否全部标注在平面图中。

钢筋新建过程及轴网第二集

二、钢筋计算的计划及部署

在充分地阅读和研究图纸的基础上,就可以进行平法钢筋计算的计划及部署。这主要是楼层划分中如何正确划定"标准层"的问题。

在楼层划分时,要比较各楼层结构平面图的布局,看看哪些楼层是类似的,尽管不能纳入同一个"标准层"进行处理,但是可以在分

扫码观看本视频

层计算钢筋的时候,尽量利用前面某一楼层计算的结果。在运行平法钢筋计算软件中,也可以使用"楼层拷贝"功能,把前面某一个楼层的平面布置连同钢筋标注都拷贝过来,稍加修改,就能计算出新楼层的钢筋工程量。

一般在楼层划分时，有些楼层是需要单独进行计算的，包括：基础、地下室、一层、中间的柱（墙）变截面楼层、顶层。

在进入钢筋计算之前，还必须准备好进行钢筋计算的基础数据，包括：抗震等级（以及抗震设防烈度）、混凝土强度等级、各类构件的保护层厚度、各类构件钢筋的类型、各类构件的钢筋锚固长度和搭接长度、分布钢筋的直径和间距等。

三、钢筋计算常用数据

钢筋计算中常用的基本数据主要有：钢筋的保护层、钢筋的锚固长度、钢筋的搭接长度、钢筋的公称直径、钢筋的公称截面面积、钢筋的理论重量和钢筋的每米重量等。

1. 钢筋的保护层

16G101-1 图集、16G101-3 图集中都给出了混凝土保护层的最小厚度要求，具体见表 1-6。

表 1-6　混凝土保护层的最小厚度　　　　　　　　　　　　　单位：mm

环境类别	板、墙	梁、柱
一	15	20
二 a	20	25
二 b	25	35
三 a	30	40
三 b	40	50

注：1. 表中钢筋混凝土保护层厚度指最外层钢筋外边缘至混凝土表面的距离，适用于设计使用年限为 50 年的混凝土结构。

2. 构件中受力钢筋的保护层厚度不应小于钢筋的公称直径。

3. 一类环境中，设计使用年限为 100 年的结构最外层钢筋的保护层厚度不应小于表中数值的 1.4 倍；二、三类环境中，设计使用年限为 100 年的结构应采取专门的有效措施。

4. 混凝土强度等级不大于 C25 时，表中保护层厚度数值应增加 5mm。

5. 基础地面钢筋的保护层厚度，有混凝土垫层时应从垫层顶面算起，且不应小于 40mm。

2. 钢筋的锚固长度

受拉钢筋基本锚固长度 l_{ab} 见表 1-7。抗震设计时受拉钢筋基本锚固长度 l_{abE} 见表 1-8。

表 1-7　受拉钢筋基本锚固长度 l_{ab}

钢筋种类	混凝土强度等级								
	C20	C25	C30	C35	C40	C45	C50	C55	≥C60
HPB300	39d	34d	30d	28d	25d	24d	23d	22d	21d
HRB400、HRBF400、RRB400	—	40d	35d	32d	29d	28d	27d	26d	25d
HRB500、HRBF500	—	48d	43d	39d	36d	34d	32d	31d	30d

表 1-8　抗震设计时受拉钢筋基本锚固长度 l_{abE}

钢筋种类		混凝土强度等级								
		C20	C25	C30	C35	C40	C45	C50	C55	≥C60
HPB300	一、二级	45d	39d	35d	32d	29d	28d	26d	25d	24d
	三级	41d	36d	32d	29d	26d	25d	24d	23d	22d
HRB400 HRBF400 RRB400	一、二级	—	46d	40d	37d	33d	32d	31d	30d	29d
	三级	—	42d	37d	34d	30d	29d	28d	27d	26d
HRB500 HRBF500	一、二级	—	55d	49d	45d	41d	39d	37d	36d	35d
	三级	—	50d	45d	41d	38d	36d	34d	33d	32d

注：1. 四级地震时，$l_{abE} = l_{ab}$。

2. 当锚固钢筋的保护层厚度不大于 5d 时，锚固钢筋长度范围内应设置横向构造钢筋，其直径不应小于 d/4（d 为锚固钢筋的最大直径）；对梁、柱等构件间距不应大于 5d，对板、墙等构件间距不应大于 10d，且均不应大于 100mm（d 为锚固钢筋的最大直径）。

（2）受拉钢筋锚固长度。

受拉钢筋锚固长度 l_a 见表 1-9。受拉钢筋抗震锚固长度 l_{aE} 见表 1-10。

表 1-9　受拉钢筋锚固长度 l_a

钢筋种类	混凝土强度等级																
	C20	C25		C30		C35		C40		C45		C50		C55		≥C60	
	d≤25mm	d≤25mm	d>25mm	d≤25mm	d>25mm	d≤25mm	d>25mm	d≤25mm	d>25mm	d≤25mm	d>25mm	d≤25mm	d>25mm	d≤25mm	d>25mm	d≤25mm	d>25mm
HPB300	39d	34d	—	30d	—	28d	—	25d	—	24d	—	23d	—	22d	—	21d	—
HRB400、HRBF400、RRB400	—	40d	44d	35d	39d	32d	35d	29d	32d	28d	31d	27d	30d	26d	29d	25d	28d
HRB500、HRBF500	—	48d	53d	43d	47d	39d	43d	36d	40d	34d	37d	32d	35d	31d	34d	30d	33d

3. 钢筋搭接长度

纵向受拉钢筋搭接长度 l_1 见表 1-11。纵向受拉钢筋抗震搭接长度 l_{lE} 见表 1-12。

表1-10 受拉钢筋抗震锚固长度 l_{aE}

混凝土强度等级

钢筋种类及抗震等级		C20	C25		C30		C35		C40		C45		C50		C55		≥C60	
		d≤25 mm	d≤25 mm	d>25 mm	d≤25 mm	d>25 mm	d≤25 mm	d>25 mm	d≤25 mm	d>25 mm	d≤25 mm	d>25 mm	d≤25 mm	d>25 mm	d≤25 mm	d>25 mm	d≤25 mm	d>25 mm
HPB300	一、二级	45d	39d	—	35d	—	32d	—	29d	—	28d	—	26d	—	25d	—	24d	—
	三级	41d	36d	—	32d	—	29d	—	26d	—	25d	—	24d	—	23d	—	22d	—
HRB400、HRBF400	一、二级	—	46d	51d	40d	45d	37d	40d	33d	37d	32d	36d	31d	35d	30d	33d	29d	32d
	三级	—	42d	46d	37d	41d	34d	37d	30d	34d	29d	33d	28d	32d	27d	30d	26d	29d
HRB500、HRBF500	一、二级	—	55d	61d	49d	54d	45d	49d	41d	46d	39d	43d	37d	40d	36d	39d	35d	38d
	三级	—	50d	56d	45d	49d	41d	45d	38d	42d	36d	39d	34d	37d	33d	36d	32d	35d

注:1. 当为环氧树脂涂层带肋钢筋时,表中数据尚应乘以1.25。

2. 当纵向受力钢筋在施工过程中易受扰动时,表中数据尚应乘以1.1。

3. 当纵向受力钢筋边保护层厚度为3d、5d(d为锚固钢筋的直径)时,表中数据可分别乘以0.8、0.7;当锚固长度范围内纵向受力钢筋周边保护层厚度为3d~5d时,用内插值的计算方法计算。

4. 当纵向受拉普通钢筋的锚固长度修正系数(注1~注3)多于一项时,可按连乘计算。

5. 受拉钢筋的锚固长度 l_a、l_{aE} 计算值不应小于200 mm。

6. 四级抗震时,$l_{aE}=l_a$。

7. 当锚固长度范围内的保护层厚度大于5d,锚固钢筋长度范围内应设置横向构造钢筋,其直径不应小于 $d/4$(d 为锚固钢筋的最大直径);对梁、柱等构件间距不应大于5d,对板、墙等构件间距不应大于10d,且均不应大于100 mm(d 为锚固钢筋的最小直径)。

表 1-11　纵向受拉钢筋搭接长度 l_l

钢筋种类及同一区段内搭接钢筋面积百分率		混凝土强度等级															
		C20	C25		C30		C35		C40		C45		C50		C55		≥C60
		d≤25 mm	d≤25 mm	d>25 mm	d≤25 mm	d>25 mm	d≤25 mm	d>25 mm	d≤25 mm	d>25 mm	d≤25 mm	d>25 mm	d≤25 mm	d>25 mm	d≤25 mm	d>25 mm	d≤25 mm	d>25 mm
HPB300	≤25%	47d	41d	—	36d	—	34d	—	30d	—	29d	—	28d	—	26d	—	25d	—
HPB300	50%	55d	48d	—	42d	—	39d	—	35d	—	34d	—	32d	—	31d	—	29d	—
HPB300	100%	62d	54d	—	48d	—	45d	—	40d	—	38d	—	37d	—	35d	—	34d	—
HRB400、HRBF400	≤25%	—	48d	53d	42d	47d	38d	42d	35d	38d	34d	37d	32d	36d	31d	35d	30d	34d
HRB400、HRBF400	50%	—	56d	62d	49d	55d	45d	49d	41d	45d	39d	43d	38d	42d	36d	41d	35d	39d
HRB400、HRBF400	100%	—	64d	70d	56d	62d	51d	56d	46d	51d	45d	50d	43d	48d	42d	46d	40d	45d
HRB500、HRBF500	≤25%	—	58d	64d	52d	56d	47d	52d	43d	48d	41d	44d	39d	42d	37d	41d	36d	40d
HRB500、HRBF500	50%	—	67d	74d	60d	66d	55d	60d	50d	56d	48d	52d	45d	49d	43d	48d	42d	46d
HRB500、HRBF500	100%	—	77d	85d	69d	75d	62d	69d	58d	64d	54d	59d	51d	56d	50d	54d	48d	53d

注:1. 表中数值为纵向受拉钢筋绑扎搭接接头的搭接长度。

2. 两根不同直径钢筋搭接时,表中 d 取较细钢筋直径。

3. 当为环氧树脂涂层带肋钢筋时,表中数据应乘以 1.25。

4. 当纵向受拉钢筋在施工过程中易受扰动时,表中数据应乘以 1.11。

5. 当搭接长度范围内纵向受力钢筋周边保护层厚度为 3d、5d(d 为搭接钢筋的直径)时,表中数据尚应分别乘以 0.8、0.7;当锚固长度范围内纵向受力钢筋周边保护层厚度为 3d～5d 时,用内插值的计算方法计算。

6. 当上述修正系数(注 3～注 5)多于一项时,可按连乘计算。

7. 在任何情况下,搭接长度不应小于 300 mm。

表 1-12　纵向受拉钢筋抗震搭接长度 l_{lE}

混凝土强度等级

钢筋种类及同一区段内搭接钢筋面积百分率			C20		C25		C30		C35		C40		C45		C50		C55		≥C60	
			d≤25mm	d>25mm	d≤25mm	d>25mm	d≤25mm	d>25mm	d≤25mm	d>25mm	d≤25mm	d>25mm	d≤25mm	d>25mm	d≤25mm	d>25mm	d≤25mm	d>25mm	d≤25mm	d>25mm
一、二级抗震等级	HPB300	≤25%	54d	—	47d	—	42d	—	38d	—	35d	—	34d	—	31d	—	30d	—	29d	—
		50%	63d	—	55d	—	49d	—	45d	—	41d	—	39d	—	36d	—	35d	—	34d	—
	HRB400、HRBF400	≤25%	—	—	55d	61d	48d	54d	44d	48d	40d	44d	38d	43d	37d	42d	36d	40d	35d	38d
		50%	—	—	64d	71d	56d	63d	52d	56d	46d	52d	45d	50d	43d	49d	42d	46d	41d	45d
	HRB500、HRBF500	≤25%	—	—	66d	73d	59d	65d	54d	59d	49d	55d	47d	52d	44d	48d	43d	47d	42d	46d
		50%	—	—	77d	85d	69d	76d	63d	69d	57d	64d	55d	60d	52d	56d	50d	55d	49d	53d
三级抗震等级	HPB300	≤25%	49d	—	43d	—	38d	—	35d	—	31d	—	30d	—	29d	—	28d	—	26d	—
		50%	57d	—	50d	—	45d	—	41d	—	36d	—	35d	—	34d	—	32d	—	31d	—
	HRB400、HRBF400	≤25%	—	—	50d	55d	44d	49d	41d	44d	36d	41d	35d	40d	34d	38d	32d	36d	31d	35d
		50%	—	—	59d	64d	52d	57d	48d	52d	42d	48d	41d	46d	39d	45d	38d	42d	36d	41d
	HRB500、HRBF500	≤25%	—	—	60d	67d	54d	59d	49d	54d	46d	50d	43d	47d	41d	44d	40d	43d	38d	42d
		50%	—	—	70d	78d	63d	69d	57d	63d	53d	59d	50d	55d	48d	52d	46d	50d	45d	49d

注:1. 表中数值为纵向受拉钢筋绑扎搭接接头的搭接长度。

2. 两根不同直径钢筋搭接时,表中 d 取较细钢筋直径。

3. 当为环氧树脂涂层带肋钢筋时,表中数据应乘以 1.25。

4. 当纵向受拉钢筋在施工过程中易受扰动时,表中数据应乘以 1.11。

5. 当搭接长度范围内纵向受力钢筋周边保护层厚度为 3d、5d（d 为搭接钢筋的直径）时,表中数据应分别乘以 0.8、0.7;当锚固长度范围内纵向受力钢筋周边保护层厚度为 3d～5d 时,用内插值的计算方法计算。

6. 当上述修正系数（注 3～注 5）多于一项时,可按连乘计算。

7. 在任何情况下,搭接长度不应小于 300 mm。

8. 四级抗震等级时,$l_{lE}=l_l$,见表 1-11。

4. 钢筋的公称直径、公称截面面积及理论重量

（1）钢筋的公称直径、公称截面面积及理论重量见表 1-13。

表 1-13　钢筋的公称直径、公称截面面积及理论重量

公称直径/mm	不同根数钢筋的计算截面面积/mm²									单根钢筋的理论重量/（kg/m）
	1	2	3	4	5	6	7	8	9	
6	28.3	57	85	113	142	170	198	226	255	0.222
8	50.3	101	151	201	252	302	352	402	453	0.395
10	78.5	157	236	314	393	471	550	628	707	0.617
12	113.1	226	339	452	565	678	791	904	1017	0.888
14	153.9	308	461	615	769	923	1077	1231	1385	1.21
16	201.1	402	603	804	1005	1206	1407	1608	1809	1.58
18	254.5	509	763	1017	1272	1527	1781	2036	2290	2.00 (2.11)
20	314.2	628	942	1256	1570	1884	2199	2513	2827	2.47
22	380.1	760	1140	1520	1900	2281	2661	3041	3421	2.98
25	490.9	982	1473	1964	2454	2945	3436	3927	4418	3.85 (4.10)
28	615.8	1232	1847	2463	3079	3695	4310	4926	5542	4.83
32	804.2	1609	2413	3217	4021	4826	5630	6434	7238	6.31 (6.65)
36	1017.9	2036	3054	4072	5089	6107	7125	8143	9161	7.99
40	1256.6	2513	3770	5027	6283	7540	8796	10 053	11 310	9.87 (10.34)
50	1963.5	3928	5892	7856	9820	11 784	13 748	15 712	17 676	15.42 (16.28)

注：括号内为预应力螺纹钢筋的数值。

（2）CRB550 冷轧带肋钢筋的公称直径、公称截面面积及理论重量见表 1-14。

表 1-14　冷轧带肋钢筋的公称直径、公称截面面积及理论重量

公称直径/mm	公称截面面积/mm²	理论重量/（kg/m）
4	12.6	0.099
5	19.6	0.154
6	28.3	0.222
7	38.5	0.302
8	50.3	0.395
9	63.6	0.499
10	78.5	0.617
12	113.1	0.888

（3）钢绞线的公称直径、公称截面面积及理论重量见表 1-15。

表 1-15　钢绞线的公称直径、公称截面面积及理论重量

种类	公称直径/mm	公称截面面积/mm²	理论重量/（kg/m）
1×3	8.6	37.7	0.296
	10.8	58.9	0.462
	12.9	84.8	0.666
1×7	9.5	54.8	0.430
	12.7	98.7	0.775
	15.2	140	1.101
	17.8	191	1.500
	21.6	285	2.237

（4）钢丝的公称直径、公称截面面积及理论重量见表 1-16。

表 1-16　钢丝的公称直径、公称截面面积及理论重量

公称直径/mm	公称截面面积/mm²	理论重量/（kg/m）
5.0	19.63	0.154
7.0	38.48	0.302
9.0	63.62	0.499

5. 钢筋的每米重量

钢筋的每米重量的单位是 kg/m。

钢筋的每米重量是计算钢筋工程量（t）的基本数据，当计算出某种直径钢筋的总长度（m）的时候，根据钢筋的每米重量就可以计算出这种钢筋的总重量：

钢筋的总重量（kg）＝钢筋总长度（m）×钢筋每米重量（kg/m）

常用钢筋的理论重量见表 1-17。

表 1-17　常用钢筋的理论重量

钢筋直径/mm	理论重量/（kg/m）	钢筋直径/mm	理论重量/（kg/m）
4	0.099	16	1.578
5	0.154	18	1.998
6	0.222	20	2.466
6.5	0.260	22	2.984
8	0.395	25	3.833
10	0.617	28	4.834
12	0.888	30	5.549
14	1.208	32	6.313

注：表中直径为 4mm 和 5mm 的钢筋在习惯上和定额中称为"钢丝"。

　　钢筋工和预算员一般都能熟记常用钢筋的每米重量。其实，这些数据也不用死记硬背，用得多了自然能记住。记不住也不要紧，可以通过简单的计算来获得钢筋的每米重量，就是先计算 1m 长度的某种直径钢筋的体积，再乘以钢的密度，就可以得到这种直径钢筋的每米重量。

　　钢筋的每米重量还有一个作用，就是作为钢筋"等截面代换"时的计算依据。在计算钢筋的"等截面代换"时，可以采用钢筋的"每米重量"来代替钢筋的"截面积"。

第二章
基础构件平法识图与钢筋算量

第一节 独 立 基 础

一、独立基础平法施工图识图规则

1. 独立基础平法施工图的表示方法

（1）独立基础平法施工图，有平面注写与截面注写两种表达方式，设计者可根据具体工程情况选择一种，或两种方式相结合进行独立基础的施工图设计。

独立基础

扫码观看本视频

（2）当绘制独立基础平面布置图时，应将独立基础平面与基础所支承的柱一起绘制。当设置基础连系梁时，可根据图面的疏密情况，将基础连系梁与基础平面布置图一起绘制，或将基础连系梁布置图单独绘制。

（3）在独立基础平面布置图上应标注基础定位尺寸；当独立基础的柱中心线或杯口中心线与建筑轴线不重合时，应标注其定位尺寸。编号相同且定位尺寸相同的基础，可仅选择一个进行标注。

2. 独立基础编号

各种独立基础的编号见表2-1。

表 2-1　独立基础编号

类型	基础底板截面形状	代号	序号
普通独立基础	阶形	DJ_J	××
	坡形	DJ_P	××
杯口独立基础	阶形	BJ_J	××
	坡形	BJ_P	××

设计时应注意：当独立基础截面形状为坡形时，其坡面应采用能保证混凝土浇筑、振捣密实的较缓坡度；当采用较陡坡度时，应要求施工采用在基础顶部坡面加模板等措施，以确保独立基础的坡面浇筑成型、振捣密实。

3. 独立基础的平面注写方式

（1）独立基础的平面注写方式分为集中标注和原位标注。

（2）独立基础集中标注的具体内容如下。

1）独立基础编号（必注内容）。独立基础的编号可参照表 2-1。

2）独立基础截面竖向尺寸（必注内容）。

①对于普通独立基础而言，当其为阶形截面时，若为单阶，其竖向尺寸仅为一个，且为基础总厚度，如图 2-1 所示。若为更多阶时，各阶尺寸自下而上用"/"分隔依次注写，如图 2-2 所示的三阶基础。

当基础为坡形截面时，注写为"h_1/h_2"，如图 2-3 所示。例如，当阶形截面普通独立基础 DJ$_J$×× 的竖向尺寸注写为 400/300/300 时，表示 $h_1 = 400\text{mm}$、$h_2 = 300\text{mm}$、$h_3 = 300\text{mm}$，基础底板总高度为 1000mm。

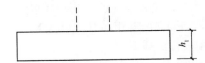

图 2-1　单阶普通独立基础竖向尺寸

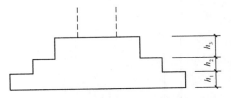

图 2-2　三阶普通独立基础竖向尺寸

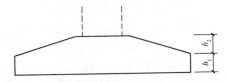

图 2-3　坡形截面普通独立基础竖向尺寸

②对于杯口独立基础而言，当为阶形截面时，其竖向尺寸分为两组，一组表达杯口内，另一组表达杯口外，两组尺寸以"，"分隔，注写为：a_0/a_1，$h_1/h_2\cdots$，具体如图 2-4～图 2-7 所示，其中杯口深度 a_0 为柱插入杯口的尺寸加 50mm。

当基础为坡形截面时，注写为 a_0/a_1，$h_1/h_2/h_3\cdots$，具体如图 2-8、图 2-9 所示。

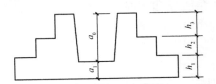

图 2-4　阶形截面杯口独立基础竖向尺寸（一）

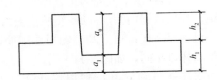

图 2-5　阶形截面杯口独立基础竖向尺寸（二）

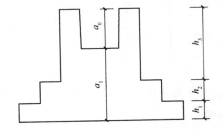

图 2-6　阶形截面高杯口独立基础竖向尺寸（一）

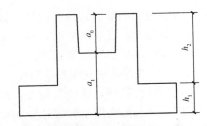

图 2-7　阶形截面高杯口独立基础竖向尺寸（二）

23

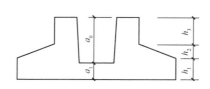

图 2-8　坡形截面杯口独立基础竖向尺寸

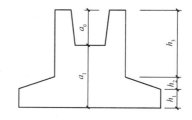

图 2-9　坡形截面高杯口独立基础竖向尺寸

3）独立基础配筋（必注内容）。注写独立基础底板配筋。普通独立基础和杯口独立基础的底部双向配筋注写规定：以 B 代表各种独立基础底板的底部配筋；X 向配筋以 X 打头、Y 向配筋以 Y 打头注写，当两向配筋相同时，则以 X&Y 打头注写。

例如，某独立基础底板配筋标注如下。

B：XΦ16@150，YΦ16@200

表示基础底板底部配置 HRB400 级钢筋，X 向直径为 Φ16，分布间距 150mm；Y 向直径为 Φ16，分布间距 200mm，如图 2-10 所示。

注写杯口独立基础顶部焊接钢筋网。以 Sn 打头引注杯口顶部焊接钢筋网的各边钢筋。当双杯口独立基础中间杯壁厚度小于 400mm 时，在中间杯壁中配置构造钢筋见相应标准构造详图，设计不注。

注写高杯口独立基础的杯壁外侧和短柱配筋（也适用于杯口独立基础杯壁有配筋的情况）。具体注写规定如下。

①以 O 代表短柱配筋。

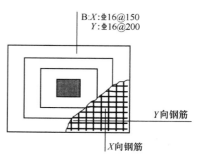

**图 2-10　独立基础底板底部
双向配筋示意**

②先注写短柱纵筋，再注写箍筋。注写为：角筋/长边中部筋/短边中部筋，箍筋（两种间距）；当短柱水平截面为正方形时，注写为：角筋/x 边中部筋/y 边中部筋，箍筋（两种间距，杯口范围内箍筋间距/短柱范围内箍筋间距）。

③对于双高杯口独立基础的短柱配筋，注写形式与单高杯口相同，如图 2-11 所示。

当双高杯口独立基础壁厚度小于 400mm 时，在中间杯壁中配置构造钢筋见相应标准构造详图，设计不注。

注写普通独立深基础短柱竖向尺寸及钢筋。当独立基础埋深较大，设置短柱时，短柱配筋应注写在独立基础中。具体注写规定如下。

①以 DZ 代表普通独立深基础短柱。

②先注写短柱纵筋，再注写箍筋，最后注写短柱标高范围。普通独立深基础短柱竖向尺寸及钢筋

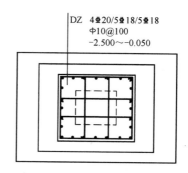

图 2-11　双高杯口基础短柱配筋示意

注写为：角筋/长边中部筋/短边中部筋，箍筋，短柱标高范围；当短柱水平截面为正方形时，注写为：角筋/x 边中部筋/y 边中部筋，箍筋，短柱标高范围。

4）注写基础底面标高（选注内容）。当独立基础的底面标高与基础底面基准标高不同时，应将独立基础底面标高直接注写在"（ ）"内。

5）必要的文字注解（选注内容）。当独立基础的设计有特殊要求时，宜增加必要的文字注解。例如，基础底板配筋长度是否采用减短方式等，可在该项内注明。

（3）钢筋混凝土和素混凝土独立基础的原位标注，是在基础平面布置图上标注独立基础的平面尺寸。对相同编号的基础，可选择一个进行原位标注；当平面图形较小时，可将所选定进行原位标注的基础按比例适当放大；其他相同编号者仅注编号。

原位标注的具体内容规定如下。

1）普通独立基础。原位标注 x、y、x_c、y_c（或圆柱直径 d_c），x_i、y_i，$i=1$，2，3…。其中，x、y 为普通独立基础两向边长，x_c、y_c 为柱截面尺寸，x_i、y_i 为阶宽或坡形平面尺寸（当设置短柱时，还应标注短柱的截面尺寸）。

对称阶形截面普通独立基础的原位标注，如图 2-12 所示；非对称阶形截面普通独立基础的原位标注，如图 2-13 所示；设置短柱独立基础的原位标注，如图 2-14 所示。

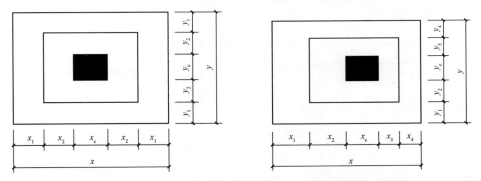

图 2-12 对称阶形截面普通独立基础的原位标注　**图 2-13** 非对称阶形截面普通独立基础的原位标注

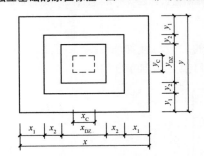

图 2-14 设置短柱独立基础的原位标注

对称坡形截面普通独立基础的原位标注，如图 2-15 所示；非对称坡形截面普通独立基础的原位标注，如图 2-16 所示。

2）杯口独立基础。原位标注 x、y、x_u、y_u、t_i、x_i、y_i，$i=1$，2，3…。其中，x、y 为杯口独立基础两向边长，x_u、y_u 为杯口上口尺寸，t_i 为杯壁上口厚度，x_i、y_i 为阶宽或坡形截面尺寸。

杯口上口、杯口下口尺寸 x_u、y_u，按柱截面边长两侧双向各加 75mm；按标准构造详图（为插入杯口的相应柱截面边长尺寸，每边各加 50mm），设计不注。

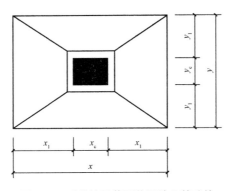

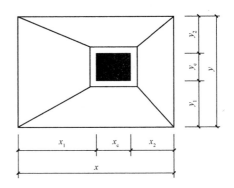

图 2-15　对称坡形截面普通独立基础的
　　　　　原位标注

图 2-16　非对称坡形截面普通独立基础的
　　　　　原位标注

　　阶形截面杯口独立基础的原位标注如图 2-17、图 2-18 所示。阶形截面高杯口独立基础的原位标注与阶形截面杯口独立基础完全相同。

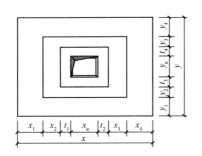

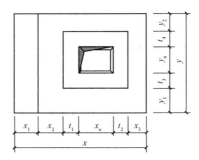

图 2-17　阶形截面杯口独立基础的原位标注（一）　　**图 2-18　阶形截面杯口独立基础的原位标注（二）**
　　　　　　　　　　　　　　　　　　　　　　　　　　　　　注：本图所示基础底板的一边比其他三边多一阶。

　　坡形截面杯口独立基础的原位标注如图 2-19、图 2-20 所示。坡形截面高杯口独立基础的原位标注与坡形截面杯口独立基础完全相同。

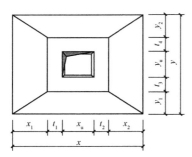

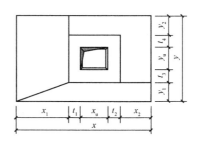

图 2-19　坡形截面杯口独立基础的原位标注（一）　　**图 2-20　坡形截面杯口独立基础的原位标注（二）**
　　　　　　　　　　　　　　　　　　　　　　　　　　　　　注：本图所示基础底板有两边不放坡。

　　（4）普通独立基础采用平面注写方式的集中标注和原位标注综合设计表达示意，如图 2-21 所示。

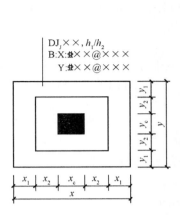
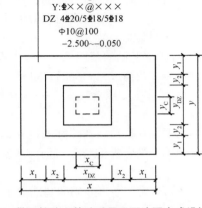

图 2-21　普通独立基础平面
注写方式设计表达示意

图 2-22　带短柱独立基础采用平面注写方式设计表达示意

设置短柱独立基础采用平面注写方式的集中标注和原位标注综合设计表达示意，如图 2-22 所示。

（5）杯口独立基础采用平面注写方式的集中标注和原位标注综合设计表达示意，如图 2-23 所示。

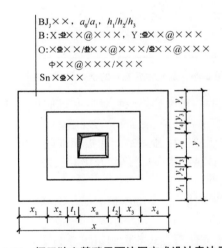

图 2-23　杯口独立基础平面注写方式设计表达示意

在图中，集中标注的第三、四行内容，是表达高杯口独立基础杯壁外侧的竖向纵筋和横向箍筋；当为非高杯口独立基础时，集中标注通常为第一、二、五行的内容。

（6）独立基础通常为单柱独立基础，也可为多柱独立基础（双柱或四柱等）。多柱独立基础的编号、几何尺寸和配筋的标注方法与单柱独立基础相同。

当为双柱独立基础且柱距较小时，通常仅配置基础底部钢筋；当柱距较大时，除基础底部配筋外，还需在两柱间配置基础顶部钢筋或设置基础梁；当为四柱独立基础时，通常可设置两道平行的基础梁，需要时可在两道基础梁之间配置基础顶部钢筋。

多柱独立基础顶部配筋和基础梁的注写方法规定如下。

1）注写双柱独立基础底板顶部配筋。双柱独立基础的顶部配筋，通常对称分布在双柱中心线两侧，注写为：双柱间纵向受力钢筋/分布钢筋。当纵向受力钢筋在基础底板顶面非满布时，应注明其总根数。

2）注写双柱独立基础的基础梁配筋。当双柱独立基础为基础底板与基础梁相结合时，注写基础梁的编号、几何尺寸和配筋。如 JL×× （1）表示该基础梁为 1 跨，两端无外伸；JL×× （1A）表示该基础梁为 1 跨，一端有外伸；JL×× （1B）表示该基础梁为 1 跨，两端均有外伸。

在通常情况下，双柱独立基础宜采用端部有外伸的基础梁，基础底板则采用受力明确、构造简单的单向受力配筋与分布筋。基础梁宽度宜比柱截面宽出不小于 100mm（每边不小于 50mm）。

基础梁的注写规定与条形基础的基础梁注写规定相同，注写示意如图 2-24 所示。

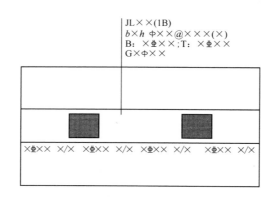

图 2-24 双柱独立基础的基础梁配筋注写示意

3）注写双柱独立基础的底板配筋。双柱独立基础底板配筋的注写，可以按条形基础底板的注写规定，也可以按独立基础底板的注写规定。

4）注写配置两道基础梁的四柱独立基础底板顶部配筋。当四柱独立基础已设置两道平行的基础梁时，根据内力需要可在双梁之间及梁的长度范围内配置基础顶部钢筋，注写为：梁间受力钢筋/分布钢筋。

平行设置两道基础梁的四柱独立基础底板配筋，也可按双梁条形基础底板配筋的注写规定。

独立基础平法施工图平面注写方式的示例如图 2-25 所示。

4. 独立基础的截面注写方式

（1）独立基础的截面注写方式可分为截面标注和列表注写（结合截面示意图）两种表达方式。

采用截面注写方式，应在基础平面布置图上对所有基础进行编号，基础的编号规定参照表 2-1。

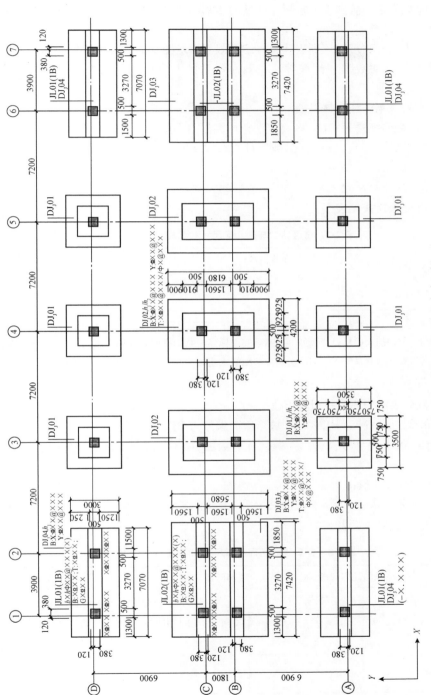

图 2-25 独立基础的平面注写方式示例

注：1. X、Y 为图面方向。

2. ±0.000 的绝对标高（m）：×××.×××；基础底面基准标高（m）：—×.×××。

（2）对单个基础进行截面标注的内容和形式，与传统"单构件正投影表示方法"基本相同。对于已在基础平面布置图上原位标注清楚的该基础的平面几何尺寸，在截面图上可不再重复表达。

（3）对多个同类基础，可采用列表注写（结合截面示意图）的方式进行集中表达。表中内容为基础截面的几何数据和配筋等，在截面示意图上应标注与表中栏目相对应的代号。

普通独立基础列表集中注写栏目如下。

1）编号：阶形截面编号为 $DJ_J××$，坡形截面编号为 $DJ_P××$。

2）几何尺寸：水平 x、y、x_c、y_c（或圆柱直径 d_c），t_i、x_i、y_i，$i=1$，2，3…；竖向尺寸 a_0、a_1，$h_1/h_2/h_3$…。

3）配筋，B：X：$\Phi××@×××$，Y：$\Phi××@×××$。

普通独立基础列表格式见表 2-2。

表 2-2　普通独立基础几何尺寸和配筋

基础编号/截面号	截面几何尺寸				底部配筋（B）	
	x、y	x_c、y_c	x_i、y_i	$h_1/h_2/h_3$…	X 向	Y 向

注：可根据实际情况增加表中栏目。例如，当基础底面标高与基础底面基准标高不同时，加注基础底面标高；当为双柱独立基础时，加注基础顶部配筋或基础梁几何尺寸和配筋；当设置短柱时增加短柱尺寸及配筋等。

杯口独立基础列表集中注写栏目如下。

1）编号：阶形截面编号为 $BJ_J××$，坡形截面编号为 $BJ_P××$。

2）几何尺寸：水平尺寸 x、y，x_u、y_u，t_i、x_i、y_i，$i=1$，2，3…；竖向尺寸 a_0、a_i，$h_1/h_2/h_3$…。

3）配筋，B：X：$\Phi××@×××$，Y：$\Phi××@×××$，$Sn×\Phi××$。

O：$×\Phi××/\Phi××@×××/××@×××$，$\Phi××@×××/×××$。

杯口独立基础列表格式见表 2-3。

表 2-3　杯口独立基础几何尺寸和配筋

基础编号/截面号	截面几何尺寸				底部配筋（B）		杯口顶部钢筋网（Sn）	短柱配筋（O）	
	x、y	x_u、y_u	x_i、y_i	a_0、a_i，$h_1/h_2/h_3$…	X 向	Y 向		角筋/长边中部筋/短边中部筋	杯口壁箍筋/其他部位箍筋

注：1. 可根据实际情况增加表中栏目。如当基础底面标高与基础底面基准标高不同时，加注基础底面标高；或增加说明栏目等。

2. 短柱配筋适用于高杯口独立基础，并适用于杯口独立基础杯壁有配筋的情况。

二、独立基础平法识图

（1）独立基础 DJ_J、DJ_P、BJ_J、BJ_P 底板配筋构造如图 2-26 所示。

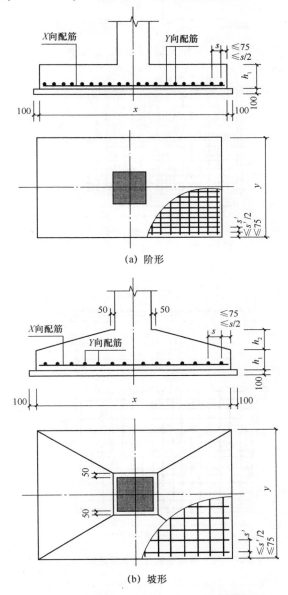

（a）阶形

（b）坡形

图 2-26　独立基础 DJ_J、DJ_P、BJ_J、BJ_P 底板配筋构造

注：1. 独立基础底板配筋构造适用于普通独立基础和杯口独立基础。

　　2. 几何尺寸和配筋按具体结构设计和图中构造确定。

　　3. 独立基础底板双向交叉钢筋长向设置在下，短向设置在上。

（2）独立基础底板配筋长度减短 10% 的构造如图 2-27 所示。

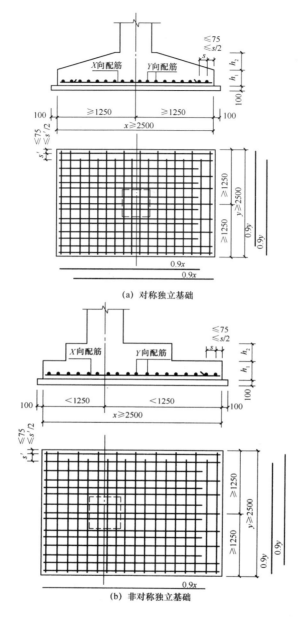

(a) 对称独立基础

(b) 非对称独立基础

图 2-27 独立基础底板配筋长度减短 10%的构造

注：1. 当独立基础底板长度不小于 2500mm 时，除外侧钢筋外，底板配筋长度可取相应方向底板长度的 0.9 倍，交错放置。

2. 当非对称独立基础底板长度不小于 2500mm，但是该基础某侧从柱中心至基础底板边缘的距离小于 1250mm 时，钢筋在该侧不应减短。

（3）杯口和双杯口独立基础构造。

1）杯口顶部焊接钢筋网如图 2-28 所示。

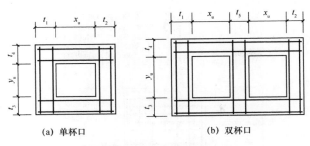

(a) 单杯口　　　　　　　　(b) 双杯口

图 2-28　杯口顶部焊接钢筋网

2）杯口独立基础构造如图 2-29 所示。

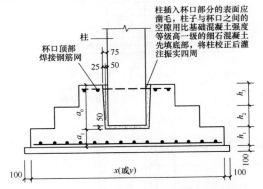

图 2-29　杯口独立基础构造

注：1. 杯口独立基础底板的截面形状可为阶形截面 BJ_J 或坡形截面 BJ_P。当为坡形截面且坡度较大时，应在坡面上安装顶部模板，以确保混凝土能够浇筑成型、振捣密实。

2. 几何尺寸和配筋按具体结构设计和图中构造确定。

3）双杯口独立基础构造如图 2-30 所示。

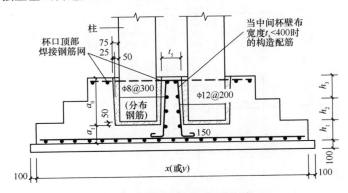

图 2-30　双杯口独立基础构造

注：1. 几何尺寸和配筋按具体结构设计和图中构造确定。

2. 当双杯口的中间杯壁宽度 t_5 小于 400mm 时，按图示设构造配筋施工。

（4）高杯口独立基础杯壁和基础短柱配筋构造如图 2-31 所示。

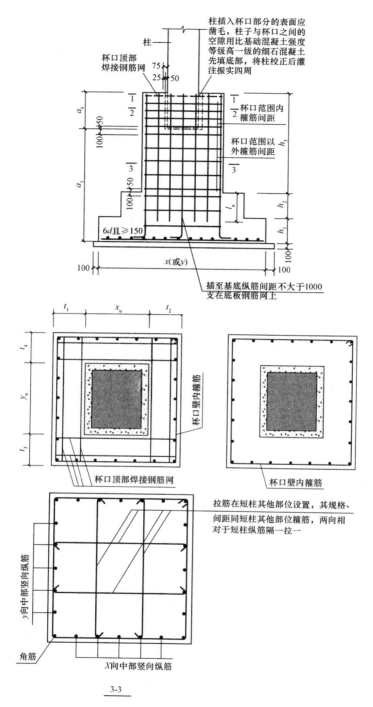

图 2-31 高杯口独立基础杯壁和基础短柱配筋构造

注：1. 高杯口独立基础底板的截面形状可为阶形截面 BJ_J 或坡形截面 BJ_P。当为坡形截面且坡度较大时，应在坡面上安装顶部模板，以确保混凝土能够浇筑成型、振捣密实。

  2. 几何尺寸和配筋按具体结构设计和图中的构造规定，并按相应平法制图规则施工。

（5）双高杯口独立基础杯壁和基础短柱配筋构造如图 2-32 所示。当双杯口的中间杯壁宽度 t_5 ＜400mm 时，设置中间杯壁构造配筋。

（6）双柱普通独立基础底部与顶部配筋构造如图 2-33 所示。

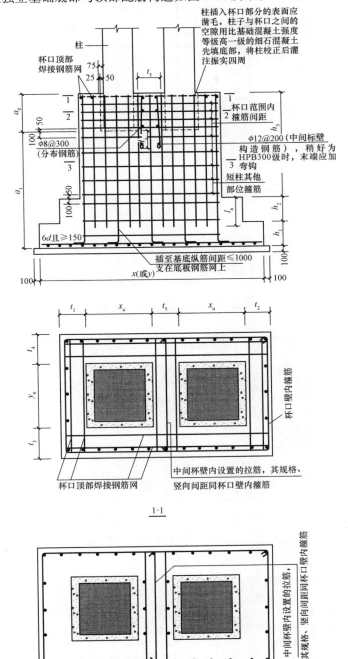

1-1

2-2

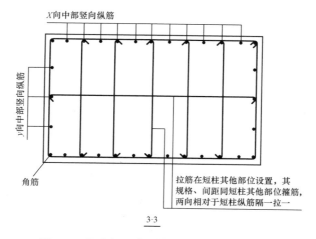

3-3

图 2-32 双高杯口独立基础杯壁和基础短柱配筋构造

注：当双杯口的中间杯壁宽度 $t_5 < 400\text{mm}$ 时，设置中间杯壁构造配筋。

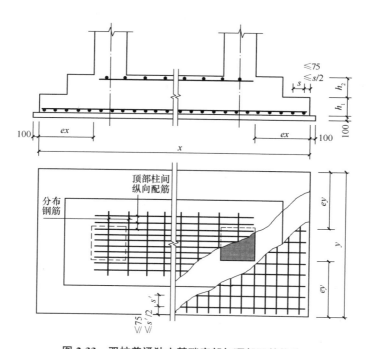

图 2-33 双柱普通独立基础底部与顶部配筋构造

注：1. 双柱普通独立基础底板的截面形状，可为阶形截面 DJ_J 或坡形截面 DJ_P。

    2. 几何尺寸和配筋按具体结构设计和图中构造确定。

    3. 双柱普通独立基础底部双向交叉钢筋，根据基础两个方向从柱外缘至基础外缘的伸出长度 ex 和 ey 的大小，较大者方向的钢筋设置在下面，较小者方向的钢筋设置在上面。

（7）设置基础梁的双柱普通独立基础配筋构造如图 2-34 所示。

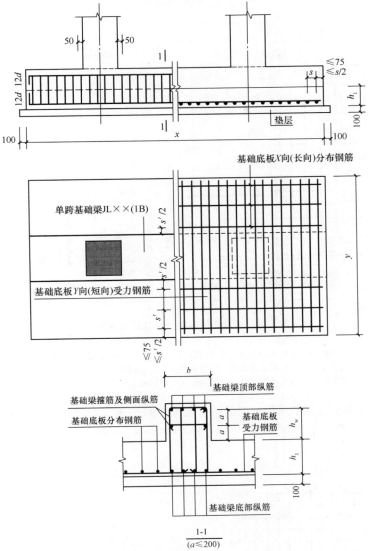

图 2-34　设置基础梁的双柱普通独立基础配筋构造

注：1. 双柱独立基础底板的截面形状，可为阶形截面 DJ_J 或坡形截面 DJ_P。

　　2. 几何尺寸和配筋按具体结构设计和图中构造确定。

　　3. 双柱独立基础底部短向受力钢筋设置在基础梁纵筋之下，与基础梁箍筋的下水平段位于同一层面。

　　4. 双柱独立基础所设置的基础梁宽度，宜比柱截面宽度不小于 100mm（每边不小于 50mm）。若具体设计的基础梁宽度小于柱截面宽度，施工时应增设梁包柱侧腋。

（8）单柱普通独立深基础短柱配筋构造如图 2-35 所示。

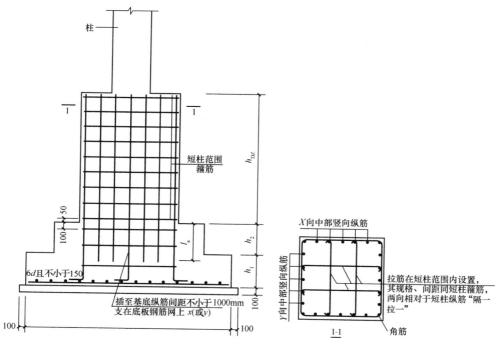

图 2-35 单柱带短柱独立深基础配筋构造

注：1. 带短柱独立深基础底板的截面形式可分为阶形截面 BJ$_J$或坡形截面 BJ$_P$。当为坡形截面且坡度较大时，应在坡面上安装顶部模板，以确保混凝土能够浇筑成型、振捣密实。

2. 几何尺寸和配筋按具体结构设计和图中构造确定，并按相应平法制图规则施工。

（9）双柱普通独立深基础短柱配筋构造如图 2-36 所示。

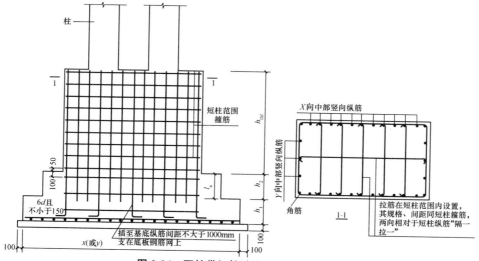

图 2-36 双柱带短柱独立深基础配筋构造

注：1. 带短柱独立深基础底板的截面形式可分为阶形截面 BJ$_J$或坡形截面 BJ$_P$。当为坡形截面且坡度较大时，应在坡面上安装顶部模板，以确保混凝土能够浇筑成型、振捣密实。

2. 几何尺寸和配筋按具体结构设计和图中构造确定，并按相应平法制图规则施工。

三、独立基础钢筋算量

基础底部受力钢筋重量理论计算如下：

$$钢筋长度＝基础长度－2×保护层厚度＋6.25×2×钢筋直径$$

$$钢筋根数＝（基础宽度－2×保护层厚度）/钢筋间距＋1$$

$$钢筋重量＝钢筋长度×钢筋根数×钢筋理论重量$$

【例 2-1】某独立基础 DJ1 配筋图如图 2-37 所示。钢筋采用绑扎连接，混凝土强度等级为 C25，保护层厚度为 40mm，钢筋理论重量为 0.888kg/m。试计算钢筋的长度、根数和钢筋重量。

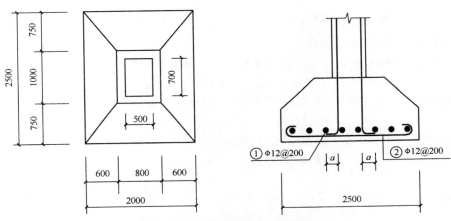

图 2-37 独立基础 DJ1 配筋图

【解】（1）①号受力钢筋。

从图 2-37 中可以看出：钢筋直径＝12mm，钢筋间距＝200mm。

$$钢筋长度＝基础长度－2×保护层厚度＋6.25×2×钢筋直径$$
$$＝(2.0－2×0.04＋6.25×2×0.012)m＝2.07\ m$$

$$钢筋根数＝（基础宽度－2×保护层厚度）/钢筋间距＋1$$
$$＝[(2.5－2×0.04)/0.2＋1]根≈14\ 根$$

$$钢筋重量＝钢筋长度×钢筋根数×钢筋理论重量$$
$$＝(2.07×14×0.888)kg＝25.734\ kg$$

（2）②号受力钢筋。

$$钢筋长度＝基础长度－2×保护层厚度＋6.25×2×钢筋直径$$
$$＝(2.5－2×0.04＋6.25×2×0.012)m＝2.57\ m$$

$$箍筋根数＝（基础宽度－2×保护层厚度）/钢筋间距＋1$$
$$＝[(2.0－2×0.04)/0.2＋1]根≈11\ 根$$

$$钢筋重量＝钢筋长度×钢筋根数×钢筋理论重量$$
$$＝(2.57×11×0.888)kg＝25.104\ kg$$

【例 2-2】某独立基础 DJ₁1 平法施工图如图 2-38 所示，其两阶高度为 200/200mm，其剖面示意图如图 2-39 所示。试计算该独立基础的钢筋。

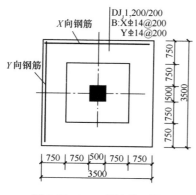

图 2-38　DJ_J1 平法施工图

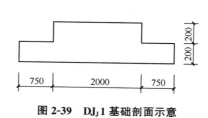

图 2-39　DJ_J1 基础剖面示意

【解】（1）X 向钢筋的计算。

钢筋长度＝基础长度－2×保护层厚度＋6.25×2×钢筋直径

$\qquad$＝（3500－2×40＋6.25×2×0.014）m＝3.42m

钢筋根数＝（基础宽度－2×保护层厚度）/钢筋间距＋1

$\qquad$＝［（3500－2×75）/200＋1］根≈18 根

钢筋重量＝钢筋长度×钢筋根数×钢筋理论重量

$\qquad$＝（3.42×18×1.208）kg＝74.364kg

（2）Y 向钢筋的计算。

钢筋长度＝基础长度－2×保护层厚度＋6.25×2×钢筋直径

$\qquad$＝（3500－2×40＋6.25×2×0.014）m＝3.42m

钢筋根数＝（基础宽度－2×保护层厚度）/钢筋间距＋1

$\qquad$＝［（3500－2×75）/200＋1］根≈18 根

钢筋重量＝钢筋长度×钢筋根数×钢筋理论重量

$\qquad$＝（3.42×18×1.208）kg＝74.364kg

1. 普通独立基础

【例 2-3】某工程中独立基础混凝土等级为 C30，保护层厚度为 40mm，其余尺寸如图 2-40、图 2-41 所示。试计算独立基础的钢筋量，并进行钢筋翻样。

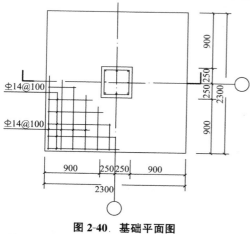

图 2-40　基础平面图

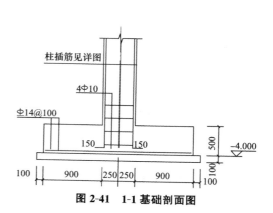

图 2-41　1-1 基础剖面图

【解】独立基础钢筋三维图及计算公式如图 2-42 所示。

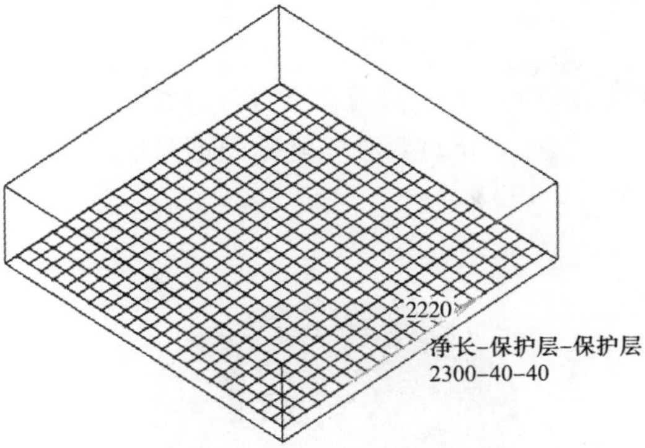

净长－保护层－保护层
2300－40－40

2220

图 2-42　独立基础钢筋三维图及计算公式

基础底部钢筋工程量及计算公式如下。

单根横向边筋长度＝净长－保护层－保护层＝(2300－40－40)mm＝2220mm

横向边筋总长＝单根横向边筋长度×2＝(2220×2)mm＝4440mm

横向边筋总重量＝横向边筋总长×Φ14 理论重量＝(4.44×1.21)kg＝5.372kg

横向底筋根数＝(基础长度－保护层×2)/图示间距－边筋根数

＝{Ceil[(2300－40×2)/100]－2}根

＝21 根(Ceil 函数的作用是求不小于给定实数的最小整数)

横向底筋总长＝单根横向底筋长度×横向钢筋根数＝(2220×21)mm＝46 200mm

横向筋总重量＝横向筋总长×Φ14 理论重量＝(46.2×1.21)kg＝56.410kg

纵向边筋及纵向底筋计算过程同上，这里不做赘述。

钢筋算量与翻样表见表 2-4。

表 2-4　钢筋算量与翻样表

钢筋翻样							钢筋总重：123.567kg		
筋号	级别	直径	钢筋图形	计算公式	根数	总根数	单长/m	总长/m	总重/kg
横向底筋1	Φ	14	2220	2300-40-40	2	2	2.22	4.44	5.372
横向底筋2	Φ	14	2220	2300-40-40	21	21	2.22	46.62	56.410
纵向底筋1	Φ	14	2220	2300-40-40	2	2	2.22	4.44	5.372
纵向底筋2	Φ	14	2220	2300-40-40	21	21	2.22	46.62	56.410

本题中独立基础较为简单，通过钢筋翻样表可以清晰地看出其计算公式，比较容易得

出计算结果。需要注意的是，横向底筋 1 号为横向两外侧筋，纵向底筋 1 号为纵向两外侧筋。这里将其与基础内部筋分开，是因为当基础尺寸到达一定程度时，内部筋需缩尺配筋，而边筋则不应该缩短。

2. 异形独立基础

【例 2-4】某工程中圆形独立基础混凝土等级为 C30，保护层厚度为 40mm，高度为 500mm，底板钢筋为Φ12@100。试计算独立基础的钢筋量，并进行钢筋翻样。

【解】基础三维图如图 2-43 所示。

图 2-43　基础三维图

基础钢筋三维图如图 2-44 所示。

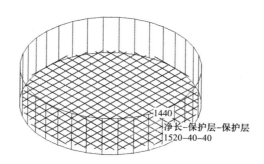

图 2-44　基础钢筋三维图

钢筋算量与翻样见表 2-5。

表 2-5　钢筋算量与翻样表

钢筋翻样							钢筋总重：53.138kg		
筋号	级别	直径	钢筋图形	计算公式	根数	总根数	单长/m	总长/m	总重/kg
横向底筋 1	Φ	12	544	624-40-40	2	2	0.544	1.088	0.966
横向底筋 2	Φ	12	974	1054-40-40	2	2	0.974	1.948	1.73
横向底筋 3	Φ	12	1243	1323-40-40	2	2	1.243	2.486	2.208

钢筋翻样							钢筋总重：53.138kg		
横向底筋 4	Φ	12	1440	1520-40-40	2	2	1.44	2.88	2.557
横向底筋 5	Φ	12	1590	1670-40-40	2	2	1.59	3.18	2.824
横向底筋 6	Φ	12	1706	1786-40-40	2	2	1.706	3.412	3.03
横向底筋 7	Φ	12	1793	1873-40-40	2	2	1.793	3.586	3.184
横向底筋 8	Φ	12	1856	1936-40-40	2	2	1.856	3.712	3.296
横向底筋 9	Φ	12	1897	1977-40-40	2	2	1.897	3.794	3.369
横向底筋 10	Φ	12	1917	1997-40-40	2	2	1.917	3.834	3.405
纵向底筋 1	Φ	12	544	624-40-40	2	2	0.544	1.088	0.966
纵向底筋 2	Φ	12	974	1054-40-40	2	2	0.974	1.948	1.73
纵向底筋 3	Φ	12	1243	1323-40-40	2	2	1.243	2.486	2.208
纵向底筋 4	Φ	12	1440	1520-40-40	2	2	1.44	2.88	2.557
纵向底筋 5	Φ	12	1590	1670-40-40	2	2	1.59	3.18	2.824
纵向底筋 6	Φ	12	1706	1786-40-40	2	2	1.706	3.412	3.03
纵向底筋 7	Φ	12	1793	1873-40-40	2	2	1.793	3.586	3.184
纵向底筋 8	Φ	12	1856	1936-40-40	2	2	1.856	3.712	3.296
纵向底筋 9	Φ	12	1897	1977-40-40	2	2	1.897	3.794	3.369
纵向底筋 10	Φ	12	1917	1997-40-40	2	2	1.917	3.834	3.405

第二节 条 形 基 础

一、条形基础平法施工图识图规则

1. 条形基础平法施工图的表示方法

（1）条形基础平法施工图有平面注写与截面注写两种表达方式，设计者可根据具体工程情况选择一种，或将两种方式相结合进行条形基础的施工图设计。

（2）当绘制条形基础平面布置图时，应将条形基础平面与基础所支承的上部结构的柱、墙一起绘制。当基础底面标高不同时，需注明与基础底面基准标高不同之处的范围和标高。

（3）当梁板式基础梁中心或板式条形基础板中心与建筑定位轴线不重合时，应标注其定位尺寸；对于编号相同的条形基础，可仅选择一个进行标注。

（4）条形基础整体上可分为两类。

1）梁板式条形基础。该类条形基础适用于钢筋混凝土框架结构、框架—剪力墙结构、部分框支剪力墙结构和钢结构。平法施工图将梁板式条形基础分解为基础梁和条形基础底板分别进行表达。

2）板式条形基础。该类条形基础适用于钢筋混凝土剪力墙结构和砌体结构。平法施工图仅表达条形基础底板。

2. 条形基础的编号

条形基础的编号分为基础梁和条形基础底板编号，具体见表 2-6。

表 2-6 条形基础编号

类型		代号	序号	跨数及有无外伸
基础梁		JL	××	（××）端部无外伸
条形基础底板	坡形	TJB_P	××	（××A）一端有外伸
	阶形	TJB_J	××	（××B）两端有外伸

注：条形基础通常采用坡形截面或单阶形截面。

3. 基础梁的平面注写方式

（1）基础梁 JL 的平面注写方式有集中标注和原位标注两部分内容。

（2）基础梁的集中标注内容为基础梁编号、截面尺寸、配筋以及基础梁底面标高（与基础地面基准标高不同时）和必要的文字注解。

1）注写基础梁编号（必注内容）。具体的条形基础编号的规定见表 2-6。

2）注写基础梁截面尺寸（必注内容）。注写 $b×h$，表示梁截面宽度与高度。当为加腋梁时，用 $b×h$ $Yc_1×c_2$ 表示，其中 c_1 为腋长，c_2 为腋高。

3）注写基础梁配筋（必注内容）。

注写基础梁箍筋：当具体设计仅采用一种箍筋间距时，注写钢筋级别、直径、间距与肢数（箍筋肢数写在括号内，下同）；当具体设计采用两种箍筋时，用"/"分隔不同箍筋，按照从基础梁两端向跨中的顺序注写。先注写第 1 段箍筋（在前面加注箍筋道数），在斜线后注写第 2 段箍筋（不再加注箍筋道数）。

注写基础梁底部、顶部及侧面纵向钢筋：以 B 打头，注写梁底部贯通纵筋（不应少于梁底部受力钢筋总截面面积的 1/3）。当跨中所注根数少于箍筋肢数时，需要在跨中增设梁底部架立筋以固定箍筋，采用"＋"将贯通纵筋与架立筋相连，架立筋注写在加号后面的括号内；以 T 打头，注写梁顶部贯通纵筋。注写时用分号"；"将底部与顶部贯通纵筋分隔开，如有个别跨与其不同者按原位注写的规定处理；当梁底部或顶部贯通纵筋多于一排时，用"／"将各排筋自上而下分开。以大写字母 G 打头注写梁两侧面对称设置的纵向构造钢筋的总配筋值（当梁腹板净高 h_w 不小于 450mm 时，根据需要配置）。

4）注写基础梁底面标高（选注内容）。当条形基础的底面标高与基础底面基准标高不同时，将条形基础底面标高注写在"（　）"内。

5）必要的文字注解（选注内容）。当基础梁的设计有特殊要求时，宜增加必要的文字注解。

（3）基础梁的原位标注的规定如下。

1）基础梁支座的底部纵筋，包括贯通纵筋与非贯通纵筋在内的所有纵筋。

①当底部纵筋多于一排时，用"／"将各排纵筋自上而下分开；当同排纵筋有两种直径时，用"＋"将两种直径的纵筋相连；当梁支座两边的底部纵筋配置不同时，需在支座两边分别标注；当梁支座两边的底部纵筋相同时，可仅在支座的一边标注；当梁支座底部全部纵筋与集中注写过的底部纵筋相同时，可不再重复做原位标注；竖向加腋部位钢筋，需在设置加腋的支座处以 Y 打头注写在括号内。

②原位注写基础梁的附加箍筋或（反扣）吊筋。当两向基础梁十字交叉，但交叉位置无柱时，应根据抗力需要设置附加箍筋或（反扣）吊筋。

将附加箍筋或（反扣）吊筋直接画在平面图十字交叉梁中刚度较大的条形基础主梁上，原位直接引注总配筋值（附加箍筋的肢数注在括号内）。当多数附加箍筋或（反扣）吊筋相同时，可在条形基础平法施工图上统一注明。少数与统一注明值不同时，再原位直接引注。

③原位注写基础梁外伸部位的变截面高度尺寸。当基础梁外伸部位采用变截面高度时，在该部位原位注写 $b \times h_1/h_2$，h_1 为根部截面高度，h_2 为尽端截面高度。

④原位注写修正内容。当在基础梁上集中标注的某项内容（如截面尺寸、箍筋、底部与顶部贯通纵筋或架立筋、梁侧面纵向构造钢筋、梁底面标高等）不适用于某跨或某外伸部位时，将其修正内容原位标注在该跨或该外伸部位，施工时原位标注取值优先。当在多跨基础梁的集中标注中已注明加腋，而该梁某跨根部不需要加腋时，则应在该跨原位标注无 $Yc_1 \times c_2$ 的 $b \times h$，以修正集中标注中的加腋要求。

4. 基础梁底部非贯通钢筋的长度规定

（1）为方便施工，对于基础梁柱下区域底部非贯通纵筋的伸出长度 a_0 值，当配置不多于两排时，在标准构造详图中统一取值为自柱边向跨内伸出至 $l_n/3$ 位置；当非贯通纵筋配置多于两排时，从第三排起向跨内的伸出长度值应由设计者注明。

l_n 的取值规定为：边跨边支座的底部非贯通纵筋，l_n 取本边跨的净跨长度值；对于中间支座的底部非贯通纵筋，l_n 取支座两边较大一跨的净跨长度值。

（2）基础梁外伸部位底部纵筋的伸出长度 a_0 值，在标准构造详图中统一取值为：第一排伸出至梁端头后，全部上弯 12d 或 15d；其他排钢筋伸至梁端头后截断。

（3）设计者在执行底部非贯通纵筋伸出长度的统一取值规定时，应注意按《混凝土结构设计规范（2015 版）》（GB 50010—2010）、《建筑地基基础设计规范》（GB 50007—2011）和《高层建筑混凝土结构技术规程》（JGJ 3—2010）的相关规定进行校核，若不满足时应另行变更。

5. 条形基础底板的平面注写方式

（1）条形基础底板 TJB_P、TJB_J 的平面注写方式，分集中标注和原位标注两部分内容。

（2）条形基础底板的集中标注内容为：条形基础底板编号、截面竖向尺寸、配筋以及条形基础底板底面标高（与基础底面基准标高不同时）和必要的文字注解。素混凝土条形基础底板的集中标注，除无底板配筋内容外与钢筋混凝土条形基础底板相同。具体规定如下。

1）注写条形基础底板编号（必注内容）。条形基础底板的编号参照表 2-6。

条形基础底板向两侧的截面形状通常有两种：

坡形截面，编号加下标"P"，如 $TJB_P \times \times$（$\times \times$）；

阶形截面，编号加下标"J"，如 $TJB_J \times \times$（$\times \times$）。

2）注写条形基础底板截面竖向尺寸（必注内容）。

当条形基础底板为坡形截面时，注写为：h_1/h_2，如图 2-45 所示。

当条形基础底板为阶形截面时，其竖向尺寸注写方式如图 2-46 所示。

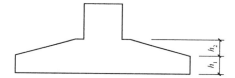

图 2-45　条形基础底板坡形截面竖向尺寸

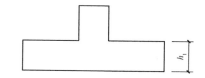

图 2-46　条形基础底板阶形截面竖向尺寸

3）注写条形基础底板底部及顶部配筋（必注内容）。

以 B 打头，注写条形基础底板底部的横向受力钢筋；以 T 打头，注写条形基础底板顶部的横向受力钢筋；注写时，用"/"分隔条形基础底板的横向受力钢筋与构造配筋。

4）注写条形基础底板底面标高（选注内容）。当条形基础底板的底面标高与条形基础底面基准标高不同时，应将条形基础底板底面标高注写在"（　）"内。

5）必要的文字注解（选注内容）。当条形基础底板有特殊要求时，应增加必要的文字注解。

（3）条形基础底板的原位标注规定如下。

1）原位注写条形基础底板的平面尺寸。原位标注 b、b_i，$i = 1$，2，…。其中，b 为基础底板总宽度，b_i 为基础底板台阶的宽度。当基础底板采用对称于基础梁的坡形截面或单阶形截面时，b_i 可不注，如图 2-47 所示。

素混凝土条形基础底板的原位标注与钢筋混凝土条形基础底板相同。对于相同编号的条形基础底板，可仅选择一个进行标注。

梁板式条形基础存在双梁共用同一基础底板、墙下条形基础也存在双墙共用同一基础底板的情况，当为双梁或为双墙且梁或墙荷载差别较大时，条形基础两侧可取不同的宽度，实际宽度以原位标注的基础底板两侧非对称的不同台阶宽度 b_i 进行表达。

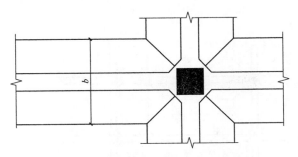

图 2-47　条形基础底板平面尺寸原位标注

2）原位注写修正内容。当在条形基础底板上集中标注的某项内容，如底板截面竖向尺寸、底板配筋、底板底面标高等，不适用于条形基础底板的某跨或某外伸部分时，可将其修正内容原位标注在该跨或该外伸部位，施工时原位标注取值优先。

条形基础的平面注写方式示例如图 2-48 所示。

6. 条形基础的截面注写方式

（1）条形基础的截面注写方式可分为截面注写和列表注写（结合截面示意图）两种表达方式。

采用截面注写方式，应在基础平面布置图上对所有条形基础进行编号，见表 2-6。

（2）对条形基础进行截面标注的内容和形式，与传统"单构件正投影表示方法"基本相同。对于已在基础平面布置图上原位标注清楚的该条形基础梁和条形基础底板的水平尺寸，可不在截面图上重复表达，具体表达内容可参照 16G101 - 3 图集的规定确定。

（3）对多个条形基础可采用列表注写（结合截面示意图）的方式进行集中表达。表中内容为条形基础截面的几何数据和配筋，截面示意图上应标注与表中栏目相对应的代号。列表的具体内容规定如下。

1）基础梁列表集中注写栏目。

①编号：注写 JL×× （××）、JL×× （××A） 或 JL×× （××B）。

②几何尺寸：梁截面宽度与高度 $b \times h$。当为加腋梁时，注写 $b \times h$　$Yc_1 \times c_2$。

③配筋：注写基础梁底部贯通纵筋＋非贯通纵筋，顶部贯通纵筋，箍筋。当设计为两种箍筋时，箍筋注写为：第一种箍筋/第二种箍筋，第一种箍筋为梁端部箍筋，注写内容包括箍筋的箍数、钢筋级别、直径、间距与肢数。

基础梁列表格式见表 2-7。

表 2-7　基础梁几何尺寸和配筋

基础梁编号/截面号	截面几何尺寸		配筋	
	$b \times h$	竖向加腋 $c_1 \times c_2$	底部贯通纵筋＋非贯通纵筋，顶部贯通纵筋	第一种箍筋/第二种箍筋

注：表中可根据实际情况增加栏目，如增加基础梁底面标高等。

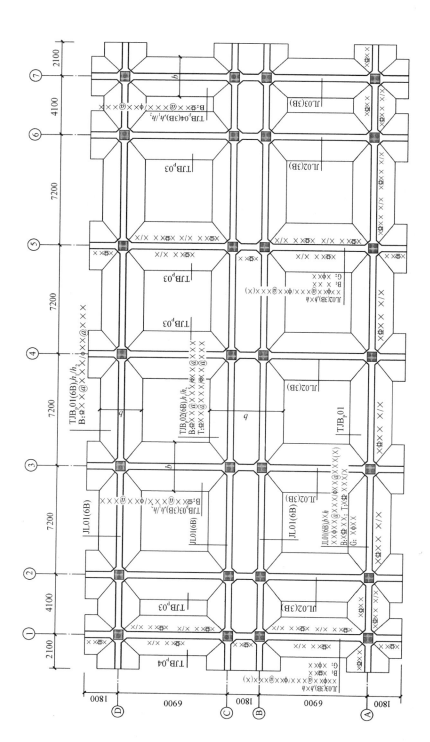

图 2-48 条形基础的平面注写方式示例

2）条形基础底板。条形基础底板列表集中注写栏目如下。

①编号：坡形截面编号为 $TJB_P \times \times$（$\times \times$）、$TJB_P \times \times$（$\times \times A$）或 $TJB_P \times \times$（$\times \times B$），阶形截面编号为 $TJB_J \times \times$（$\times \times$）、$TJB_J \times \times$（$\times \times A$）或 $TJB_J \times \times$（$\times \times B$）。

②几何尺寸：水平尺寸 b，b_i，$i = 1, 2, \cdots$；竖向尺寸 h_1/h_2。

③配筋：B：$\Phi \times \times @ \times \times \times / \Phi \times \times @ \times \times \times$。

条形基础底板列表格式见表 2-8。

表 2-8　条形基础底板几何尺寸和配筋

基础底板编号/ 截面号	截面几何尺寸			底部配筋（B）	
	b	b_i	h_1/h_2	横向受力钢筋	纵向分布钢筋

注：表中可根据实际情况增加栏目，如增加上部配筋、基础底板底面标高（与基础底板底面基准标高不一致时）等。

二、条形基础平法识图

1. **基础梁 JL 钢筋构造**

（1）条形基础梁 JL 端部与外伸部位钢筋构造分别如图 2-49～图 2-50 所示。

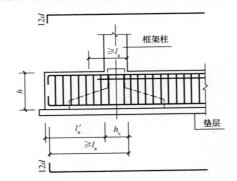

图 2-49　条形基础梁端部等截面外伸构造

注：端部等（变）截面外伸构造中，当从柱内边算起的梁端部外伸长度不满足直锚要求时，基础梁下部钢筋应伸至端部后弯折，其从柱内边算起水平段长度不小于 $0.6l_{ab}$，弯折端长度 $15d$。

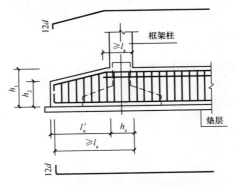

图 2-50　条形基础梁端部变截面外伸构造

注：端部变截面外伸构造中，当从柱内边算起的梁端部外伸长度不满足直锚要求时，基础梁下部钢筋应伸至端部后弯折，其从柱内边算起水平段长度不小于 $0.6l_{ab}$，弯折端长度 $15d$。

（2）基础梁 JL 梁底不平和变截面部位钢筋构造分别如图 2-51～图 2-55 所示。

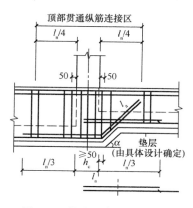

图 2-51　梁底有高差钢筋构造

注：1. 当基础梁变标高及变截面形式与本图不同时，其
构造应由设计者另行设计；如果要求参照本图的
构造方式施工，应提供相应改动的变更说明。

2. 梁底高差坡度角 α 根据场地实际情况可取 30°、
45°或 60°。

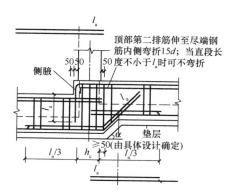

图 2-52　梁底、梁顶均有高差钢筋构造（一）

注：1. 当基础梁变标高及变截面形式与本图不同时，其
构造应由设计者另行设计；如果要求参照本图的
构造方式施工，应提供相应改动的变更说明。

2. 梁底高差坡度角 α 根据场地实际情况可取 30°、
45°或 60°。

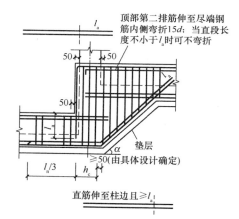

图 2-53　梁底、梁顶均有高差钢筋构造（二）
（仅用于条形基础）

注：1. 当基础梁变标高及变截面形式与本图不同时，其
构造应由设计者另行设计；如果要求施工方面参
照本图的构造方式施工，应提供相应改动的变更
说明。

2. 梁底高差坡度角 α 根据场地实际情况可取 30°、
45°或 60°。

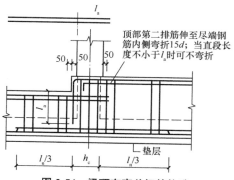

图 2-54　梁顶有高差钢筋构造

注：当基础梁变标高及变截面形式与本图不同时，其
构造应由设计者另行设计；如果要求参照本图的
构造方式施工，应提供相应改动的变更说明。

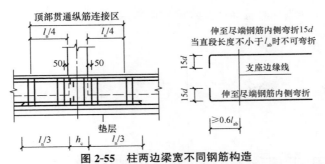

图 2-55 柱两边梁宽不同钢筋构造

注：当基础梁变标高及变截面形式与本图不同时，其构造应由设计者另行设计；如果要求参照本图的构造方式施工，应提供相应改动的变更说明。

（3）基础梁侧面构造纵筋和拉筋如图 2-56 所示。

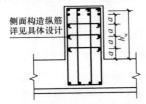

（a）基础梁侧面构造纵筋和拉筋（$a \leqslant 200\text{mm}$）

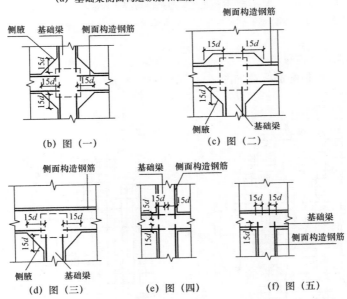

（b）图（一）　　　　　　（c）图（二）

（d）图（三）　　（e）图（四）　　（f）图（五）

图 2-56 基础梁侧面构造纵筋和拉筋

注：1. 基础梁侧面纵向构造钢筋搭接长度为 $15d$，十字相交的基础梁，当相交位置有柱时，侧面构造纵筋入梁包柱侧腋内 $15d$，如图（b）所示；当无柱时，侧面构造纵筋锚入交叉梁内 $15d$，如图（e）所示。丁字相交的基础梁，当相交位置无柱时，横梁外侧的构造纵筋应贯通，横梁内侧的构造纵筋锚入交叉梁 $15d$，如图（f）所示。

2. 梁侧钢筋的拉筋直径除注明者外均为 8mm，间距为箍筋间距的 2 倍。当设有多排拉筋时，上下两排拉筋竖向错开设置。

3. 基础梁侧面受扭纵筋的搭接长度为 l_l，其锚固长度为 l_a，锚固方式同梁上部纵筋。

（4）基础梁 JL 配置两种箍筋构造如图 2-57 所示。

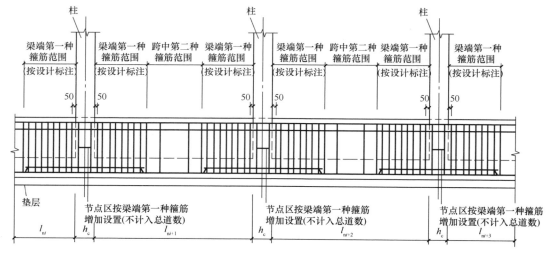

l_{ni}、l_{ni+1}、l_{ni+2}、l_{ni+3}—基础梁的本跨净跨值；h_c—柱截面沿基础梁方向的高度。

图 2-57　基础梁 JL 配置两种箍筋构造

注：1. 当具体设计未注明时，基础梁的外伸部位及基础梁端部节点内按第一种箍筋设置。

　　2. 基础梁竖向加腋部位的钢筋见设计标注。加腋范围的箍筋与基础梁的箍筋配置相同，仅箍筋高度为变值。

2. 条形基础底板配筋构造

（1）条形基础底板配筋构造如图 2-58、图 2-59 所示。

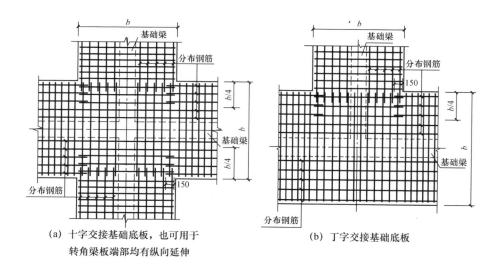

（a）十字交接基础底板，也可用于　　　　（b）丁字交接基础底板
　　　 转角梁板端部均有纵向延伸

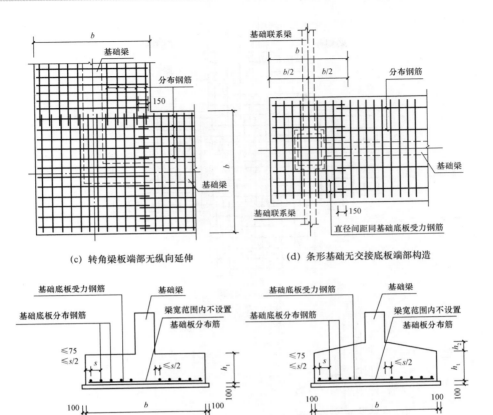

(c) 转角梁板端部无纵向延伸　　　　(d) 条形基础无交接底板端部构造

(e) 阶形截面TJB$_J$　　　　(f) 坡形截面TJB$_P$

图 2-58　条形基础底板配筋构造（一）

注：1. 条形基础底板的分布钢筋在梁宽范围内不设置。
　　2. 在两向受力钢筋交接处的网状部位，分布钢筋与同向受力钢筋的搭接长度为150mm。

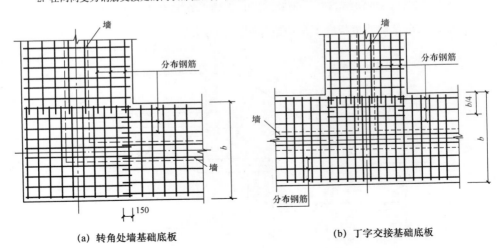

(a) 转角处墙基础底板　　　　　　(b) 丁字交接基础底板

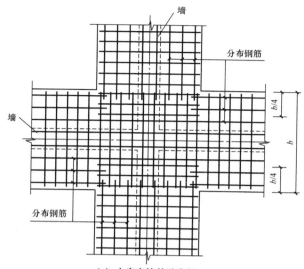

（c）十字交接基础底板

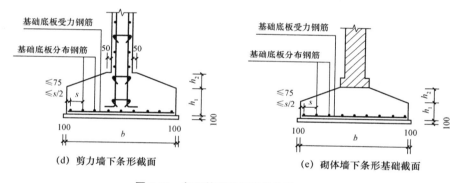

（d）剪力墙下条形截面   （e）砌体墙下条形基础截面

图 2-59 条形基础底板配筋构造（二）

注：在两向受力钢筋交接处的网状部位，分布钢筋与同向受力钢筋的构造搭接长度为 150mm。

（2）墙下条形基础底板板底不平构造如图 2-60 所示。

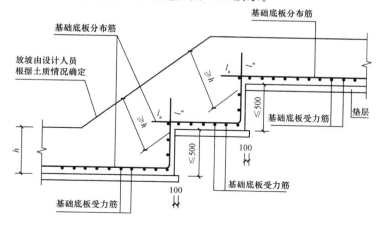

（a）墙下条形基础底板板底不平构造（一）

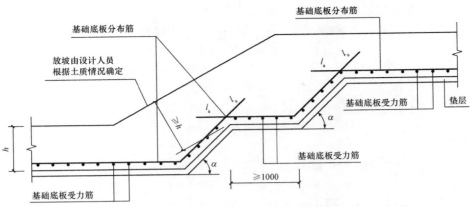

(b) 墙下条形基础底板板底不平构造（二）（板底高差坡度角 α 取45°或按设计）

图 2-60　墙下条形基础底板板底不平构造

（3）条形基础底板配筋长度减短10%构造如图 2-61 所示。

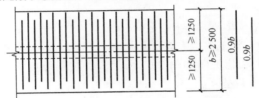

图 2-61　条形基础底板配筋长度减短 10% 构造

注：底板交接区的受力钢筋和无交接底板时底部第一根钢筋不应减短。

三、条形基础钢筋算量

1. 普通基础梁 JL 钢筋计算

【例 2-5】JL01 的平法施工图如图 2-62 所示。保护层厚度 $c = 25\mathrm{mm}$，梁包柱侧腋 $= 50\mathrm{mm}$。试计算该钢筋的工程量。

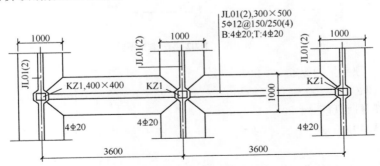

图 2-62　JL01 平法施工图

【解】（1）顶部贯通纵筋 $4\Phi20$。

顶部贯通纵筋长度 = 梁长（含梁包柱侧腋）$- c +$ 弯折 $15d$

$= [(3600 \times 2 + 200 \times 2 + 50 \times 2) - 2 \times 25 + 2 \times 15 \times 20]\mathrm{mm} = 8250\mathrm{mm}$

(2) 底部贯通纵筋 4 Φ 20。

底部贯通纵筋长度＝梁长（含梁包柱侧腋）－c＋弯折 15d

$$＝[(3600×2＋200×2＋50×2)－2×25＋2×15×20]mm＝8250mm$$

（3）箍筋。

外大箍筋长度＝[(300－2×25)×2＋(500－2×25)×2＋2×11.9×12]mm＝1686mm

内小箍筋长度＝{[(300－2×25－20－24)/3＋20＋24]×2＋(500－2×25)×2＋

$$2×11.9×12}mm＝1411mm$$

箍筋根数：

第一跨：(5×2＋6) 根＝16 根

中间箍筋根数＝[(3600－200×2－50×2－150×5×2)/250－1]根≈6 根

第二跨箍筋根数同第一跨，为 16 根。

节点内箍筋根数＝(400/150)根≈3 根

JL01 箍筋总根数为：

外大箍根数＝(16×2＋3×3)根≈41 根

内小箍根数＝41 根

注：JL 箍筋不是从梁边布置，而是从柱边起布置。

2. 基础梁 JL 底部非贯通筋、架立筋计算

【例 2-6】JL02 的平法施工图如图 2-63 所示。保护层厚度 c＝25mm，梁包柱侧腋＝50mm。试计算该钢筋的工程量。

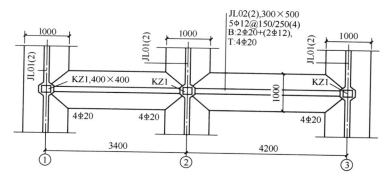

图 2-63　JL02 平法施工图

【解】（1）顶部贯通纵筋 4 Φ 20。

长度＝[(3400＋4200＋200×2＋50×2)－2×25＋2×15×20]mm＝8650mm

（2）底部贯通纵筋 2 Φ 20。

长度＝[(3400＋4200＋200×2＋50×2)－2×25＋2×15×20]mm＝8650mm

（3）箍筋。

外大箍筋长度＝[(300－2×25)×2＋(500－2×25)×2＋2×11.9×12]mm＝1686mm

内小箍筋长度＝{[(300－2×25－20－24)/3＋20＋24]×2＋(500－2×25)×2＋2×11.9×12}mm＝1411mm

箍筋根数：

第一跨：(5×2＋5) 根＝15 根

中间箍筋根数＝[(3400－200×2－50×2－150×5×2)/250－1]根≈5根

第二跨：(5×2＋8)根＝18根

中间箍筋根数＝[(4200－200×2－50×2－150×5×2)/250－1]根≈8根

节点内箍筋根数＝(400/150)根≈3根

JL02箍筋总根数为：

外大箍根数＝(15＋18＋3×3)根＝42根

内小箍根数＝42根

(4) 底部端部非贯通筋2Φ20。

长度＝延伸长度l_n/3＋支座宽度h_c＋梁包柱侧腋－保护层c＋弯折15d

$\qquad$＝[(4200－400)/3＋400＋50－25＋15×20]mm＝1992mm

(5) 底部中间柱下区域非贯通筋2Φ20。

长度＝2×l_n/3＋h_c

$\qquad$＝[2×(4200－400)/3＋400]mm＝2934mm

(6) 底部架立筋2Φ12。

第一跨底部架立筋长度＝[(3400－400)－(3400－400)/3－(4200－400)/3

$\qquad\qquad\qquad\qquad$＋2×150]mm＝1034mm

第二跨底部架立筋长度＝{(4200－400)－2×[(4200－400)/3]＋2×150}mm

$\qquad\qquad\qquad\qquad$＝1567mm

拉筋 (Φ8) 间距为最大箍筋间距的2倍。

第一跨拉筋根数＝{[3400－2×(200＋50)]/500＋1}根≈7根

第一跨拉筋根数＝{[4200－2×(200＋50)]/500＋1}根≈9根

3. 条形基础底板底部钢筋（直转角）计算

【例2-7】TJP$_P$01平法施工图如图2-64所示。保护层厚度为40mm，分布筋与同向受力筋搭接长度为150mm，起步间距为s/2＝75mm。试计算受力筋及分布筋。

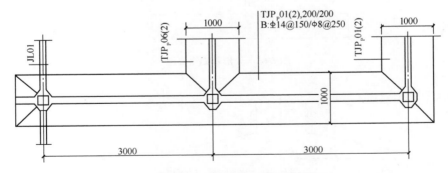

图2-64　TJP$_P$01平法施工图

【解】计算简图如图2-65所示。

(1) 受力筋为Φ14@150，其计算如下。

受力筋长度＝条形基础底板宽度－2c

$\qquad\qquad$＝(1000－2×40)mm＝920mm

受力筋根数＝[(3000×2＋2×500－2×75)/150＋1]根≈47根

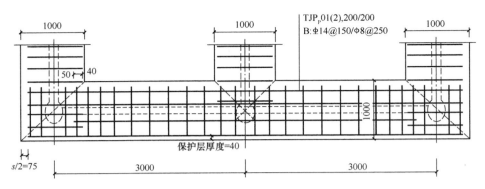

图 2-65　TJP_P01 平法施工图计算简图

（2）分布筋为Φ8@250，其计算如下。

分布筋长度＝（3000×2－2×500＋2×40＋2×150）mm＝5380mm

分布筋单侧的根数＝[（500－150－2×125）/250＋1]根≈2 根

【例 2-8】某工程中条形独立基础混凝土等级为 C30，保护层厚度为 40mm，其余尺寸如图 2-66、图 2-67 所示。试计算条形基础的钢筋量，并进行钢筋翻样。

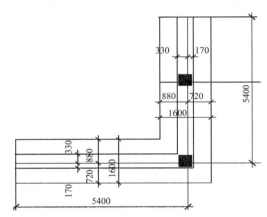

图 2-66　条形基础平面图

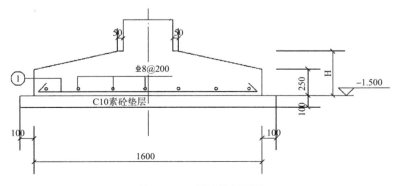

图 2-67　无梁配筋剖面图

注：①钢筋为Φ12@200，H 为 350mm。

【解】（1）条形基础底筋三维图如图 2-68 所示。条形基础端部钢筋三维图如图 2-69 所示。

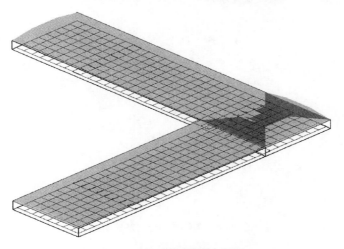

图 2-68　条形基础底筋三维图

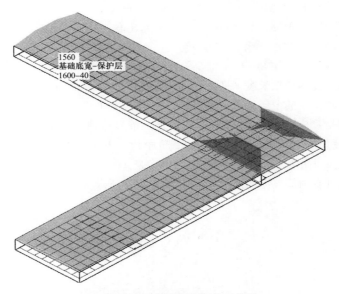

图 2-69　条形基础端部钢筋三维图

本题中端部分布筋型号同受力筋Φ12@200，其工程量及计算公式如下。

单端根数＝{Ceil[（1600－40×2)/200]}根＝9 根

两个端部总根数＝单端根数×2＝(9×2)根＝18 根

单根长度＝基础底宽－保护层＝(1600－40)mm＝1560mm

两个端部总长度＝单根长度×两个端部总根数＝(1560×18)mm＝28080mm

两个端部总重量＝两个端部总长度×Φ12 理论重量＝(28.08×0.888)kg＝24.935kg

（2）其条形基础分布筋三维图如图 2-70 所示。

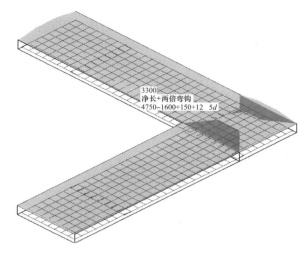

图 2-70　条形基础分布筋三维图

分布筋型号同受力筋 ⏀8@200，其工程量及计算公式如下。

单端根数＝｛Ceil[（1600－40×2）/200]｝根＝9 根

两个条基总根数＝单端根数×2＝（9×2）根＝18 根

单根长度＝净长＋两端弯钩

　　　＝[（5400－1600－800＋150×2）＋6.25d×2]mm＝3400mm

两个条基总长度＝单根长度×两个端部总根数＝（3400×18）mm＝61 200mm

两个条基总重量＝两个条基总长度×⏀8 理论重量＝（61.2×0.395）kg＝24.174kg

需要注意的是：根据 16G101 图集中的规定，条形基础分布筋净长度在计算时，分布筋与受力筋搭接长度为 150mm。本题分布筋净长（5400－1600－800＋150×2）mm＝3300mm 正是包含了两个 150mm 搭接长度后的净长。

（3）条形基础受力筋三维图及计算公式如图 2-71 所示。

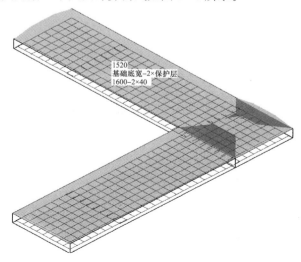

图 2-71　条形基础受力筋三维图及计算公式

受力筋⊈12@200，其工程量及计算公式如下。

单个条基受力筋根数＝{Ceil[(5400＋800－40×2)/200]}根＝32 根

两个条基受力筋总根数＝单个条基受力筋根数×2＝(32×2)根＝64 根

单根长度＝基础底宽－保护层×2＝(1600－40×2)mm＝1520mm

两个端部总长度＝单根长度×两个端部总根数＝(1520×64)mm＝97 280mm

两个端部总重量＝两个端部总长度×⊈12 理论重量＝(97.28×0.888)kg＝86.385kg

（4）条形基础转角处钢筋 1 三维图如图 2-72 所示。

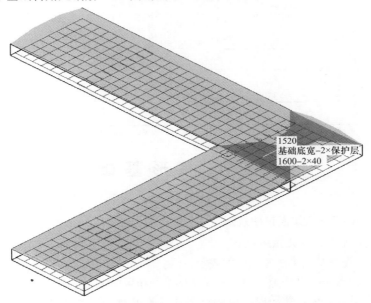

图 2-72　条形基础转角处钢筋 1 三维图

（5）条形基础转角处钢筋 2 三维图如图 2-73 所示。

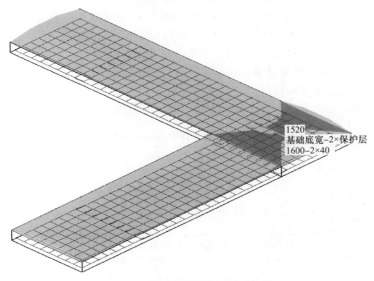

图 2-73　条形基础转角处钢筋 2 三维图

（6）钢筋条形基础钢筋翻样见表2-9。

表2-9 条形基础钢筋翻样表

条形基础钢筋翻样							钢筋总重：135.494kg		
筋号	级别	直径	钢筋图形	计算公式	根数	总根数	单长/m	总长/m	总重/kg
TJ-1-1 底部受力筋1	垒	12	1520	$1600-2\times40$	32	64	1.52	97.28	86.385
TJ-1-1 底部受力筋2	垒	12	1560	$1600-40$	9	18	1.56	28.08	24.935
TJ-1-1 底部分布筋1	中	8	3300	$4750-1600$ $+150$ $+12.5d$	9	18	3.4	61.2	24.174

第三节 筏形基础

一、筏形基础平法施工图识图规则

1. 梁板式筏形基础平法识图规则

（1）梁板式筏形基础平法施工图的表示方法。

1）梁板式筏形基础平法施工图，是在基础平面布置图上采用平面注写方式进行表达。

2）当绘制基础平面布置图时，应将梁板式筏形基础与其所支承的柱、墙一起绘制。梁板式筏形基础以多数相同的基础底面标高作为基础底面基准标高。当基础底面标高不同时，需注明与基础底面基准标高不同之处的范围和标高。

3）通过选注基础梁底面与基础平板底面的标高高差来表达两者之间的位置关系，可以明确其"高板位"（梁顶与板顶一平）、"低板位"（梁底与板底一平）以及"中板位"（板在梁的中部）三种不同位置组合的筏形基础，方便设计表达。

4）对于轴线未居中的基础梁，应标注其定位尺寸。

（2）梁板式筏形基础构件的类型和编号。

梁板式筏形基础由基础主梁、基础次梁、基础平板等构成，编号按表2-10的规定。

表2-10 梁板式筏形基础构件编号

构件类型	代号	序号	跨数及有无外伸
基础主梁（柱下）	JL	××	（××）或（××A）或（××B）
基础次梁	JCL	××	（××）或（××A）或（××B）
梁板式筏形基础平板	LPB	××	

注：1. （××A）为一端有外伸，（××B）为两端有外伸，外伸不计入跨数。

2. 梁板式筏形基础平板跨数及是否有外伸分别在X、Y两向的贯通纵筋之后表达，图面从左至右为X向，从下至上为Y向。

3. 梁板式筏形基础主梁与条形基础梁编号与标准构造详图一致。

（3）基础主梁与基础次梁的平面注写方式。

1）基础主梁 JL 与基础次梁 JCL 的平面注写，分集中标注与原位标注两部分内容。当集中标注中的某项数值不适用于梁的某部位时，则将该项数值采用原位标注。施工时，原位标注优先。

2）基础主梁 JL 与基础次梁 JCL 的集中标注内容为：基础梁编号、截面尺寸、配筋以及基础梁底面标高高差（相对于筏形基础平板底面标高）。具体规定如下。

①注写基础梁的编号，具体参照表 2-10。

②注写基础梁的截面尺寸。以 $b \times h$ 表示梁截面宽度与高度；当为加腋梁时，用 $b \times h$ $Yc_1 \times c_2$ 表示，其中 c_1 为腋长，c_2 为腋高。

③注写基础梁箍筋：当采用一种箍筋间距时，注写钢筋级别、直径、间距与肢数（写在括号内）。当采用两种箍筋时，用"/"分隔不同箍筋，按照从基础梁两端向跨中的顺序注写。先注写第 1 段箍筋（在前面加注箍数），在斜线后再注写第 2 段箍筋（不再加注箍数）。

注写基础梁的底部、顶部及侧面纵向钢筋：以 B 打头，先注写梁底部贯通纵筋（不应少于底部受力钢筋总截面面积的 1/3）。当跨中所注根数少于箍筋肢数时，需要在跨中加设架立筋以固定箍筋，注写时，用"+"将贯通纵筋与架立筋相连，架立筋注写在加号后面的括号内。以 T 打头，注写梁顶部贯通筋值。注写时用"；"将底部与顶部纵筋分隔开。以大写字母 G 打头注写基础梁两侧面对称设置的纵向构造钢筋的总配筋值（当梁腹板高度 $h_w \geqslant 450mm$ 时，根据需要配置）。当需要配置抗扭纵向钢筋时，梁两个侧面设置的抗扭纵向钢筋以 N 打头。

④注写基础梁底面标高高差（是指相对于筏形基础平板底面标高的高差值），该项为选注值。有高差时需将高差写入括号内（如"高板位"与"中板位"基础梁的底面与基础平板底面标高的高差值），无高差时不注（如"低板位"筏形基础的基础梁）。

3）基础主梁与基础次梁的原位标注规定如下。

①梁支座的底部纵筋包括贯通纵筋与非贯通纵筋在内的所有纵筋。

当底部纵筋多于一排时，用斜线"/"将各排纵筋自上而下分开。当同排纵筋有两种直径时，用"+"将两种直径的纵筋相连。

当梁中间支座两边的底部纵筋配置不同时，需在支座两边分别标注；当梁中间支座两边的底部纵筋相同时，可仅在支座的一边标注配筋值。当梁端（支座）区域的底部全部纵筋与集中注写过的贯通纵筋相同时，可不再重复做原位标注。

竖向加腋梁加腋部位钢筋，需在设置加腋的支座处以 Y 打头注写在括号内。

②注写基础梁的附加箍筋或（反扣）吊筋。将其直接画在平面图中的主梁上，用线引注总配筋值（附加箍筋的肢数注在括号内），当多数附加箍筋或（反扣）吊筋相同时，可在基础梁平法施工图上统一注明，少数与统一注明值不同时，再原位引注。

③当基础梁外伸部位变截面高度时，在该部位原位注写 $b \times h_1/h_2$，h_1 为根部截面高度，h_2 为尽端截面高度。

④注写修正内容。当在基础梁上集中标注的某项内容（如梁截面尺寸、箍筋、底部与顶部贯通纵筋或架立筋、梁侧面纵向构造钢筋、梁底面标高高差等）不适用于某跨或某外

伸部分时，则将其修正内容原位标注在该跨或该外伸部位，施工时原位标注取值优先。当在多跨基础梁的集中标注中已注明加腋，而该梁某跨根部不需要加腋时，则应在该跨原位标注等截面的 $b \times h$，以修正集中标注中的加腋信息。

（4）基础梁底部非贯通纵筋的长度规定。

1）为方便施工，凡基础主梁柱下区域和基础次梁支座区域底部非贯通纵筋的伸出长度 a_0 值，当配置不多于两排时，在标准构造详图中统一取值为自支座边向跨内伸出至 $l_n/3$ 位置；当非贯通纵筋配置多于两排时，从第三排起向跨内的伸出长度值应由设计者注明。l_n 的取值规定为：边跨边支座的底部非贯通纵筋，l_n 取本边跨的净跨长度值；中间支座的底部非贯通纵筋，l_n 取支座两边较大一跨的净跨长度值。

2）基础主梁与基础次梁外伸部位底部纵筋的伸出长度 a_0 值，在标准构造详图中统一取值为：第一排伸出至梁端头后，全部上弯 $12d$ 或 $15d$；其他排伸至梁端头后截断。

3）设计者在执行基础梁底部非贯通纵筋伸出长度的统一取值规定时，应注意按《混凝土结构设计规范（2015 年版）》（GB 50010—2010）、《建筑地基基础设计规范》（GB 50007—2011）和《高层建筑混凝土结构技术规程》（JGJ 3—2010）的相关规定进行校核，若不满足时应另行变更。

（5）梁板式筏形基础平板的平面注写方式。

1）梁板式筏形基础平板 LPB 的平面注写，分板集中标注与原位标注两部分内容。

2）梁板式筏形基础平板 LPB 贯通纵筋的集中标注，应在所表达的板区双向均为第一跨（X 与 Y 双向首跨）的板上引出（图面从左至右为 X 向，从下至上为 Y 向）。

板区划分条件：板厚相同、基础平板底部与顶部贯通纵筋配置相同的区域为同一板区。

集中标注的内容规定如下。

①注写基础平板的编号，具体参照表 2-10。

②注写基础平板的截面尺寸。注写 $h = \times \times \times$ 表示板厚。

③注写基础平板的底部与顶部贯通纵筋及其跨数和外伸情况。先注写 X 向底部（B 打头）贯通纵筋与顶部（T 打头）贯通纵筋及纵向长度范围；再注写 Y 向底部（B 打头）贯通纵筋与顶部（T 打头）贯通纵筋及其跨数和外伸情况（图面从左至右为 X 向，从下至上为 Y 向）。

贯通纵筋的跨数及外伸情况注写在括号中，注写方式为"跨数及有无外伸"，其表达形式为：（$\times \times$）（无外伸）、（$\times \times$A）（一端有外伸）或（$\times \times$B）（两端有外伸）。

当贯通筋采用两种规格钢筋"隔一布一"的方式时，表达为 $\Phi\ xx/yy@\times \times \times$，表示直径 xx 的钢筋和直径 yy 的钢筋之间的间距为 $\times \times \times$，直径为 xx 的钢筋、直径为 yy 的钢筋间距分别为 $\times \times \times$ 的 2 倍。

3）梁板式筏形基础平板 LPB 的原位标注，主要表达板底部附加非贯通纵筋。

①原位注写位置及内容。板底部原位标注的附加非贯通纵筋，应在配置相同跨的第一跨表达（当在基础梁悬挑部位单独配置时则在原位表达）。在配置相同跨的第一跨（或基础梁外伸部位），垂直于基础梁绘制一段中粗虚线（当该筋通长设置在外伸部位或短跨板下部时，应画至对边或贯通短跨），在虚线上注写编号（如①、②等）、配筋值、横向布置

的跨数及是否布置到外伸部位。

注：（××）为横向布置的跨数，（××A）为横向布置的跨数及一端基础梁的外伸部位，（××B）为横向布置的跨数及两端基础梁外伸部位。

板底部附加非贯通纵筋向两边跨内的伸出长度值注写在线段的下方位置。当该筋向两侧对称伸出时，可仅在一侧标注，另一侧不注；当布置在边梁下时，向基础平板外伸部位一侧的伸出长度与方式按标准构造，设计不注。底部附加非贯通筋相同者，可仅注写一处，其他只注写编号。

横向连续布置的跨数及是否布置到外伸部位，不受集中标注贯通纵筋的板区限制。

原位注写的底部附加非贯通纵筋与集中标注的底部贯通钢筋，宜采用"隔一布一"的方式布置，即基础平板（X向或Y向）底部附加非贯通纵筋与贯通纵筋间隔布置，其标注间距与底部贯通纵筋相同（两者实际组合后的间距为各自标注间距的1/2）。

②注写修正内容。当集中标注的某些内容不适用于梁板式筏形基础平板某板区的某一板跨时，应由设计者在该板跨内注明，施工时应按注明内容取用。

③当若干基础梁下基础平板的底部附加非贯通纵筋配置相同时（其底部、顶部的贯通纵筋可以不同），可仅在一根基础梁下做原位注写，并在其他梁上注明"该梁下基础平板底部附加非贯通筋同××基础梁。

4）梁板式筏形基础平板 LPB 的平面注写规定，同样适用于钢筋混凝土墙下的基础平板。

（6）平法设计中的其他规定。

1）当在基础平板周边沿侧面设置纵向构造钢筋时，应在图中注明。

2）应注明基础平板外伸部位的封边方式，当采用 U 形钢筋封边时应注明其规格、直径及间距。

3）当基础平板外伸变截面高度时，应注明外伸部位的 h_1/h_2，h_1 为板根部截面高度，h_2 为板尽端截面高度。

4）当基础平板厚度大于 2m 时，应注明具体构造要求。

5）当在基础平板外伸阳角部位设置放射筋时，应注明放射筋的强度等级、直径、根数以及设置方式等。

6）当在板的分布范围内采用拉筋时，应注明拉筋的强度等级、直径、双向间距等。

7）应注明混凝土垫层厚度与强度等级。

8）结合基础主梁交叉纵筋的上下关系，当基础平板同一层面的纵筋相交叉时，应注明何向纵筋在下，何向纵筋在上。

9）设计需注明的其他内容。

2. 平板式筏形基础平法识图规则

（1）平板式筏形基础平法施工图的表示方法。

1）平板式筏形基础平法施工图，是在基础平面布置图上采用平面注写方式表达。

2）当绘制基础平面布置图时，应将平板式筏形基础与其所支承的柱、墙一起绘制。当基础底面标高不同时，需注明与基础底面基准标高不同之处的范围和标高。

（2）平板式筏形基础构件的类型和编号。

平板式筏形基础可划分为柱下板带和跨中板带；也可不分板带，按基础平板进行表达。平板式筏形基础构件编号按表 2-11 的规定。

表 2-11　平板式筏形基础构件编号

构件类型	代号	序号	跨数及有无外伸
柱下板带	ZXB	××	（××）或（××A）或（××B）
跨中板带	KZB	××	（××）或（××A）或（××B）
平板筏形基础平板	BPB	××	

注：1.（××A）为一端有外伸，（××B）为两端有外伸，外伸不计入跨数。

　　2. 平板式筏形基础平板，其跨数及是否有外伸分别在 X、Y 两向的贯通纵筋之后表达。图面从左至右为 X 向，从下至上为 Y 向。

（3）柱下板带、跨中板带的平面注写方式。

1）柱下板带 ZXB（视其为无箍筋的宽扁梁）与跨中板带 KZB 的平面注写，分板带底部与顶部贯通纵筋的集中标注与板带底部附加非贯通纵筋的原位标注两部分内容。

2）柱下板带与跨中板带的集中标注，应在第一跨（X 向为左端跨，Y 向为下端跨）引出。具体规定如下。

①注写编号，具体参照表 2-11。

②注写截面尺寸，注写 $b=××××$ 表示板带宽度（在图注中注明基础平板厚度）。确定柱下板带宽度应根据规范要求与结构实际受力需要。当柱下板带宽度确定后，跨中板带宽度亦随之确定（即相邻两平行柱下板带之间的距离）。当柱下板带中心线偏离柱中心线时，应在平面图上标注其定位尺寸。

③注写底部与顶部贯通纵筋。注写底部贯通纵筋（B 打头）与顶部贯通纵筋（T 打头）的规格与间距，用"；"将其分隔开。柱下板带的柱下区域，通常在其底部贯通纵筋的间隔内插空设有（原位注写的）底部附加非贯通纵筋。

当柱下板带的底部贯通纵筋配置从某跨开始改变时，两种不同配置的底部贯通纵筋应在毗邻跨中配置较小跨的跨中连接区域连接（即配置较大跨的底部贯通纵筋需越过其跨数终点或起点伸至毗邻跨的跨中连接区域。具体位置参照标准构造详图）。

3）柱下板带与跨中板带原位标注的内容，主要为底部附加非贯通纵筋。

①注写内容：以一段与板带同向的中粗虚线代表附加非贯通纵筋；柱下板带：贯穿其柱下区域绘制；跨中板带：横贯柱中线绘制。在虚线上注写底部附加非贯通纵筋的编号［如1）、2）等］、钢筋级别、直径、间距，以及自柱中线分别向两侧跨内的伸出长度值。当向两侧对称伸出时，长度值可仅在一侧标注，另一侧不注。外伸部位的伸出长度与方式按标准构造，设计不注。对同一板带中底部附加非贯通筋相同者，可仅在一根钢筋上注写，其他可仅在中粗虚线上注写编号。

原位注写的底部附加非贯通纵筋与集中标注的底部贯通纵筋，宜采用"隔一布一"的方式布置，即柱下板带或跨中板带与底部贯通纵筋相同（两者实际组合的间距为各自标注间距的 1/2）。

②注写修正内容。当在柱下板带、跨中板带上集中标注的某些内容（如截面尺寸、底部与顶部贯通纵筋等）不适用于某跨或某外伸部分时，则将修正的数值原位标注在该跨或该外伸部位，施工时原位标注取值优先。

4）柱下板带 ZXB 与跨中板带 KZB 的注写规定，同样适用于平板式筏形基础上局部有剪力墙的情况。

（4）平板式筏形基础平板 BPB 的平面注写方式。

1）平板式筏形基础平板 BPB 的平面注写，分为集中标注与原位标注两部分内容。

基础平板 BPB 的平面注写与柱下板带 ZXB、跨中板带 KZB 的平面注写为不同的表达方式，但可以表达同样的内容。当整片板式筏形基础配筋比较规律时，宜采用 BPB 表达方式。

2）平板式筏形基础平板 BPB 的集中标注，按表 2-11 注写编号，其他规定与梁板式筏形基础的 LPB 贯通纵筋的集中标注相同。

当某向底部贯通纵筋或顶部贯通纵筋的配置，在跨内有两种不同间距时，先注写跨内两端的第一种间距，并在前面加注纵筋根数（以表示其分布的范围）；再注写跨中部的第二种间距（不需加注根数）；两者用"/"分隔。

3）平板式筏形基础平板 BPB 的原位标注，主要表达横跨柱中心线下的底部附加非贯通纵筋。

①原位注写位置及内容。在配置相同的若干跨的第一跨下，垂直于柱中线绘制一段中粗虚线代表底部附加非贯通纵筋，在虚线上的注写内容与梁板式筏形基础施工图制图规则中在虚线上的标注内容相同。

当柱中心线下的底部附加非贯通纵筋（与柱中心线正交）沿柱中心线连续若干跨配置相同时，则在该连续跨的第一跨下原位注写，且将同规格配筋连续布置的跨数注在括号内；当有些跨配置不同时，则应分别原位注写。外伸部位的底部附加非贯通纵筋应单独注写（当与跨内某筋相同时仅注写钢筋编号）。

当底部附加非贯通纵筋横向布置在跨内有两种不同间距的底部贯通纵筋区域时，其间距应分别对应为两种，其注写形式应与贯通纵筋保持一致，即先注写跨内两端的第一种间距，并在前面加注纵筋根数；再注写跨中部的第二种间距（不需加注根数）；两者用"/"分隔。

②当某些柱中心线下的基础平板底部附加非贯通纵筋横向配置相同时（其底部、顶部的贯通纵筋可以不同），可仅在一条中心线下做原位注写，并在其他柱中心线上注明"该柱中心线下基础平板底部附加非贯通纵筋同××柱中心线"。

4）平板式筏形基础平板 BPB 的平面注写规定，同样适用于平板式筏形基础上局部有剪力墙的情况。

（5）平法设计中的其他规定。

1）注明板厚。当整片平板式筏形基础有不同板厚时，应分别注明各板厚值及其各自的分布范围。

2）当在基础平板周边沿侧面设置纵向构造钢筋时，应在图注中注明。

3）应注明基础平板外伸部位的封边方式，当采用 U 形钢筋封边时，应注明其规格、直径及间距。

4）当基础平板外伸变截面高度时，应注明外伸部位的 h_1/h_2，h_1 为板根部截面高度，h_2 为板尽端截面高度。

5）当基础平板厚度大于 2m 时，应注明设置在基础平板中部的水平构造钢筋网。

6）当在基础平板外伸阳角部位设置放射筋时，应注明放射筋的强度等级、直径、根数以及设置方式等。

7）当在板的分布范围内采用拉筋时，应注明拉筋的强度等级、直径、双向间距等。

8）应注明混凝土垫层厚度与强度等级。

9）当基础平板同一层面的纵筋相交叉时，应注明何向纵筋在下，何向纵筋在上。

10）设计需注明的其他内容。

二、筏形基础平法识图

1. 梁板式筏形基础构造识图

（1）梁板式筏形基础平板 LPB 钢筋构造（柱下区域）如图 2-74 所示。

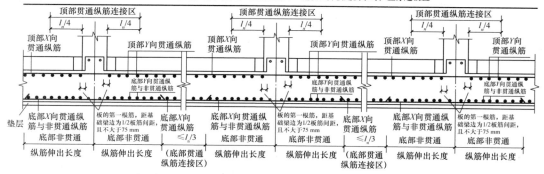

图 2-74 梁板式筏形基础平板 LPB 钢筋构造（柱下区域）

注：基础平板同一层面的交叉纵筋，何向纵筋在下，何向纵筋在上，应按具体设计说明确定。

（2）梁板式筏形基础平板 LPB 钢筋构造（跨中区域）如图 2-75 所示。

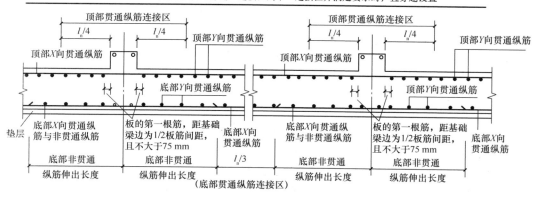

图 2-75 梁板式筏形基础平板 LPB 钢筋构造（跨中区域）

注：基础平板同一层面的交叉纵筋，何向纵筋在下，何向纵筋在上。应按具体设计说明。

（3）梁板式筏形基础平板 LPB 端部与外伸部位钢筋构造。

端部等截面外伸构造如图 2-76 所示。

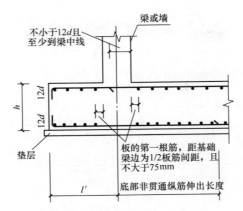

图 2-76　端部等截面外伸构造

端部变截面外伸构造如图 2-77 所示。

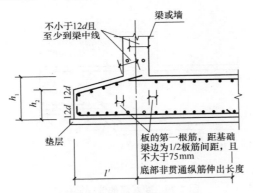

图 2-77　端部变截面外伸构造

端部无外伸构造如图 2-78 所示。

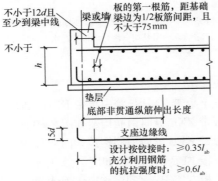

图 2-78　端部无外伸构造

注：1. 基础平板同一层面的交叉纵筋，何向纵筋在下，何向纵筋在上，应按具体设计说明。
　　2. 当梁板式筏形基础平板的变截面形式与本图不同时，其构造应由设计者设计；当要求参照本图构造方式施工时，应提供相应改动的变更说明。
　　3. 端部等（变）截面外伸构造中，当从基础主梁（墙）内边算起的外伸长度不满足直锚要求时，基础平板下部钢筋应伸至端部后弯折 $15d$，且从梁（墙）内边算起水平段长度应不小于 $0.6l_{ab}$。
　　4. 板底高差坡度角 α 可为 $45°$ 或 $60°$。

（4）梁板式筏形基础平板 LPB 变截面部位钢筋构造如图 2-79 所示。

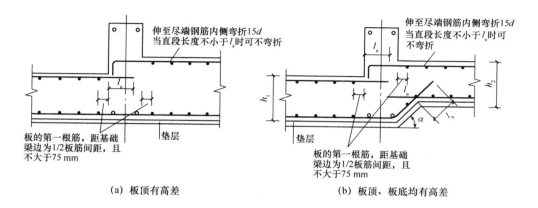

（a）板顶有高差　　　　　　　　　　　（b）板顶、板底均有高差

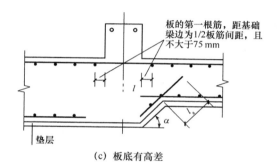

（c）板底有高差

图 2-79　变截面部位钢筋构造

注：1. 基础平板同一层面的交叉纵筋，何向纵筋在下，何向纵筋在上，应按具体设计说明确定。

2. 当梁板式筏形基础平板的变截面形式与本图不同时，其构造应由设计者设计；当要求参照本图构造方式施工时，应提供相应改动的变更说明。

3. 端部等（变）截面外伸构造中，当从基础主梁（墙）内边算起的外伸长度不满足直锚要求时，基础平板下部钢筋应伸至端部后弯折 15d，且从梁（墙）内边算起水平段长度应不小于 $0.6l_{ab}$。

4. 板底高差坡度角 α 可为 45° 或 60°。

2. 平板式筏形基础构造识图

（1）平板式筏形基础柱下板带 ZXB 与跨中板带 KZB 纵向钢筋构造。

平板式筏形基础柱下板带 ZXB 纵向钢筋构造如图 2-80 所示。

平板式筏形基础跨中板带 KZB 纵向钢筋构造如图 2-81 所示。

（2）平板式筏形基础平板 BPB 钢筋构造如图 2-82 所示。

（3）平板式筏形基础平板（ZXB、KZB、BPB）变截面部位钢筋构造。

变截面部位钢筋构造如图 2-83 所示。

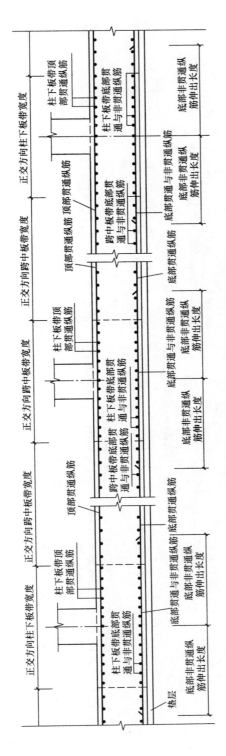

图 2-80　平板式筏形基础柱下板带 ZXB 纵向钢筋构造

注：1. 不同配置的底部贯通纵筋，应在两网邻跨中连接区域内连接（即配置较小一跨的底部贯通纵筋需越过其标注的跨数终点或起点伸至毗邻跨的跨中连接区域）。

2. 底部与顶部贯通纵筋在本图所示连接区域内的连接方式，详见纵筋连接通用构造。

3. 柱下板带与跨中板带的底部贯通纵筋，可在跨中 1/3 净跨长度范围内采用搭接、机械连接或焊接；柱下板带及跨中板带的顶部贯通纵筋，可在柱网轴线附近 1/4 净跨长度范围内采用搭接、机械连接或焊接。

4. 基础平板同一层面的交叉纵筋，何向纵筋在下，何向纵筋在上，应按具体设计说明确定。

5. 柱下板带，跨中板带中同一层面的交叉纵筋，何向纵筋在下，何向纵筋在上，应按具体设计说明确定。

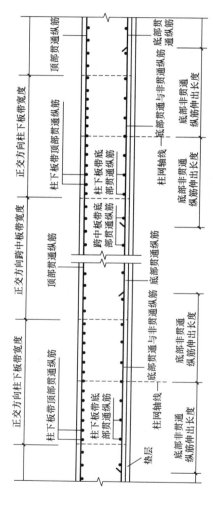

图2-81 平板式筏形基础跨中板带 KZB 纵向钢筋构造

注:1. 不同配置的底部贯通纵筋,应在两毗邻跨中配置较小一跨的跨中连接区域连接(即配置较大一跨的底部贯通纵筋需越过其标注的跨数终点或起点伸至毗邻跨的跨中连接区域)。

2. 底部与顶部贯通纵筋在本图所示连接区内的连接方式,详见纵筋连接通用构造。

3. 柱下板带与跨中板带的底部贯通纵筋,可在距跨中1/3净跨长度范围内采用搭接、机械连接或焊接;柱下板带及跨中板带的顶部贯通纵筋,可在柱网轴线附近1/4净跨长度范围内采用搭接、机械连接或焊接。

4. 基础平板同一层面的交叉纵筋,何向纵筋在下,何向纵筋在上,应按具体设计说明确定。

5. 柱下板带,跨中板带中同一层面的交叉纵筋,何向纵筋在下,何向纵筋在上,应按具体设计说明确定。

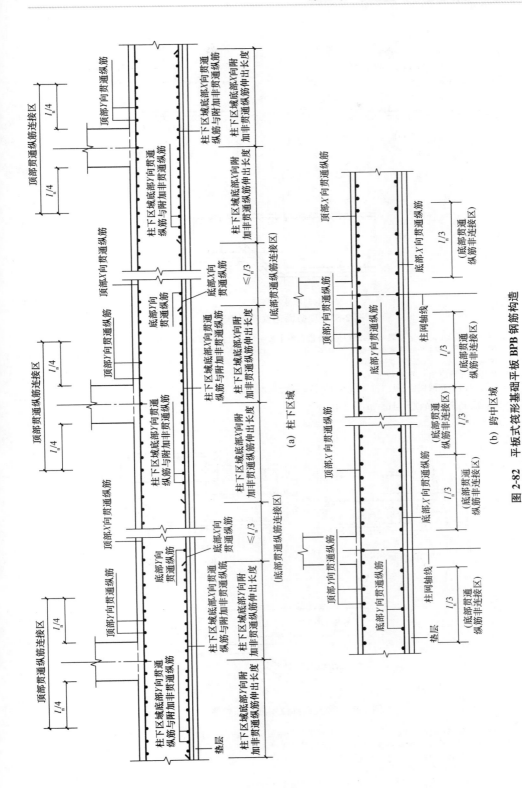

（a）柱下区域

（b）跨中区域

图 2-82　平板式筏形基础平板 BPB 钢筋构造

注：基础平板同一层面的交叉纵筋，何（何）向纵筋在下，何向纵筋在上，应按具体设计说明确定。

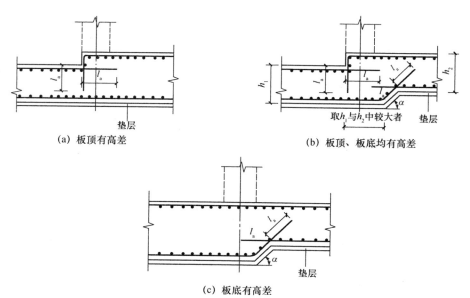

(a) 板顶有高差

(b) 板顶、板底均有高差

(c) 板底有高差

图 2-83 变截面部位钢筋构造

注：1. 本图构造规定适用于设置或未设置柱下板带和跨中板带的板式筏形基础的变截面部位的钢筋构造。
2. 当板式筏形基础平板的变截面形式与本图不同时，其构造应由设计者设计；当要求参照本图构造方式施工时，应提供相应改动的变更说明。
3. 板底高差坡度角 α 可为 45°或 60°。
4. 中层双向钢筋网直径不宜小于 12mm，间距不宜大于 300mm。

变截面部位中层钢筋构造如图 2-84 所示。

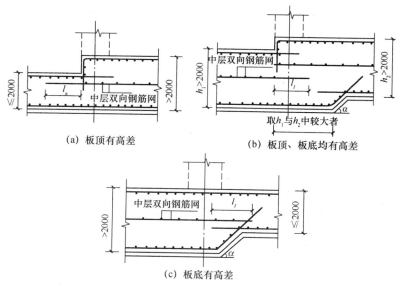

(a) 板顶有高差

(b) 板顶、板底均有高差

(c) 板底有高差

图 2-84 变截面部位中层钢筋构造

注：1. 本图构造规定适用于设置或未设置柱下板带和跨中板带的板式筏形基础的变截面部位的钢筋构造。
2. 当板式筏形基础平板的变截面形式与本图不同时，其构造应由设计者设计；当要求参照本图构造方式施工时，应提供相应改动的变更说明。
3. 板底高差坡度角 α 可为 45°或 60°。
4. 中层双向钢筋网直径不宜小于 12mm，间距不宜大于 300mm。

（4）平板式筏形基础平板（ZXB、KZB、BPB）端部与外伸部位钢筋构造。

端部构造如图 2-85 所示。

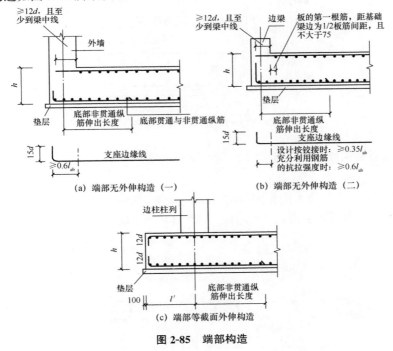

（a）端部无外伸构造（一）　　　　（b）端部无外伸构造（二）

（c）端部等截面外伸构造

图 2-85　端部构造

注：1. 端部无外伸构造（一）中，当设计指定采用墙外侧纵筋与底板纵筋搭接的做法时，基础底板下部钢筋弯折段应伸至基础顶面标高处。

　　2. 筏板底部非贯通纵筋伸出长度 l' 应由具体工程设计决定。

板边缘侧面封边构造如图 2-86 所示。

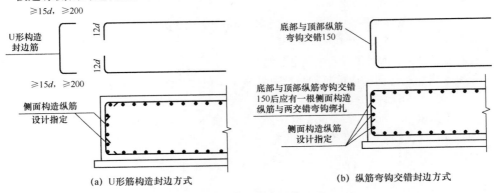

（a）U形筋构造封边方式　　　　　　（b）纵筋弯钩交错封边方式

图 2-86　板边缘侧面封边构造

注：1. 外伸部位变截面时侧面构造相同。

　　2. 板边缘侧面封边构造同样适用于梁板式筏形基础部位，采用何种做法由设计者指定；当设计者未指定时，施工单位可根据实际情况自选一种做法。

中层筋端头构造如图 2-87 所示。

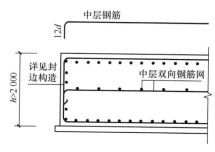

图 2-87 中层筋端头构造

三、筏形基础钢筋算量

1. 基础主梁的计算

【例 2-9】JL01 平法施工图如图 2-88 所示。混凝土强度等级为 C30，保护层厚度 $c=$ 25mm，$l_a=29d$，箍筋起步距离为 50mm。试计算该钢筋的工程量。

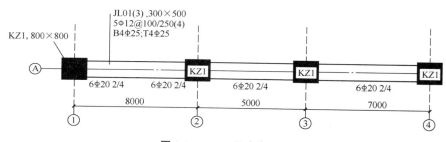

图 2-88 JL01 平法施工图

【解】（1）顶部及底部贯通纵筋计算。

长度＝梁长－保护层×2

    ＝(8000＋5000＋7000＋800－25×2)mm＝20 750mm

接头个数＝(20 750/9000－1)个≈2 个

（2）支座 1、4 底部非贯通纵筋 2⊈25。

长度＝自柱边缘向跨内的延伸长度＋柱宽＋梁包柱侧腋－保护层＋15d

    ＝$l_n/3＋h_c＋50－c＋15d$

    ＝[(8000－800)/3＋800＋50－25＋15×25]mm＝3600mm

（3）支座 2、3 底部非贯通筋 2⊈25。

长度＝2×自柱边缘向跨内的延伸长度＋柱宽

    ＝$2l_n/3＋h_c$

    ＝{2×[(8000－800)/3]＋800}mm＝5600mm

（4）箍筋长度。

外大箍长度＝[(300－2×25)×2＋(500－2×25)×2＋2×11.9×12]mm＝1686mm

内小箍筋长度＝{[(300－2×25－25－24)/3＋25＋24]×2＋(500－2×25)×2＋

        2×11.9×12}mm

    ＝1418mm

（5）第1、3净跨箍筋根数。

每边5根间距100mm的箍筋，两端共10根。

跨中箍筋根数＝[(8000-800-550×2)/200-1]根≈30根

总根数＝(10+30)根＝40根

（6）第2净跨箍筋根数。

每边5根间距100的箍筋，两端共10根。

跨中箍筋根数＝[(5000-800-550×2)/200-1]根≈15根

总根数＝(10+15)根＝25根

（7）支座1、2、3、4内箍筋（节点内按跨端第一种箍筋规格布置）。

根数＝[(800-100)/100+1]根＝8根

四个支座共计：(4×8)根＝32根。

（8）总梁总箍筋根数＝（40×2+25+32）根＝137根

注：计算中的"550"是指梁端5根箍筋共500mm宽，再加50mm的起步距离。

2. **基础次梁的计算**

【例2-10】JCL01平法施工图如图2-89所示。混凝土保护层厚度c＝25mm，l_a＝29d，箍筋起步距离为50mm。试计算该钢筋的工程量。

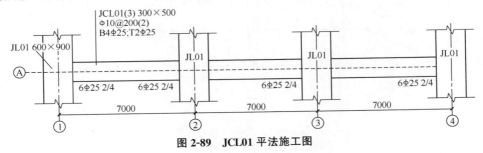

图2-89　JCL01平法施工图

【解】（1）顶部贯通纵筋2Φ25。

锚固长度＝max{0.5h_c,12d}

　　　　＝max{300,12×25}mm＝300mm

长度＝净长＋两端锚固

　　＝(7000×3-600+2×300)mm＝21 000mm

接头个数＝(21 000/9000-1)个≈2个

（2）底部贯通纵筋4Φ25。

长度＝净长＋两端锚固

　　＝(7000×3-600+29×25+0.35×29×25)mm≈21 379mm

接头个数＝(21 379/9000-1)个≈2个

（3）支座1、4底部非贯通筋2Φ25。

支座外延伸长度＝[(7000-600)/3]mm＝2134mm

长度＝b_b-c＋支座外延伸长度

　　＝(600-25+2134)mm＝2709mm（b_b为支座宽度）

（4）支座2、3底部非贯通筋2Φ25。

计算公式＝2×延伸长度＋b_b

$$=\{2\times[(7000-600)/3]+600\}mm=4867mm$$

（5）箍筋长度。

长度$=\{2\times[(300-60)+(500-60)]+2\times11.9\times10\}mm=1598mm$

（6）箍筋根数。

三跨总根数$=\{3\times[(6400-100)/200+1]\}$根$\approx98$根

3. 梁板式筏形基础平板 LPB 计算

【**例 2-11**】LPB01 平法施工图如图 2-90 所示。钢筋保护层厚度为 40mm，纵筋起步距离为 $s/2$。

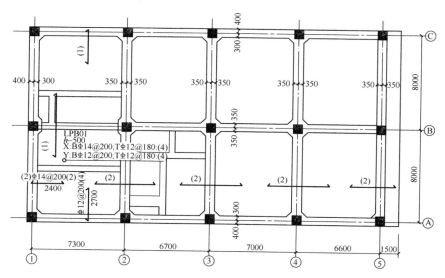

图 2-90　LPB01 平法施工图

注：外伸端采用 U 形封边构造，U 形钢筋为$\underline{\Phi}$ 20@300，封边外侧部构造筋为 2$\underline{\Phi}$8。

【**解**】（1）X 向板底贯通纵筋$\underline{\Phi}$ 14@200。

计算依据：左端无外伸，底部贯通纵筋伸至端部弯折 15d；右端外伸，采用 U 形封边方式，底部贯通纵筋伸至端部弯折 12d。

长度$=(7300+6700+7000+6600+1500+400-2\times40)mm+15d+12d$

$\quad\quad=(7300+6700+7000+6600+1500+400-2\times40+15\times14+12\times14)mm$

$\quad\quad=29\ 798mm$

接头个数$=(29\ 798/9000-1)$个≈3个

根数$=[(8000\times2+800-100\times2)/200+1]$根$=84$根

注：取配置较大方向的底部贯通纵筋，即 X 向贯通纵筋满铺，计算根数时不扣基础梁所占宽度。

（2）Y 向板底贯通纵筋$\underline{\Phi}$ 12@200。

计算依据：两端无外伸，底部贯通纵筋伸至端部弯折 15d。

长度$=(8000\times2+2\times400-2\times40)mm+2\times15d$

$\quad\quad=(8000\times2+2\times400-2\times40+2\times15\times12)mm$

$\quad\quad=17\ 080mm$

接头个数$=(17\ 080/9000-1)$个≈1个

根数＝[(7300＋6700＋7000＋6600＋1500－2750)/200＋1]根≈133 根

（3）X 向板顶贯通纵筋 ⻥ 12@180。

计算依据：左端无外伸，顶部贯通纵筋锚入梁内 max ｛12d，0.5 梁宽｝；右端外伸，采用 U 形封边方式，底部贯通纵筋伸至端部弯折 12d。

长度＝(7300＋6700＋7000＋6600＋1500＋400－2×40＋max{12d,350})mm＋12d

　　＝(7300＋6700＋7000＋6600＋1500＋400－2×40＋max{12×12,350}＋

　　　12×12)mm

　　＝29 914mm

接头个数＝(29 914/9000－1)个≈3 个

根数＝[(8000×2－600－700)/180＋1]根＝83 根

（4）Y 向板顶贯通纵筋 ⻥ 12@180。

计算依据：长度与 Y 向板底部贯通纵筋相同；两端无外伸，底部贯通纵筋伸至端部弯折 15d。

长度＝(8000×2＋2×400－2×40＋2)mm×15d

　　＝(8000×2＋2×400－2×40＋2×15×12)mm

　　＝17 080mm

接头个数＝(17 080/9000－1)个＝1 个

根数＝[(7300＋6700＋7000＋6600＋1500－2750)/180＋1]根≈148 根

（5）图中标（1）号板底部非贯通纵筋 ⻥ 14@200（①轴）。

计算依据：左端无外伸，底部贯通纵筋伸至端部弯折 15d。

长度＝(2400＋400－40)mm＋15d

　　＝(2400＋400－40＋15×14)mm＝2970mm

根数＝[(8000×2＋800－100×2)/200＋1]根＝84 根

（6）图中标（2）号板底部非贯通纵筋 ⻥ 14@200（②③④轴）。

长度＝(2400×2)mm＝4800mm

根数＝[(8000×2＋800－100×2)/200＋1]根＝84 根

（7）图中标（2）号板底部非贯通纵筋 ⻥ 12@200（⑤轴）。

计算依据：右端外伸，采用 U 形封边方式，底部贯通纵筋伸至端部弯折 12d。

长度＝(2400＋1500－40)mm＋12d

　　＝(2400＋1500－40＋12×12)mm＝4004mm

根数＝[(8000×2＋800－100×2)]＝84 根

（8）图中标（1）号板底部非贯通纵筋 ⻥ 12 @200（A、B 轴）。

长度＝(2700＋400－40)mm＋15d＝(2700＋400－40＋15×12)mm＝3240mm

根数＝[(7300＋6700＋7000＋6600＋1500－2750)/200＋1]根≈133 根

（9）图中标（1）号板底部非贯通纵筋 ⻥ 12@200（B 轴）。

长度＝(2700×2)mm＝5400mm

根数＝[(7300＋6700＋7000＋6600＋1500－2750)/200＋1]根≈133 根

（10）U 形封边筋 ⻥ 20@300。

长度＝板厚－上下保护层＋2×15d＝(500－2×40＋2×15×20)mm＝1020mm

根数＝[(8000×2＋800－2×40)/300＋1]根≈57 根

（11）U 形封边侧部构造筋 4⏀8。

长度＝（8000×2＋400×2−2×40）mm＝16 720mm

构造搭接个数＝（16 720/9000−1）个≈1 个

构造搭接长度＝150mm

【例 2-12】某筏板基础混凝土等级为 C40，三级抗震，h＝800mm，保护层厚度为 40mm，其余数据如图 2-91 所示。试计算此筏板基础钢筋工程量，并进行钢筋翻样。

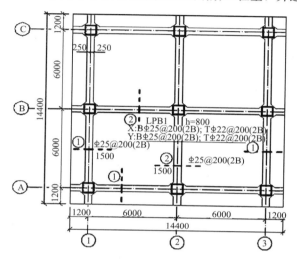

图 2-91　筏板基础平面图

【解】主筋三维图如图 2-92 所示。

底部通长筋三维图如图 2-93 所示。

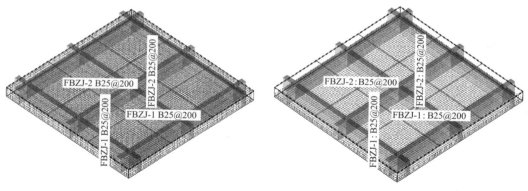

图 2-92　主筋三维图　　　　　　　　　图 2-93　底部通长筋三维图

（1）底部通长钢筋计算。

底部通长钢筋（X 方向）。

单根底部钢筋（X 方向）长度＝基础 X 向长度−2×保护层厚度+2×弯折

$$＝（14 400−40×2＋12d×2）mm＝14 920mm$$

X 向底部通长筋根数＝Ceil（基础 Y 向长度−2×保护层厚度）−

[(基础梁宽度+75×2)×Y 向基础梁个数]/间距

$$=\{Ceil(14\ 400-2\times40)-[(500+75\times2)\times3)]/200+3\}根$$

$$=66 根$$

底部通长钢筋(X 方向)总长度=单根底部钢筋(X 方向)长度×X 向底部通长筋根数

$$=(14\ 920\times66)mm$$

$$=984\ 720mm$$

底部通长钢筋（Y 方向）。

单根底部钢筋长度=基础 Y 向长度-2×保护层厚度+2×弯折

$$=(14\ 400-40\times2+12d\times2)mm$$

$$=14\ 920mm$$

Y 向底部通长筋根数=Ceil(基础 X 向长度-2×保护层厚度)-[(基础梁宽度+75× 2)×X 向基础梁个数)]/间距

$$=\{Ceil(14\ 400-2\times40-[(500+75\times2)\times3)]/200+3\}根$$

$$=66 根$$

底部通长钢筋(Y 方向)总长度=单根底部钢筋(Y 方向)长度×X 向底部通长筋根数

$$=(14\ 920\times66)mm$$

$$=984\ 720mm$$

底部通长筋总重量。

底部通长筋总长度=底部通长钢筋(X 方向)总长度+底部通长钢筋(Y 方向)总长度

$$=1\ 969\ 440mm$$

底部通长筋总重量=底部通长筋总长度×$\pm$25 理论重量

$$=(1969.44\times3.85)kg$$

$$=7582.344kg$$

（2）上部通长钢筋计算。

上部通长筋三维图如图 2-94 所示。

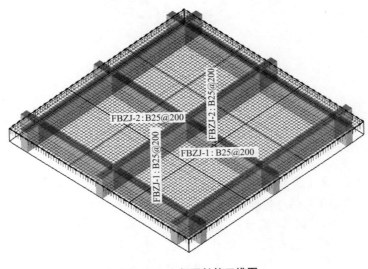

图 2-94　上部通长筋三维图

上部通长筋计算过程可参考下部通长筋计算过程，这里不做赘述。

（3）负筋计算。

负筋三维图如图 2-95 所示。

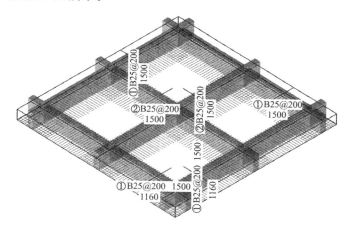

图 2-95 负筋三维图

①号负筋三维图如图 2-96 所示。

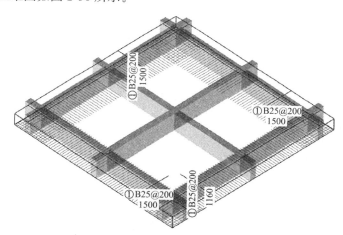

图 2-96 ①号负筋三维图

①号钢筋工程量及计算公式如下。

1 轴线上单根①号钢筋长度＝(1160＋1500)mm＝2660mm

根数计算方法同底部通长钢筋（X 方向）相同，为 66 根。

①号筋总根数＝(66×4)根＝264 根；

①号筋总长度＝单根①号钢筋长度×①号筋总根数＝(2660×264)mm＝702 240mm

①号筋总重量＝①号筋总长度×⌀25 理论重量＝(702.24×3.85)kg＝2703.624kg

②号负筋三维图如图 2-97 所示。

②号负筋计算过程可参考①号负筋计算过程，这里不再赘述。

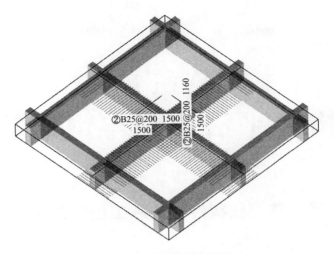

图 2-97　②号负筋三维图

筏板基础钢筋翻样见表 2-12。

表 2-12　筏板基础钢筋翻样表

筏板基础钢筋翻样							钢筋总重：19 392.912kg		
筋号	级别	直径	钢筋图形	计算公式	根数	总根数	单长/m	总长/m	总重/kg
构件名称：主筋				构件数量：1		本构件钢筋重：15 164.688kg			
下部钢筋	Φ	25	300 ⌐ 14 320 ⌐ 300	14 400−40+12d−40+12d	132	132	14.92	1969.44	7582.344
上部钢筋	Φ	25	300 ⌐ 14 320 ⌐ 300	14 400−40+12d−40+12d	132	132	14.92	1969.44	7582.344
构件名称：①号负筋				构件数量：1		本构件钢筋重：2703.624kg			
钢筋	Φ	25	2660	1160+1500	264	264	2.66	7029.24	2703.624
构件名称：②号负筋				构件数量：1		本构件钢筋重：1524.6kg			
钢筋	Φ	25	3000	1500+1500	132	132	3	396	1524.6

第三章
柱构件平法识图与钢筋算量

第一节　柱构件平法施工图识图规则

一、列表注写方式

柱的截面注写方式是指在柱的平面布置图上，在同一编号的柱中选择一个截面，直接在截面上注写截面尺寸和配筋的具体数值。

柱的截面注写方式，应包括以下内容。

（1）柱的编号。柱编号具体见表 3-1。

框架柱

扫码观看本视频

表 3-1　柱的编号

柱类型	代号	序号
框架柱	KZ	××
框支柱	KZZ	××
转换柱	ZHZ	××
芯柱	XZ	××
梁上柱	LZ	××
剪力墙上柱	QZ	××

注：编号时，柱的总高、分段截面尺寸和配筋均对应相同，仅截面与轴线的关系不同时，仍可将其编号为同一柱号，但应在图中注明截面与轴线的关系。

（2）各段柱的起止标高。注写各段柱的起止标高，自柱根部往上，以变截面位置或截面未变但配筋改变处为界分段注写。

1）框架柱和框支柱的根部标高是指基础顶面标高。

2）芯柱的根部标高是指根据结构实际需要而定的起始位置标高。

3）梁上柱的根部标高是指梁顶面标高。

4）剪力墙上柱的根部标高为墙顶面标高。

（3）对于矩形柱，注写柱截面尺寸 $b \times h$ 及与轴线关系的几何参数代号 b_1、b_2 和 h_1、h_2 的具体数值，需对应于各段柱分别注写。其中 $b = b_1 + b_2$，$h = h_1 + h_2$。当截面的某一边收缩变化至与轴线重合或偏到轴线的另一侧时，b_1、b_2、h_1、h_2 中的某项为零或为负值。

对于圆柱，表中 $b \times h$ 一栏改用在圆柱直径数字前加 d 表示。为使表达简单，圆柱截面与轴线的关系也用 b_1、b_2 和 h_1、h_2 表示，并使 $d = b_1 + b_2 = h_1 + h_2$。

对于芯柱，根据结构需要，可以在某些框架柱的一定高度范围内，在其内部的中心位置设置（分别引注其柱编号）。芯柱截面尺寸按构造确定，并按 16G101－1 图集中的标准构造详图施工；当设计者采用与构造详图不同的做法时，应另行注明。芯柱定位随框架柱，不需要注写其与轴线的几何关系。

（4）注写柱纵筋。当柱纵筋直径相同，各边根数也相同时（包括矩形柱、圆柱和芯柱），将纵筋注写在"全部纵筋"一栏中；除此之外，柱纵筋分角筋、截面 b 边中部筋和 h 边中部筋三项分别注写（对于采用对称配筋的矩形截面柱，可仅注写一侧中部筋，对称边省略不注）。

（5）注写箍筋类型及箍筋肢数，在箍筋类型栏内注写。

（6）注写柱箍筋，包括钢筋级别、直径与间距。

用"/"区分柱端箍筋加密区与柱身非加密区长度范围内箍筋的不同间距。

施工人员需根据标准构造详图的规定，在规定的几种长度值中取其最大者作为加密区长度。

当框架节点核心区内箍筋与柱端箍筋设置不同时，应在括号中注明核心区箍筋直径及间距。

柱平法施工图的列表注写方式示例如图 3-1 所示。

二、截面注写方式

柱的截面注写方式是指在柱的平面布置图上，在同一编号的柱中选择一个截面，直接在截面上注写截面尺寸和配筋的具体数值。

柱的截面注写方式，应包括以下内容。

（1）柱的编号。柱编号由柱的类型、代号和序号等组成，具体见表 3-1。

（2）柱断面尺寸 $b×h$。

（3）柱相对定位轴线的位置关系，即柱定位尺寸。在截面注写方式中，对每个柱与定位轴线的相对关系，不论柱的中心是否经过定位轴线，都要给予明确的尺寸标注，相同编号的柱如果只有一种放置方式，则可只标注一个。

（4）柱的配筋，包括纵向受力钢筋和箍筋。

在柱的截面注写方式中，如柱的分段截面尺寸和配筋均相同，仅截面与轴线的关系不同时，可将其编为同一柱号。但此时应在未画配筋的柱截面上注写该柱截面与轴线的具体尺寸。

采用截面注写方式绘制柱的平法施工图时，可按单根柱标准层分别绘制，也可将多个标准层合并绘制。当单根柱标准层分别绘制时，柱平法施工图的图纸数量和柱标准层的数量相同；当将多个标准层合并绘制时，柱平法施工图的图纸数量更少，也更便于施工人员对结构形成整体概念。

柱平法施工图的截面注写方式示例如图 3-2 所示。

第二节　柱构件平法识图

一、柱构件平法施工图的内容

柱构件平法施工图主要包括以下内容。

（1）图名和比例。柱构件平法施工图的比例应与建筑平面图相同。

（2）定位轴线及其编号、间距尺寸。

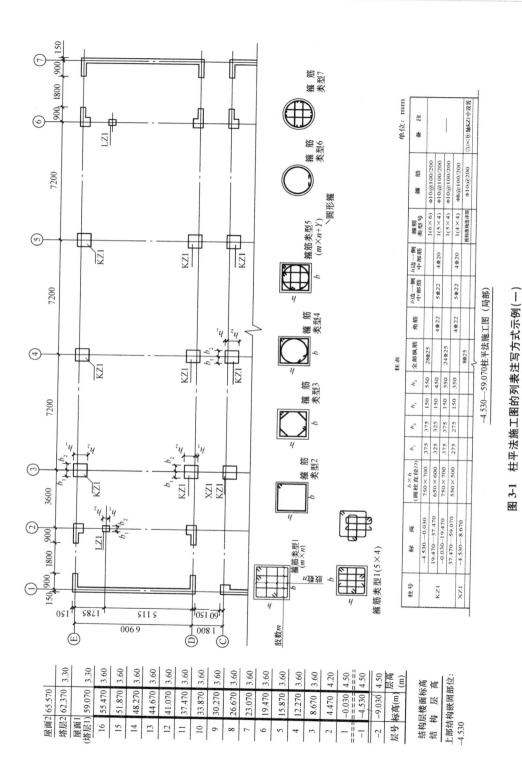

图 3-1 柱平法施工图的列表注写方式示例（一）

—4.530～59.070 柱平法施工图（局部）—

单位：mm

柱表

柱号	标高	$b \times h$（圆柱直径D）	b_1	b_2	h_1	h_2	全部纵筋	角筋	b边一侧中部筋	h边一侧中部筋	箍筋类型号	箍筋	备注
KZ1	−4.530～−0.030	750×700	375	375	150	550	28Φ25				1(6×6)	Φ10@100/200	
	19.470～37.470	650×600	325	325	150	450		4Φ22	5Φ22	4Φ20	1(5×4)	Φ10@100/200	
	−0.030～19.470	750×700	375	375	150	550	24Φ25				1(5×4)	Φ10@100/200	
	37.470～59.070	550×500	275	275	150	350		4Φ22	5Φ22	4Φ20	1(4×4)	Φ8@100/200	
XZ1	−4.530～8.670						8Φ25				按标准构造详图	Φ10@200	③×⑧轴KZ1中设置

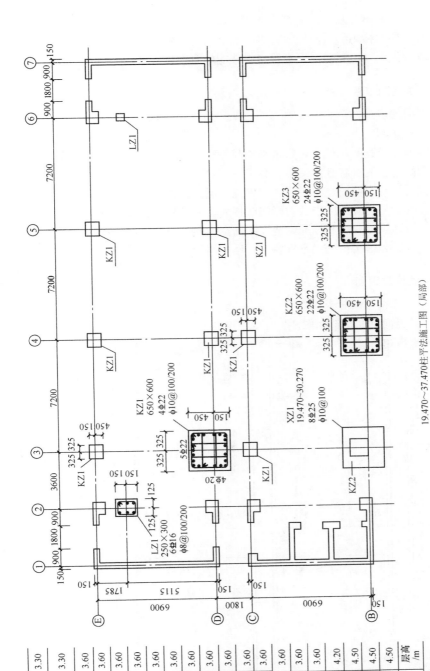

图 3-2 柱平法施工图的截面注写方式示例(二)

（3）柱的编号、平面布置及其与轴线的几何关系。

（4）每一种编号柱的标高、截面尺寸、纵筋和箍筋的配置情况。

（5）必要的设计说明（包括对混凝土等材料性能的要求）。

二、柱构件平法识图步骤

柱构件平法识图的步骤如下。

（1）查看图名、比例。

（2）校核轴线编号及其间距尺寸，要求必须与建筑图、基础平面图保持一致。

（3）与建筑图配合，明确各柱的编号、数量及位置。

（4）阅读结构设计总说明或有关说明，明确柱的混凝土强度等级。

（5）根据各柱的编号，查阅图中截面标注或柱表，明确柱的标高、截面尺寸和配筋情况。再根据抗震等级、设计要求和标准构造详图确定纵向钢筋和箍筋的构造要求，如纵向钢筋连接的方式、位置和搭接长度、弯折要求、柱头锚固要求、箍筋加密的范围等。

三、柱构件相关构造识图

1. 抗震框架柱 KZ 纵向钢筋构造

抗震框架柱 KZ 纵向钢筋构造如图 3-3 所示。

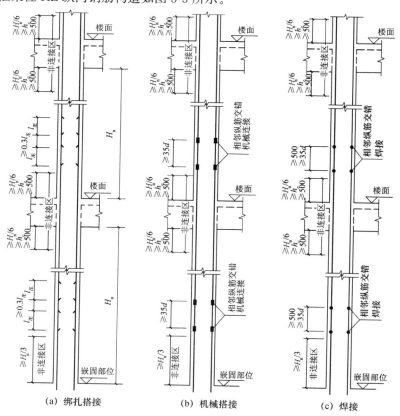

（a）绑扎搭接　　　　（b）机械搭接　　　　（c）焊接

h_c—柱截面长边尺寸（圆柱为截面直径）；H_n—为所在楼层的柱净高。

图 3-3　框架柱纵向钢筋构造

2. 地下室抗震框架柱 KZ 纵向钢筋构造

地下室抗震框架柱 KZ 纵向钢筋构造如图 3-4 所示。

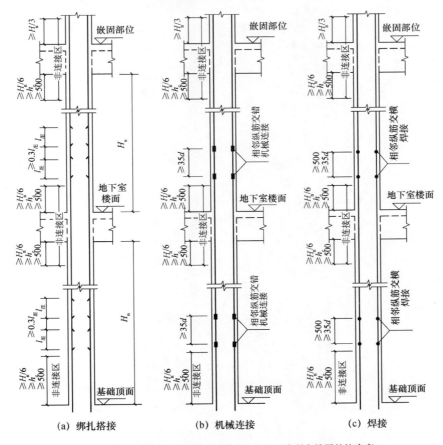

(a) 绑扎搭接　　　(b) 机械连接　　　(c) 焊接

h_c—柱截面长边尺寸（圆柱为截面直径）；H_n—为所在楼层的柱净高。

图 3-4　地下室框架柱 KZ 纵向钢筋构造

3. 抗震框架柱柱顶纵向钢筋构造

（1）抗震框架柱边柱和角柱柱顶纵向钢筋构造如图 3-5 所示。

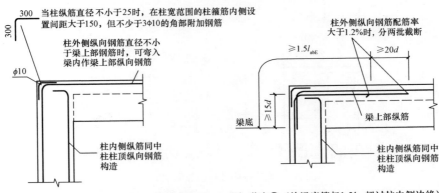

(a) 节点①（柱筋作为梁上部钢筋使用）　　　(b) 节点②（从梁底算起 $1.5l_{abE}$ 超过柱内侧边缘）

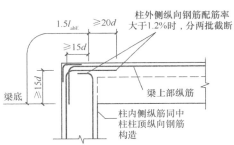

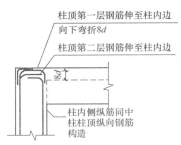

(d) 节点④（当现浇板厚度不小于100mm时，也可按节点②方式伸入板内锚固，且伸入板内长度不宜小于15d）

(c) 节点③（从梁底算起1.5l_{abE}未超过柱内侧边缘）

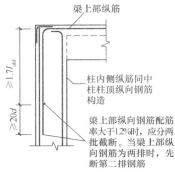

(e) 节点⑤（梁、柱纵向钢筋搭接接头沿节点外侧直线布置）

图 3-5 框架柱边柱和角柱柱顶纵向钢筋构造

注：1. 节点①、②、③、④应配合使用，节点④不应单独使用（仅用于未伸入梁内的柱外侧纵筋锚固），深入梁内的柱外侧纵筋不宜少于柱外侧全部纵筋面积的65%。可选择②+④或③+④或①+②+④或①+③+④的做法。

2. 节点⑤用于梁、柱纵向钢筋接头沿节点柱顶外侧直线布置的情况，可与节点①组合使用。

（2）抗震框架柱中柱柱顶纵向钢筋构造如图 3-6 所示。

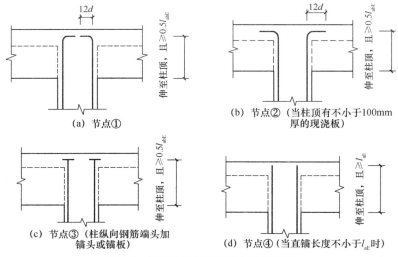

(a) 节点①

(b) 节点②（当柱顶有不小于100mm厚的现浇板）

(c) 节点③（柱纵向钢筋端头加锚头或锚板）

(d) 节点④（当直锚长度不小于l_{aE}时）

图 3-6 框架柱中柱柱顶纵向钢筋构造

4. 抗震框架柱变截面位置纵向钢筋构造

抗震框架柱变截面位置纵向钢筋构造如图 3-7 所示。

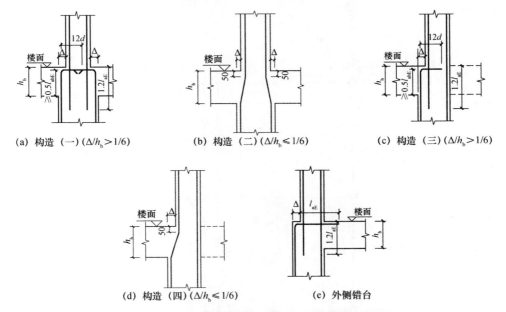

(a) 构造（一）（Δ/h_b＞1/6)　　(b) 构造（二）（Δ/h_b≤1/6)　　(c) 构造（三）（Δ/h_b＞1/6)

(d) 构造（四）（Δ/h_b≤1/6)　　(e) 外侧错台

注：Δ—上、下柱同向侧面错台的宽度；h_b—框架梁的截面高度。

图 3-7　框架柱变截面位置纵向钢筋构造

四、柱构件平法识图实例

【例 3-1】某办公楼柱平法施工图如图 3-8 所示。

从上图的柱平法施工图中可知该办公楼框架柱共有两种，即 KZ1 和 KZ2，并且 KZ1 和 KZ2 的纵筋相同，箍筋不同。

图 3-8（a）中的纵筋均分为三段，第一段从基础顶到标高为－0.050 m，纵筋为 12 Φ 20；第二段为标高－0.050 m 到 3.550 m，即第一层的框架柱，纵筋为角筋 4 Φ 20，每边中部 2 Φ 18；第三段为标高 3.550 m 到 10.800 m，即二、三层框架柱，纵筋为 12 Φ 18。

图 3-8（a）中箍筋不同，KZ1 箍筋：标高 3.550m 以下为 Φ 10@100，标高 3.550m 以上为 Φ 8@100。KZ2 箍筋：标高 3.550m 以下为 Φ 10@100/200，标高 3.550m 以上为 Φ 8@100/200。它们的箍筋形式均为类型 1，箍筋肢数为 4×4。

图 3-8（b）是采用截面注写方式的柱配筋图，其表示的是从标高－0.050m 到 3.550m 的框架柱配筋图，即一层的柱配筋图。图 3-8（b）中共有两种框架柱，即 KZ1 和 KZ2，它们的断面尺寸相同，均为 400mm×400mm，它们与定位轴线的关系均为轴线居中。

图 3-8（b）中框架柱的纵筋相同，角筋均为 4 Φ 20，每边中部钢筋均为 2 Φ 18，KZ1 箍筋为 Φ 8@100，KZ2 箍筋为 Φ 8@100/200。

【例 3-2】某住宅楼柱平法施工图如图 3-9 所示。

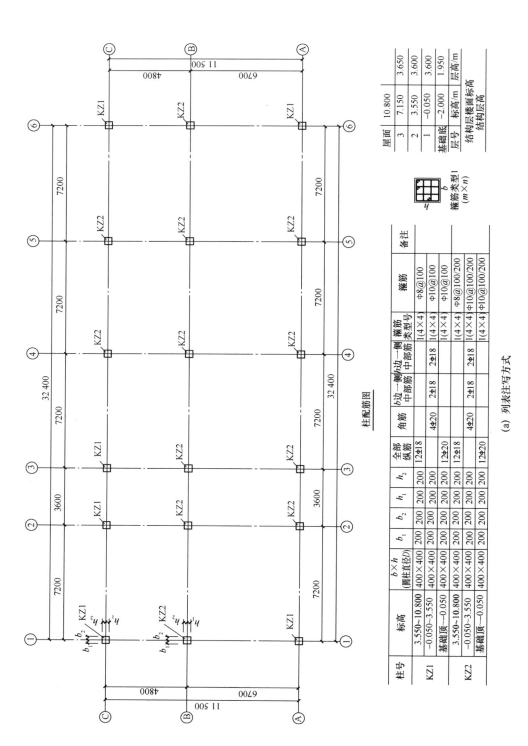

柱配筋图

柱号	标高	$b \times h$（圆柱直径D）	b_1	b_2	h_1	h_2	全部纵筋	角筋	b边一侧中部筋	h边一侧中部筋	箍筋类型号	箍筋	备注
KZ1	3.550~10.800	400×400	200	200	200	200	12±18				1(4×4)	Φ8@100	
	−0.050~3.550	400×400	200	200	200	200		4±20	2±18	2±18	1(4×4)	Φ10@100	
	基础顶~−0.050	400×400	200	200	200	200	12±20				1(4×4)	Φ10@100	
KZ2	3.550~10.800	400×400	200	200	200	200	12±18				1(4×4)	Φ8@100/200	
	−0.050~3.550	400×400	200	200	200	200		4±20	2±18	2±18	1(4×4)	Φ10@100/200	
	基础顶~−0.050	400×400	200	200	200	200	12±20				1(4×4)	Φ10@100/200	

(a) 列表注写方式

屋面	10.800		
3	7.150	3.650	
2	3.550	3.600	
1	−0.050	3.600	
基础底	−2.000	1.950	
层号	标高/m	层高/m	

结构层楼面标高
结构层高

箍筋类型1
($m×n$)

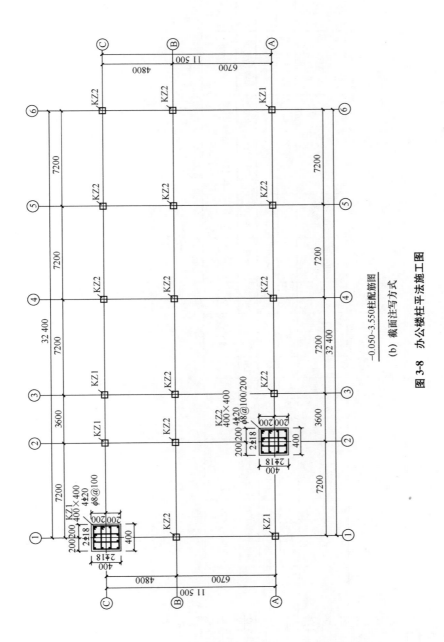

-0.050~3.550柱配筋图

(b) 截面注写方式

图 3-8 办公楼柱平法施工图

层号	标高(m)	层高(m)
屋面	59.070	—
16	55.470	3.60
15	51.870	3.60
14	48.270	3.60
13	44.670	3.60
12	41.070	3.60
11	37.470	3.60
10	33.870	3.60
9	30.270	3.60
8	26.670	3.60
7	23.070	3.60
6	19.470	3.60
5	15.870	3.60
4	12.270	3.60
3	8.670	3.60
2	4.470	4.20
1	-0.030	4.50
-1	-4.530	4.50
-2	-9.030	4.50

结构层楼面标高
结构层高

柱号	标高/m	$b \times h$（圆柱直径D）/mm	b_1/mm	b_2/mm	h_1/mm	h_2/mm	全部纵筋	角筋	b边一侧中部筋	h边一侧中部筋	箍筋类型号	箍筋	备注
KZ1	-0.030~19.470	750×700	375	375	150	550	24Φ25				1(5×4)	φ10@100/200	
	19.470~37.470	650×600	325	325	150	450		4Φ22	5Φ22	4Φ20	1(4×4)	φ10@100/200	
	34.470~59.070	550×500	275	275	150	350		4Φ22	5Φ22	4Φ20	1(4×4)	φ8@100/200	
XZ1	-0.030~8.670						8Φ25				按16G101图集的标准构造详图	φ10@200	在③×Ⓑ轴KZ1中进行设置

(a) 列表注写方式

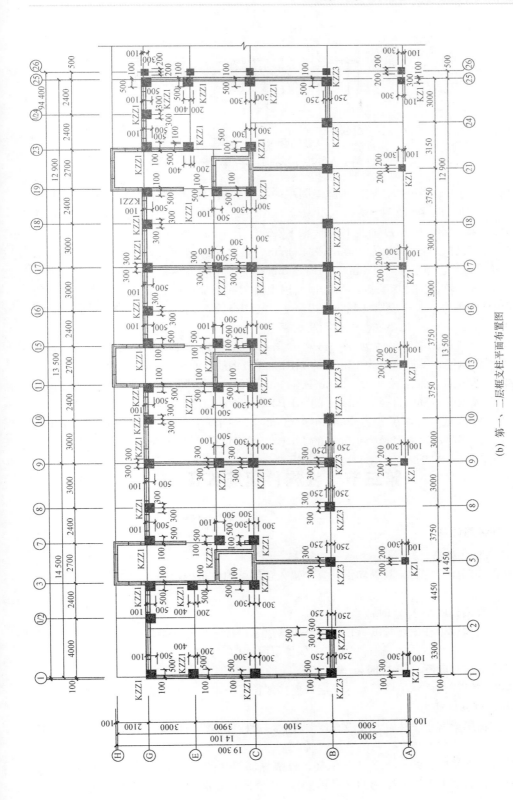

(b) 第一、二层框支柱平面布置图

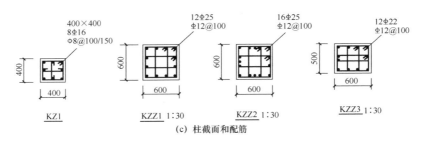

(c) 柱截面和配筋

图 3-9 住宅楼柱平法施工图

从柱平法施工图中可知，该平法施工图中的柱包含框架柱和框支柱，共有 4 种编号，其中框架柱 1 种，框支柱 3 种。7 根 KZ1，位于 A 轴线上；34 根 KZZ1 分别位于 C、E 和 G 轴线上；2 根 KZZ2 位于 D 轴线上；13 根 KZZ3 位于 B 轴线上。

KZ1：框架柱，截面尺寸为 400mm×400mm，纵向受力钢筋为 8 根直径为 16mm 的 HRB335 级钢筋；箍筋直径为 8mm 的 HPB300 级钢筋，加密区间距为 100mm，非加密区间距为 150mm。箍筋加密区长度：基础顶面以上底层柱根加密区长度不小于底层净高的 1/3；其他柱端加密区长度应取柱截面长边尺寸、柱净高的 1/6 和 500mm 中的最大值；刚性地面上、下各 500mm 的高度范围内箍筋加密。

KZZ1：框支柱，截面尺寸为 600mm×600mm，纵向受力钢筋为 12 根直径为 25mm 的 HRB335 级钢筋；箍筋直径为 12mm 的 HRB335 级钢筋，间距 100mm，全长加密。

KZZ2：框支柱，截面尺寸为 600mm×600mm，纵向受力钢筋为 16 根直径为 25mm 的 HRB335 级钢筋；箍筋直径为 12mm 的 HRB335 级钢筋，间距 100mm，全长加密。

KZZ3：框支柱，截面尺寸为 600mm×500mm，纵向受力钢筋为 12 根直径为 22mm 的 HRB335 级钢筋；箍筋直径为 12mm 的 HRB335 级钢筋，间距 100mm，全长加密。

第三节　柱构件钢筋算量

一、柱纵筋计算

1. 顶层中柱纵筋

中柱顶部四面均有梁，其纵向钢筋直接锚入顶层梁内或板内，锚入方式存在下面两种情况。

（1）当直锚长度小于 l_{aE} 时：

$$顶层中柱纵筋长度＝顶层层高－顶层非连接区长度－梁高＋$$
$$（梁高－保护层厚度）＋12d$$

（2）当直锚长度不小于 l_{aE} 时：

$$顶层中柱纵筋长度＝顶层层高－顶层非连接区长度－梁高＋（梁高－保护层厚度）$$

2. 顶层边柱纵筋

（1）当顶层梁宽小于柱宽，又没有现浇板时，边柱外侧纵筋只有 65% 锚入梁内，如图 3-10 所示。

边柱外侧纵筋根数的 65% 为 1 号钢筋，外侧纵筋根数的 35% 为 2 号或 3 号钢筋（当外侧钢筋太密需要出现第二层用的 3 号钢筋），其余为 4 号钢筋或 5 号钢筋（当直锚长度

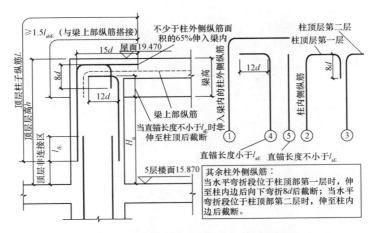

图 3-10　顶层纵筋计算图（65％锚入梁内）

不小于 l_{aE} 时为 5 号钢筋）。

1）1 号纵筋长度计算。

从梁底算起 $1.5l_{abE}$ 超过柱内侧边缘时，

纵筋长度＝顶层层高－顶层连接区－梁高＋$1.5l_{abE}$

从梁底算起 $1.5l_{abE}$ 未超过柱内侧边缘时，

纵筋长度＝顶层层高－顶层非连接区－梁高＋max｛$1.5l_{abE}$，梁高－保护层厚度＋15d｝

2）2 号纵筋长度计算。

纵筋长度＝顶层层高－顶层非连接区－梁高＋（梁高－保护层厚度）＋
　　　　　（与弯折平行的柱宽－2×保护层厚度）＋8d

3）3 号纵筋长度计算。

纵筋长度＝顶层层高－顶层非连接区－梁高＋（梁高－保护层厚度）＋
　　　　　（与弯折平行的柱宽－2×保护层厚度）

4）4 号纵筋长度计算。

　纵筋长度＝顶层层高－顶层非连接区－梁高＋（梁高－保护层厚度）＋12d

5）5 号纵筋长度计算。

　　纵筋长度＝顶层层高－顶层非连接区－梁高＋锚固长度 l_{aE}

（2）当柱外侧纵向钢筋配筋率大于 1.2％时，边柱外侧纵筋分两批锚入梁内，50％的根数锚入长度为 $1.5l_{aE}$，50％的根数锚入长度为 $1.5l_{aE}+20d$，如图 3-11 所示。

　　1 号纵筋长度(外侧根数一半)＝顶层层高－顶层非连接区－梁高＋$1.5l_{abE}$

　　4 号纵筋长度＝顶层层高－顶层非连接区－梁高＋（梁高－保护层厚度）＋12d

3．顶层角柱纵筋

角柱两面有梁，顶层角柱纵筋的计算方法和边柱一样，只是侧面是两个面，外侧纵筋总根数为两个外侧总根数之和。

【例 3-3】顶层的层高为 3.20m，抗震框架柱 KZ1 的截面尺寸为 550mm×500mm，柱纵筋为 22 ⌀ 20，顶层顶板的框架梁截面尺寸为 300mm×700mm，混凝土强度等级为 C30，二级抗震等级。试计算顶层框架柱纵筋尺寸。

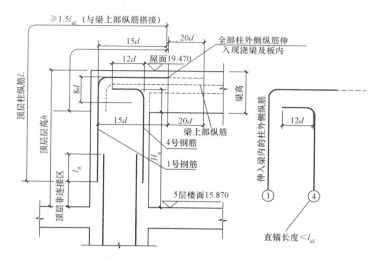

图 3-11　顶层主筋计算图（柱外侧纵向钢筋配筋率大于 1.2%）

【解】（1）顶层框架柱纵筋伸到框架梁顶部弯折 $12d$。

顶层的柱纵筋净长度 H_n＝（3200－700）mm＝2500mm

根据地下室的计算，H_2＝750mm

1）与短筋相接的柱纵筋。

垂直段长度 H_a＝（3200－30－750）mm＝2420mm

每根钢筋长度＝H_a＋$12d$

＝（2420＋12×20）mm＝2660mm

2）与长筋相接的柱纵筋。

垂直段长度 H_b＝（3200－30－750－35×25）mm＝1545mm

每根钢筋长度＝H_b＋$12d$

＝（1545＋12×20）mm＝1785mm

（2）框架柱外侧纵筋从顶层框架梁的底面算起，锚入顶层框架梁 $1.5l_{abE}$。

首先，计算框架柱外侧纵筋伸入框架梁之后弯钩的水平段长度 l：

柱纵筋伸入框架梁的垂直段长度＝（700－30）mm＝670mm

所以 l＝$1.5l_{abE}$－670

＝（1.5×40×20－670）mm＝530mm

1）与短筋相接的柱纵筋。

垂直段长度 H_a＝（3200－30－750）mm＝2420mm

加上弯钩水平段 l 的每根钢筋长度＝H_a＋l

＝（2420＋530）mm＝2950mm

2）与长筋相接的柱纵筋。

垂直段长度 H_b＝（3200－30－750－35×25）mm＝1545mm

加上弯钩水平段 l 的每根钢筋长度＝H_b＋l

＝（1545＋530）＝2075mm

4. 地下室柱纵筋

地下室柱纵筋的计算长度：下端与伸出基础（梁）顶面的柱插筋相接，上端伸出地下室顶板以上一个"三选一"的长度，即 max $\{H_n/6, h_c, 500\}$。

这样，地下室柱纵筋的长度包括以下两个组成部分。

（1）地下室板顶以上部分的长度。

长度＝max $\{H_n/6, h_c, 500\}$

注：这里的 H_n 是地下室以上的那个楼层（例如"一层"）的柱净高。h_c 也是地下室以上的那个楼层（例如"一层"）的柱截面长边尺寸。

（2）地下室顶板以下部分的长度。

长度＝柱净高 H_n＋地下室顶板的框架梁截面高度－$H_n/3$

注：上式的 H_n 是地下室的柱净高，$H_n/3$ 就是框架柱基础插筋伸出基础梁顶面以上的长度。

地下室的柱纵筋可以采用统一的长度。这个"统一的长度"与基础插筋伸出基础梁顶面的"长短筋"相接，伸到地下室顶板之上时，柱纵筋继续形成"长短筋"的两种长度。

【例 3-4】某一地下室层高为 4.50m，地下室的抗震框架柱 KZ1 的截面尺寸为 750mm×700mm，柱纵筋为 22⌀25。地下室顶板的框架梁截面尺寸为 300mm×700mm。地下室上一层的层高为 4.50m，地下室上一层的框架梁截面尺寸为 300mm×700mm，混凝土强度等级为 C30，二级抗震等级。地下室下面是正筏板基础，基础主梁的截面尺寸为 700mm×900mm，下部纵筋为 9⌀25。筏板的厚度为 560mm，筏板的纵向钢筋都是⌀18@200，如图 3-12 所示。试计算地下室的柱纵筋长度。

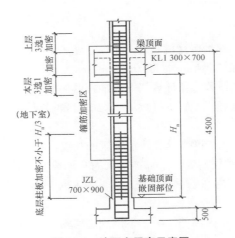

图 3-12　地下室层高示意图

【解】（1）地下室顶板以上部分的长度。

上一层楼的柱净高 H_n＝$(4500-500-700)$＝3300mm

max$\{H_n/6, h_c, 500\}$＝max$\{3300/6, 750, 500\}$＝750mm

所以，H_1＝max$\{H_n/6, h_c, 500\}$

＝750mm

（2）地下室顶板以下部分的长度。

地下室的柱净高 H_n＝$[4500-700-(900-500)]$＝3400mm

H_2＝H_n＋700－$H_n/3$

＝$(3400+700+1133)$＝2967mm

（3）地下室柱纵筋的长度。

地下室柱纵筋的长度＝$H_1＋H_2$

$$＝(750＋2967)＝3717mm$$

二、柱箍筋计算

1. 抗震框架柱箍筋计算

抗震框架柱箍筋根数要分层对钢筋进行计算。首先，判断这个框架柱是不是"短柱"。如果是短柱，则箍筋全高加密。根据 16G101-1 图集中的"柱净高（包括因嵌砌填充墙等形成的柱净高）与柱截面长边尺寸（圆柱为截面直径）的比值 $H_n/h_c \leq 4$ 时，箍筋沿柱全高加密"，从而得出短柱的条件：$H_n/h_c \leq 4$。

（1）上部加密区。

$$上部加密区的长度＝\max \{H_n/6，h_c，500\} ＋h_b$$

上部加密区的箍筋根数＝$\{\max (H_n/6，h_c，500) ＋h_b\}$ /间距（根数有小数时则进 1）

根据计算出来的箍筋根数重新计算"上部加密区的实际长度"。

$$上部加密区的实际长度＝上部加密区的箍筋根数×间距$$

式中：H_n——柱净高；

h_c——框架柱截面长边尺寸；

h_b——框架梁高度。

（2）下部加密区。

$$下部加密区的长度＝\max \{H_n/6，h_c，500\}$$

下部加密区的箍筋根数＝$\max \{H_n/6，h_c，500\}$ /间距（根数有小数时则进 1）

根据计算出来的箍筋根数重新计算"下部加密区的实际长度"。

$$下部加密区的实际长度＝下部加密区的箍筋根数×间距$$

（3）中间非加密区。

按照上下加密区的实际长度来计算非加密区的长度。

$$非加密区的长度＝楼层层高－上部加密区的实际长度－下部加密区的实际长度$$

非加密区的根数＝（楼层层高－上部加密区的实际长度－下部加密区的实际长度）/间距

（4）本层箍筋根数。

本层箍筋根数＝上部加密区箍筋根数＋下部加密区箍筋根数＋中间非加密区箍筋根数

【例 3-5】一楼层的层高为 4.50m，抗震框架柱 KZ1 的截面尺寸为 650mm×600mm，箍筋标注为 Φ10@100/200，该层顶板的框架梁截面尺寸为 300mm×700mm。求该楼层的框架柱箍筋根数。

【解】（1）短柱的判断。

$$本层楼的柱净高为 H_n＝(4500－700)mm＝3800mm$$

$$框架柱截面长边尺寸 h_c＝650mm$$

$H_n/h_c＝3800/650＝5.8＞4$，由此可以判断该框架柱不是"短柱"。

$$所以加密区长度＝\max\{H_n/6，h_c，500\}$$

$$＝\max\{3800/6，650，500\} ＝650mm$$

（2）上部加密区箍筋根数的计算。

$$加密区长度＝\max \{H_n/6，h_c，500\} ＋h_b$$

$$=(650+700)mm=1350mm$$

上部加密区的箍筋根数$=\{max\ (H_n/6,\ h_c,\ 500)+h_b\}/$间距

$$=(1350/100)根=14\ 根$$

上部加密区实际长度$=$上部加密区的箍筋根数$\times$间距

$$=(14\times100)mm=1400mm$$

（3）下部加密区箍筋根数计算。

加密区长度$=max\ \{H_n/6,\ h_c,\ 500\}$

$$=650mm$$

下部加密区的箍筋根数$=max\ \{H_n/6,\ h_c,\ 500\}\ /$间距

$$=(650/100)\ 根=7\ 根$$

下部加密区的实际长度$=$下部加密区的箍筋根数$\times$间距

$$=(7\times100)mm=700mm$$

（4）中间非加密区箍筋根数计算。

非加密区的长度$=$楼层层高$-$上部加密区的实际长度$-$下部加密区的实际长度

$$=(4500-1400-700)mm=2400mm$$

非加密区的根数$=$（楼层层高$-$上部加密区的实际长度$-$下部加密区的实际长度）/

间距

$$=\ (2400/200)\ 根=12\ 根$$

（5）本层箍筋根数计算。

本层箍筋根数$=$上部加密区箍筋根数$+$下部加密区箍筋根数$+$中间非加密区箍筋根数

$$=(14+7+12)根=33\ 根$$

2. 框架柱复合箍筋计算

矩形箍筋复合方式如图3-13所示。

根据构造要求，当柱截面短边尺寸大于400mm，且各边纵向钢筋多于3根时，或当截面短边尺寸不大于400mm，但各边纵向钢筋多于4根时，应设置复合箍筋。

设置复合箍筋要遵循下列原则。

（1）大箍套小箍。矩形柱的箍筋，都是采用"大箍套小箍"的方式。若为偶数肢数，则用几个两肢"小箍"来组合；若为奇数肢数，则用几个两肢"小箍"再加上一个"拉筋"来组合。

（2）设置内箍的肢或拉筋时，要满足对柱纵筋至少"隔一拉一"的要求。这就是说，不允许存在两根相邻的柱纵筋同时没有钩住箍筋的肢或拉筋的现象。

（3）"对称性"原则。柱b边上箍筋的肢或拉筋都应该在b边上对称分布。同时，柱h边上箍筋的肢或拉筋都应该在h边上对称分布。

（4）"内箍水平段最短"原则。在考虑内箍的布置方案时，应该使内箍的水平段尽可能最短（其目的是使内箍与外箍重合的长度为最短）。

（5）内箍尽量做成标准格式。当柱复合箍筋存在多个内箍时，只要条件许可，这些内箍都尽量做成标准的格式，即"等宽度"的形式，以便于施工。

（6）施工时，纵横方向的内箍（小箍）要贴近大箍（外箍）放置。柱复合箍筋在绑扎时，以大箍为基准；或者是纵向的小箍放在大箍上面、横向的小箍放在大箍下面；或者是纵向的小箍放在大箍下面、横向的小箍放在大箍上面。

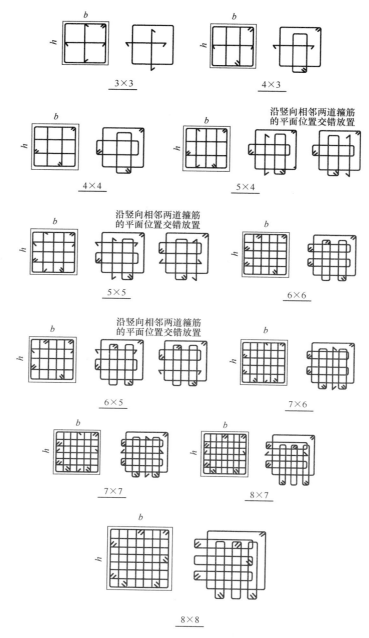

图 3-13　矩形箍筋复合方式

【例 3-6】某框架柱如图 3-14 所示,试计算框架柱 KZ1 复合箍筋的尺寸。其中,KZ1 的截面尺寸为 750mm×700mm,箍筋类型号为 1(5×4),如图 3-15 所示,箍筋规格为 Φ10@100/200。KZ1 的角筋为 4Φ25,b 边一侧中部筋为 5Φ25,h 边一侧中部筋为 4Φ25。混凝土强度等级为 C30。

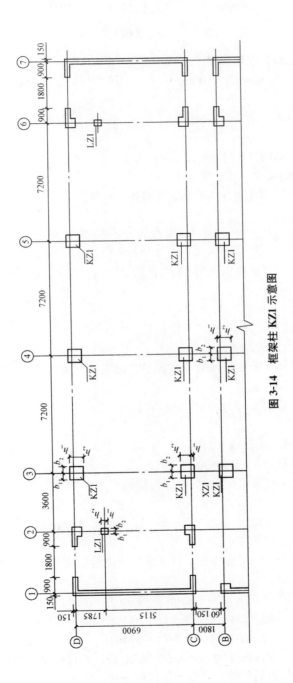

图 3-14 框架柱 KZ1 示意图

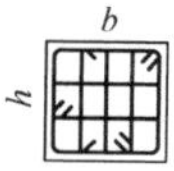

图 3-15 箍筋类型 1 (5×4)

【解】(1) 计算 KZ1 外箍的尺寸。

KZ1 的截面尺寸为 750mm×700mm，查表得箍筋保护层为 20mm，箍筋为 Φ 10，柱的纵筋保护层是 30mm。

所以，KZ1 外箍的尺寸为：$B=(750-30\times2)\text{mm}=690\text{mm}$
$$H=(700-30\times2)\text{mm}=640\text{mm}$$

(2) 计算 b 边上的内箍尺寸。

1) 计算单肢箍的尺寸。

根据分析，单肢箍钩住第 5 根纵筋，同时钩住外箍。

所以，

单肢箍的垂直肢长度 = H+2×箍筋直径+2×单肢箍直径
$$=(640+2\times10+2\times10)\text{mm}=680\text{mm}$$

由于单肢箍弯钩的平直段长度为 $10d$（d 为单肢箍直径），我们计取单肢箍的弯钩长度为 $26d$。

因此，

单肢箍的每根长度 $=(680+26.5\times10)\text{mm}=940\text{mm}$

2) 计算二肢箍内箍的尺寸。

根据分析，内箍钩住第 3 根和第 4 根纵筋，设内箍宽度为 b，纵筋直径为 d，纵筋的间距为 a，则 $b=a+2d$。

由 $6a+7d=B$，得出 $6a+7d=690\text{mm}$，即 $a=85\text{mm}$。

所以，

b 边上的内箍宽度 $=(85+2\times25)\text{mm}=135\text{mm}$

b 边上的内箍高度 $=H=640\text{mm}$

由于箍筋弯钩的平直段长度为 $10d$（d 为箍筋直径），计取箍筋的弯钩长度为 $26d$。

因此，

箍筋的每根长度 $=[(135+640)\times2+26\times10]\text{mm}=1810\text{mm}$

(3) 计算 h 边上的内箍尺寸。

根据分析，内箍钩住第 3 根和第 4 根纵筋，设内箍宽度为 b，纵筋直径为 d，纵筋的间距为 a，则 $b=a+2d$。

由 $5a+6d=H$，得出 $5a+6d=640\text{mm}$，即 $a=98\text{mm}$，所以，

b 边上的内箍宽度 $=(98+2\times25)\text{mm}=148\text{mm}$

b 边上的内箍高度 $=H=690\text{mm}$

由于箍筋弯钩的平直段长度为 $10d$（d 为箍筋直径），计取箍筋的弯钩长度为 $26d$。

因此箍筋的每根长度 $=[(148+690)\times2+26\times10]\text{mm}$
$$=1936\text{mm}$$

三、框架柱基础插筋计算

框架柱的基础插筋由以下两部分组成（以筏形基础为例）。

（1）伸出基础梁顶面以上部分。

框架柱伸出基础梁顶面以上部分的长度＝$H_n/3$

（2）锚入基础梁以内的部分。

框架柱的基础插筋要求"坐底"，即框架柱基础插筋的直钩要踩在基础主梁下部纵筋的上面。由于筏形基础有上下两层钢筋网，基础主梁的下部纵筋要压住筏板下层钢筋网的底部纵筋，因此框架柱基础插筋的直钩下面有基础主梁的下部纵筋、筏板下层钢筋网的底部纵筋、筏板的保护层。由此，得到框架柱插入到基础梁以内部分长度的计算公式：

框架柱插入到基础梁以内部分长度＝基础梁截面高度－基础梁下部纵筋直径－筏板底部纵筋直径－筏板保护层

【例 3-7】 某建筑物具有层高为 4.20m 的地下室，地下室下面是"正筏板"基础。地下室顶板的框架梁采用 KL1（300×700），基础主梁的截面尺寸为 700mm×900mm，下部纵筋为 9 Φ 25，筏板的厚度为 400mm，筏板的纵向钢筋都是 Φ18@200，如图 3-16 所示。KZ1 的截面尺寸为 700mm×650mm，柱纵筋为 22 Φ 25，混凝土强度等级为 C30，二级抗震等级。试计算 KZ1 的基础插筋。

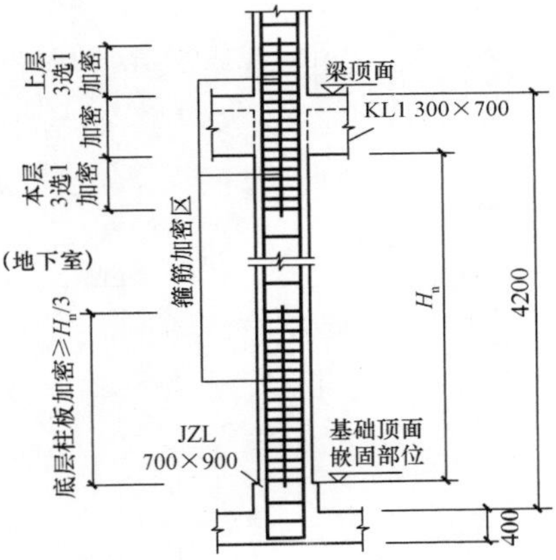

【解】（1）框架柱基础插筋伸出基础梁顶面以上的长度。

由已知条件可知：地下室层高＝4200mm，地下室顶框架梁高＝700mm，基础主梁高＝900mm，筏板厚度＝500mm。

图 3-16　基础插筋示意图

地下室柱净高 H_n＝地下室层高－地下室顶框架

梁高－基础主梁与筏板高差

＝[4200－700－（900－400）]mm＝3000mm

框架柱基础插筋（短筋）伸出长度＝$H_n/3$

＝（3000/3）mm＝1000mm

框架柱基础插筋（长筋）伸出长度＝$H_n/3+35d$

＝（1000＋35×25）mm＝1875mm

（2）框架柱基础插筋的直锚长度。

由已知条件可知：基础主梁高＝900mm，基础主梁下部纵筋直径＝25mm，筏板下层纵筋直径＝18mm，基础保护层厚度＝40mm。

框架柱基础插筋直锚长度＝基础主梁高度－基础主梁下部纵筋直径－筏板下层纵筋直径－基础保护层厚度

＝（900－25－18－40）mm＝817mm

（3）框架柱基础插筋的总长度。

框架柱基础插筋的垂直段长度（短筋）＝框架柱基础插筋（短筋）伸出长度＋

框架柱基础插筋直锚长度
$$=(1000+817)\text{mm}=1817\text{mm}$$

框架柱基础插筋的垂直段长度(长筋)＝框架柱基础插筋(长筋)伸出长度＋框架柱基础
插筋直锚长度
$$=(1875+817)\text{mm}=2692\text{mm}$$

因为，$l_{abE}=40d=(40\times25)\text{mm}=1000\text{mm}$，而现在的直锚长度$=817\text{mm}<l_{abE}$，
所以，

框架柱基础插筋的弯钩长度$=15d=(15\times25)\text{mm}=375\text{mm}$

框架柱基础插筋(短筋)的总长度$=(1817+375)\text{mm}=2192\text{mm}$

框架柱基础插筋(长筋)的总长度$=(2692+375)\text{mm}=3067\text{mm}$

【例 3-8】某框架结构抗震等级为三级，共五层，基础底标高为-4.00m，独立基础高
500m，一层底标高-0.10m，二、三、四层高 3.3m，五层高 3.4m，柱混凝土等级为
C30，保护层厚度为 40mm，-0.1m 处与 KZ1 连接的梁高为 600mm，3.2m 处 KZ1 连接
的梁高为 800mm。柱的局部平面布置如图 3-17 所示，箍筋类型图如图 3-18 所示，相应尺
寸及配筋见表 3-2。试计算 KZ1 地下部分的钢筋量，并进行钢筋翻样。

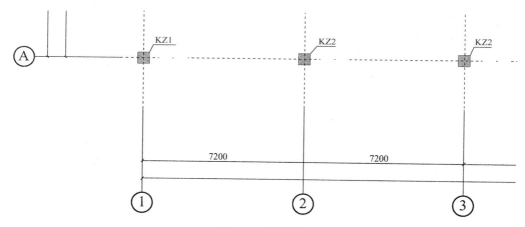

图 3-17 柱平面图

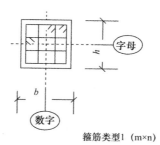

箍筋类型1 (m×n)

图 3-18 箍筋类型图

表 3-2 柱的尺寸及配筋表

柱表

柱号	标高	$b \times h$（直径 D）	全部纵筋	角筋	b 侧中部筋	h 侧中部筋	箍筋类型号	箍筋	备注
KZ1	基础顶～16.500	500×500	12ⵁ22	4ⵁ22	2ⵁ22	2ⵁ22	1(4×4)	Φ10@100/200	
KZ1a	基础顶～16.500	500×500	12ⵁ22	4ⵁ22	2ⵁ22	2ⵁ22	1(4×4)	Φ10@100	
KZ2	基础顶～16.500	500×500	12ⵁ25	4ⵁ25	2ⵁ25	2ⵁ25	1(4×4)	Φ10@100/200	
KZ2a	基础顶～20.400	500×500	12ⵁ25	4ⵁ25	2ⵁ25	2ⵁ25	1(4×4)	Φ10@100/200	
KZ2b	基础顶～20.400	500×500	12ⵁ25	4ⵁ25	2ⵁ25	2ⵁ25	1(4×4)	Φ10@100	
KZ3	基础顶～16.500	500×500	12ⵁ25	4ⵁ25	2ⵁ25	2ⵁ25	1(4×4)	Φ12@100/200	

【解】1. 基础插筋计算

基础插筋三维图及较长插筋计算公式如图 3-19 所示。

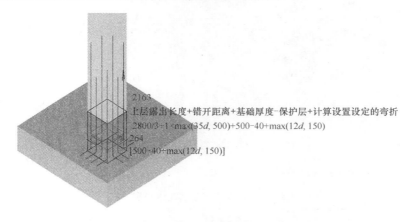

图 3-19 基础插筋三维图及较长插筋计算公式

基础插筋三维图及较短插筋计算公式如图 3-20 所示。

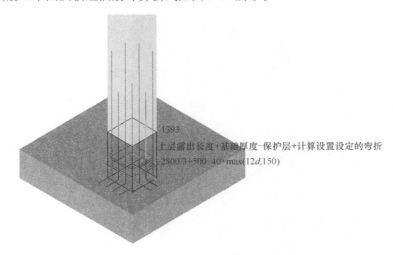

图 3-20 基础插筋三维图及较短插筋计算公式

上层露出长度为基础顶标高至上层梁底部距离，对于基础插筋而言即为基础顶至 -0.1m 处梁底标高，可以理解为基础层净高（H_n）。本题中上层露出长度＝首层标高（-0.1m）－基础层顶部梁高（-0.1m 层梁高 600mm）－基础底部标高（-4.0m）－基础高度（500mm）＝$(-0.1)-0.6-(-4.0)-0.5=2.8(\text{m})$，即为图中上层露出长度 2800mm。

柱插筋的数量、直径及钢筋种类应与柱内纵向受力钢筋相同。

柱插筋三维图及计算公式如图 3-21 所示。

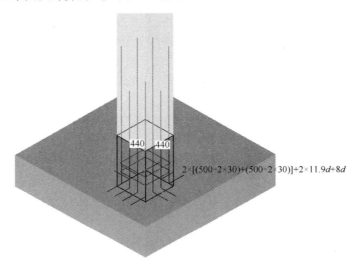

$$2\times[(500-2\times30)+(500-2\times30)]+2\times11.9d+8d$$

图 3-21　柱插筋三维图及计算公式

KL1 钢筋算量与翻样见表 3-3。

表 3-3　KL1 钢筋算量与翻样表

KZ1 插筋翻样							钢筋总重：75.587kg			
筋号	级别	直径	钢筋图形	计算公式	根数	总根数	单长/m	总长/m	总重/kg
构件位置：<1，A>									
B 边插筋 1	Φ	22	264 ⌐ 1393	$2800/3+500-40+\max(12d,150)$	2	2	1.657	3.314	9.876
B 边插筋 2	Φ	22	264 ⌐ 2163	$2800/3+1\times\max(35d,500)+500-40+\max(12d,150)$	2	2	2.427	4.854	14.465
H 边插筋 1	Φ	22	264 ⌐ 2163	$2800/3+1\times\max(35d,500)+500-40+\max(12d,150)$	2	2	2.427	4.854	14.465

续表

筋号	级别	直径	钢筋图形	计算公式	根数	总根数	单长/m	总长/m	总重/kg
KZ1 插筋翻样				钢筋总重：75.587kg					
H 边插筋 2	$\oplus$	22	264 ⌐ 1393	$2800/3+500-40+\max(12d,150)$	2	2	1.657	3.314	9.876
角筋插筋 1	$\oplus$	22	264 ⌐ 2163	$2800/3+1\times\max(35d,500)+500-40+\max(12d,150)$	2	2	2.427	4.854	14.465
角筋插筋 2	$\oplus$	22	264 ⌐ 1393	$2800/3+500-40+\max(12d,150)$	2	2	1.657	3.314	9.876
箍筋 1	Φ	10	440 ▱ 440	$2\times(500-2\times30)+(500-2\times30)+2\times11.9d+8d$	2	2	2.078	4.156	2.564

2. 基础层钢筋计算

基础层竖筋三维图及计算公式如图 3-22 所示。

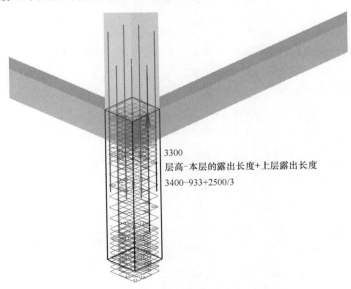

3300
层高−本层的露出长度+上层露出长度
3400−933+2500/3

图 3-22　基础层竖筋三维图及计算公式

基础层层高为基础底部至上层梁底部距离。本题中层高＝上层梁或板顶标高－基础顶标高＝（－0.1）－（－4＋0.5）＝3.4m。

本题中上层露出长度＝一层顶标高（3.2m）－一层顶部梁高（3.2m层梁高800mm）－首层底标高（－0.1m）＝[3.2－0.8－（－0.1）]m＝2.5m，即为图中上层露出长度2500mm。

箍筋三维图及计算公式如图3-23所示。

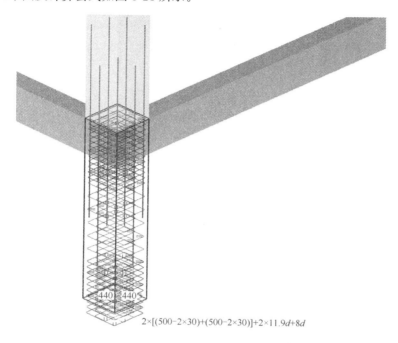

$$2\times[(500-2\times30)+(500-2\times30)]+2\times11.9d+8d$$

图 3-23　箍筋三维图及计算公式

箍筋长度＝$2\times(H-2\times c+B-2\times c)+2\times11.9d+8d$

其中，H 为柱长边，B 为宽边，c 为保护层厚度，d 为箍筋直径，单位 mm。

根数计算＝$2\times$[（加密区长度－50）/加密间距＋1]＋（非加密区长度/非加密间距－1）

抗震框架柱和小墙肢箍筋加密区高度按设计要求，无设计要求的参见表3-4。

表 3-4　抗震框架柱和小墙肢箍筋加密区高度按设计要求

基础层 KZ1 钢筋翻样							钢筋总重：206.462kg	
筋号	级别	直径	钢筋图形	计算公式	根数	总根数	单长/m	总长/m	总重/kg
构件位置：<1，A>								
B 边纵筋 1	Φ	22	3300	3400－1703＋2500/3＋1×max(35d, 500)	2	2	3.3	6.6	19.668
B 边纵筋 2	Φ	22	3300	3400－933＋2500/3	2	2	3.3	6.6	19.668

基础层 KZ1 钢筋翻样 　　　　　　　　　　　　　　　　　　　钢筋总重：206.462kg

筋号	级别	直径	钢筋图形	计算公式	根数	总根数	单长/m	总长/m	总重/kg
H 边纵筋 1	Φ	22	3300	$3400-1703$ $+2500/3+$ $1\times\max(35d,$ $500)$	2	2	3.3	6.6	19.668
H 边纵筋 2	Φ	22	3300	$3400-933+$ $2500/3$	2	2	3.3	6.6	19.668
角筋 1	Φ	22	3300	$3400-933+$ $2500/3$	2	2	3.3	6.6	19.668
角筋 2	Φ	22	3300	$3400-1703+$ $2500/3+$ $1\times\max$ $(35d,$ $500)$	2	2	3.3	6.6	19.668
箍筋 1	Φ	10	440 440	$2\times(500-$ $2\times30)+(500$ $-2\times30)+2\times$ $11.9d+8d$	28	28	2.078	58.184	35.9
箍筋 2	Φ	10	440 161	$2\times[(500-$ $2\times30-22)/3\times1$ $+(500-2\times30)]$ $+2\times11.9d$ $+8d$	56	56	1.521	85.176	52.554

【例 3-9】题干同【例 3-8】，柱地上部分保护层厚度为 30mm。试计算 KZ1 首层的钢筋量，并进行钢筋翻样。

【解】柱纵筋钢筋三维图及计算公式如图 3-24 所示。

加密区钢筋三维图及计算公式如图 3-25 所示。

KZ1 首层钢筋算量与翻样见表 3-5。

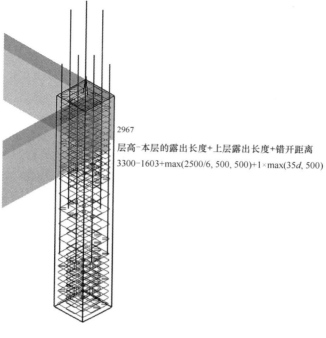

2967

层高−本层的露出长度+上层露出长度+错开距离

3300−1603+max(2500/6, 500, 500)+1×max(35d, 500)

图 3-24　柱纵筋钢筋三维图及计算公式

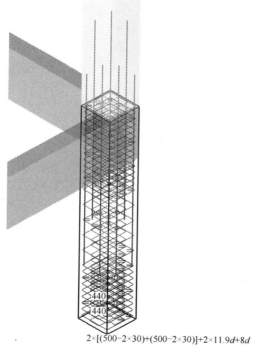

440
440

2×[(500−2×30)+(500−2×30)]+2×11.9d+8d

图 3-25　加密区钢筋三维图及计算公式

表 3-5　KZ1 首层钢筋算量与翻样表

筋号	级别	直径	钢筋图形	计算公式	根数	总根数	单长/m	总长/m	总重/kg
KZ1 首层钢筋翻样							钢筋总重：194.553kg		
构件位置：<1，A>									
B 边纵筋 1	Φ	22	2967	$3300-1603$ $+\max(2500/6,$ $500,500)+1\times$ $\max(35d,500)$	2	2	2.967	5.934	17.683
B 边纵筋 2	Φ	22	2967	$3300-833+$ $\max(2500/6,$ $500,500)$	2	2	2.967	5.934	17.683
H 边纵筋 1	Φ	22	2967	$3300-1603+$ $\max(2500/6,$ $500,500)+$ $1\times\max(35d,500)$	2	2	2.967	5.934	17.683
H 边纵筋 2	Φ	22	2967	$3300-833+$ $\max(2500/6,$ $500,500)$	2	2	2.967	5.934	17.683
角筋 1	Φ	22	2967	$3300-833+$ $\max(2500/6,$ $500,500)$	2	2	2.967	5.934	17.683
角筋 2	Φ	22	2967	$3300-1603+$ $\max(2500/6,$ $500,500)+1\times\max$ $(35d,500)$	2	2	2.967	5.934	17.683
箍筋 1	Φ	10	440 440	$2\times(500-$ $2\times30)+(500-$ $2\times30)+2\times$ $11.9d+8d$	28	28	2.078	58.184	35.9
箍筋 2	Φ	10	440 161	$2\times[(500-$ $2\times30-22)/3\times1$ $+22)+(500-$ $2\times30)]+2\times$ $11.9d+8d$	56	56	1.521	85.176	52.554

【例3-10】题干同【例3-8】，柱地上部分保护层厚度为30mm，与KZ1相交的两道屋面梁尺寸为250mm×900mm。试计算KZ1屋面层的钢筋量，并进行钢筋翻样。

【解】屋面直锚筋三维图及计算公式（一）如图3-26所示。

(900−30)

2870
层高−本层的露出长度−节点高+节点高−保护层
3400−500−900+900−30

图3-26　屋面直锚筋三维图及计算公式（一）

屋面直锚筋三维图及计算公式（二）如图3-27所示。

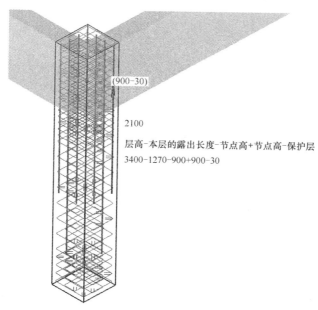

(900−30)

2100
层高−本层的露出长度−节点高+节点高−保护层
3400−1270−900+900−30

图3-27　屋面直锚筋三维图及计算公式（二）

屋面箍筋三维图及计算公式如图3-28所示。

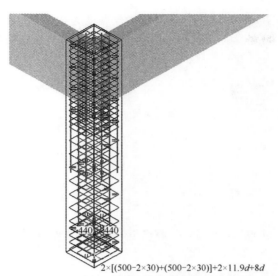

2×[(500-2×30)+(500-2×30)]+2×11.9d+8d

图 3-28　屋面箍筋三维图及计算公式

KZ1 屋面层钢筋算量与翻样见表 3-6。

表 3-6　KZ1 屋面层钢筋算量与翻样表

KZ1 首层钢筋翻样							钢筋总重：194.553kg		
筋号	级别	直径	钢筋图形	计算公式	根数	总根数	单长/m	总长/m	总重/kg
构件位置：<1，A>									
B 边纵筋 1	Φ	22	2100	3400-1270-900+900-30	2	2	2.1	4.2	12.516
B 边纵筋 2	Φ	22	2870	3400-500-900+900-30	2	2	2.87	5.74	17.105
H 边纵筋 1	Φ	22	2100	3400-1270-900+900-30	2	2	2.1	4.2	12.516
H 边纵筋 2	Φ	22	2870	3400-500-900+900-30	2	2	2.87	5.74	17.105
角筋 1	Φ	22	2870	3400-500-900+900-30	2	2	2.87	5.74	17.105
角筋 2	Φ	22	2100	3400-1270-900+900-30	2	2	2.1	4.2	12.516
箍筋 1	Φ	10	440 440	2×(500-2×30)+(500-2×30)+2×11.9d+8d	28	28	2.078	58.184	35.9
箍筋 2	Φ	10	440 161	2×[(500-2×30-22)/3×1+22]+(500-2×30)+2×11.9d+8d	56	56	1.521	85.176	52.554

【例 3-11】题干同【例题 3-8】，柱地上部分保护层厚度为 30mm，与 KZ1 相交的两道屋面梁尺寸为 250mm×900mm。试计算 KZ1 首层的钢筋量，并进行钢筋翻样。

【解】弯锚钢筋三维图及计算公式（一）如图 3-29 所示。

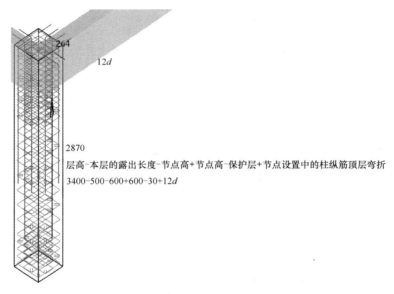

264

12d

2870
层高-本层的露出长度-节点高+节点高-保护层+节点设置中的柱纵筋顶层弯折
3400-500-600+600-30+12d

图 3-29 弯锚钢筋三维图及计算公式（一）

弯锚钢筋三维图及计算公式（二）如图 3-30 所示。

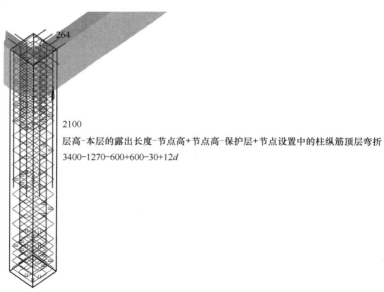

264

2100
层高-本层的露出长度-节点高+节点高-保护层+节点设置中的柱纵筋顶层弯折
3400-1270-600+600-30+12d

图 3-30 弯锚钢筋三维图及计算公式（二）

屋面箍筋三维图及计算公式如图 3-31 所示。

KZ1 首层钢筋算量与翻样见表 3-7。

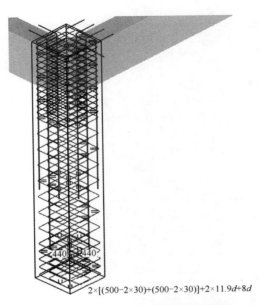

$2 \times [(500-2 \times 30)+(500-2 \times 30)]+2 \times 11.9d+8d$

图 3-31　屋面箍筋三维图及计算公式

表 3-7　KZ1 首层钢筋算量与翻样表

KZ1 钢筋翻样							钢筋总重：180.439kg		
筋号	级别	直径	钢筋图形	计算公式	根数	总根数	单长/m	总长/m	总重/kg
构件位置：<1，A>									
B 边纵筋 1	⏀	22	264 ⌐ 2100	$3400-1270-600+600-30+12d$	2	2	2.364	4.728	14.089
B 边纵筋 2	⏀	22	264 ⌐ 2870	$3400-500-600+600-30+12d$	2	2	3.134	6.268	18.679
H 边纵筋 1	⏀	22	264 ⌐ 2100	$3400-1270-600+600-30+12d$	2	2	2.364	4.728	14.089
H 边纵筋 2	⏀	22	264 ⌐ 2870	$3400-500-600+600-30+12d$	2	2	3.134	6.268	18.679
角筋 1	⏀	22	264 ⌐ 2870	$3400-500-600+600-30+12d$	2	2	3.134	6.268	18.679

KZ1 钢筋翻样							钢筋总重：180.439kg		
筋号	级别	直径	钢筋图形	计算公式	根数	总根数	单长/m	总长/m	总重/kg
角筋 2	⊕	22	264 ⌐ 2100	$3400-1270-600+600-30+12d$	2	2	2.364	4.728	14.089
箍筋 1	Φ	10	440 440	$2\times(500-2\times30)+(500-2\times30)+2\times11.9d+8d$	26	26	2.078	54.028	33.335
箍筋 2	Φ	10	440 161	$2\times[(500-2\times30-22)/3\times1+22]+(500-2\times30)+2\times11.9d+8d$	52	52	1.521	79.092	48.8

第四章
梁构件平法识图与钢筋算量

第一节　梁构件平法施工图识图规则

过梁及构造柱第一集

一、平面注写方式

梁的平面注写方式，是指在梁平面布置图上，分别在不同编号的梁中各选一根，在其上注写截面尺寸和配筋具体数值来表达梁平法施工图的方式。

扫码观看本视频

梁平面注写方式包括集中标注和原位标注两部分内容。集中标注表达梁的通用数值，如断面尺寸、箍筋配置、梁上部贯通钢筋等；当集中标注的数值不适用于梁的某个部位时，采用原位标注，原位标注表达梁的特殊数值，如梁在某一跨改变的梁断面尺寸、该处的梁底配筋或增设的钢筋等。在施工时，原位标注取值优先于集中标注。

1. 梁的集中标注

在梁的集中标注内容中，有五项必注值和一项选注值。

（1）梁的编号，该项为必注值。

梁的编号由梁类型代号、序号、跨数及有无悬挑代号等组成，具体见表 4-1。

表 4-1　梁编号

梁类型	代号	序号	跨数及是否带有悬挑
楼层框架梁	KL	××	（××）、（××A）或（××B）
楼层框架扁梁	KBL	××	（××）、（××A）或（××B）
屋面框架梁	WKL	××	（××）、（××A）或（××B）
框支梁	KZL	××	（××）、（××A）或（××B）
托柱转换梁	TZL	××	（××）、（××A）或（××B）
非框支梁	L	××	（××）、（××A）或（××B）
悬挑梁	XL	××	（××）、（××A）或（××B）
井字梁	JZL	××	（××）、（××A）或（××B）

注：1. （××A）为一端有悬挑，（××B）为两端有悬挑，悬挑不计入跨数。

　　2. 楼层框架扁梁节点核心区代号 KBL。

　　3. 当非框架梁 L、井字梁 JZL 端支座上部纵筋为充分利用钢筋的抗拉强度时，在梁代号后加"g"。

119

例如，KL7（5A）表示第 7 号框架梁，5 跨，一端有悬挑；L9（7B）表示第 9 号梁，7 跨，两端有悬挑。

（2）梁断面尺寸，该项为必注值。

1）当为等断面梁时，用 $b \times h$ 表示。

2）当为竖向加腋梁时，用 $b \times h$ GY$c_1 \times c_2$ 表示，其中，Y 是加腋的标志，c_1 是腋长，c_2 是腋高，具体如图 4-1 所示。

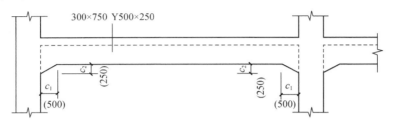

图 4-1　竖向加腋梁截面注写示意图

3）当为水平加腋梁时，一侧加腋时用 $b \times h$ PY$c_1 \times c_2$ 表示，其中 Y 是加腋的标志，c_1 是腋长，c_2 是腋高，加腋部位在平面图中绘制，如图 4-2 所示。

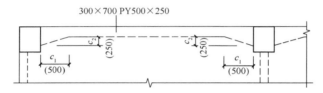

图 4-2　水平加腋梁截面注写示意图

4）当有悬挑梁且根部和端部断面高度不同时，用斜线 "/" 分隔根部与端部的高度值，即为 $b \times h_1/h_2$，其中，b 为梁宽，h_1 指梁根部的高度，h_2 指梁端部的高度，如图 4-3 所示。

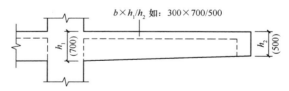

图 4-3　悬挑梁不等高断面尺寸注写示意图

（3）梁箍筋，包括钢筋级别、直径、加密区与非加密区间距与肢数，该项为必注值。

1）箍筋加密区与非加密区的不同间距与肢数用斜线 "/" 分隔。

2）当梁箍筋为同一种间距及肢数时，则不需用斜线。

3）当加密区与非加密区的箍筋肢数相同时，则将肢数注写一次。加密区的长度范围则根据梁的抗震等级见相应的标准构造详图。

4）箍筋肢数注写在括号内。

例如Φ 10@100/200（4），表示箍筋为 HPB300 级钢，直径为 10mm，加密区间距为100mm，非加密区间距为 200mm，均为四肢箍。

（4）梁上部通长钢筋或架立筋配置，该项为必注值。

1）梁上部通长筋可为相同或不同直径采用搭接连接、机械连接或焊接的钢筋。所标注的规格与根数应根据结构受力的要求及箍筋肢数等构造要求而定。当同排纵筋中既有通长筋又有架立筋时，应用加号（"＋"）将通长筋和架立筋相连。注写时需将角部纵筋写在加号的前面，架立筋写在加号后面的括号内，以示不同直径及与通长钢筋的区别。当全部是架立筋时，则将其写在括号内。例如 2Φ22 用于双肢箍；2Φ22＋（4Φ12）用于六肢箍，其中 2Φ22 为通长筋，4Φ12 为架立筋。

2）如果梁的上部纵筋和下部纵筋均为贯通筋，且多数跨相同时，也可将梁上部和下部贯通筋同时注写，中间用"；"分隔。例如"3Φ22；3Φ20"，表示梁上部配置 3Φ22 通长钢筋，梁的下部配置 3Φ20 通长钢筋。

（5）梁侧面纵向构造钢筋或受扭钢筋的配置，该项为必注值。

1）当梁腹板高度 $h_w \geqslant 450$mm 时，需配置梁侧纵向构造钢筋，其数量及规格应符合规范要求。注写此项时以大写字母 G 打头，接续注写设置在梁两个侧面的总配筋值，且对称配置。例如 G4Φ12，表示梁的两个侧面共配置 4Φ12 的纵向构造钢筋，每侧配置 2Φ12。

2）当梁侧面需要配置受扭纵向钢筋时，注写此项时以大写字母 N 打头，接续注写设置在梁两个侧面的总配筋值，且对称配置。受扭纵向钢筋应满足侧面纵向构造钢筋的间距要求，且不再重复配置纵向构造钢筋。例如 N6Φ22，表示梁的两个侧面共配置 6Φ22 的受扭纵向钢筋，每侧配置 3Φ22。

（6）梁顶面标高差，该项为选注项。

梁顶面标高差，是指梁顶面相对于结构层楼面标高的差值，用括号括起。当梁顶面高于楼面结构标高时，其标高高差为正值，反之为负值。如果二者没有高差，则没有此项。例如，某结构标准层的楼面标高为 44.950m 和 48.250m，当某梁的梁顶面标高注写为（－0.050）时，即表明该梁的顶面标高分别相对于 44.950m 和 48.250m 低 0.050m。

2. 梁的原位标注

梁的原位标注中，应注写下列内容。

（1）梁支座上部纵筋的数量、级别和规格，其中包括上部贯通钢筋，写在梁的上方，并靠近支座。

当上部纵筋多于一排时，用"/"将各排纵筋分开。例如 6Φ25 4/2，表示上排纵筋为 4Φ25，下排纵筋为 2Φ25。

当同排纵筋有两种直径时，用"＋"将两种直径的纵筋连在一起，注写时将角部纵筋写在前面。例如支座上部有四根纵筋，2Φ25 放在角部，2Φ22 放在中部，则应注写为 2Φ25＋2Φ22。

当梁中间支座两边的上部钢筋不同时，需在支座两边分别注写；当梁中间支座两边的上部钢筋相同时，可仅在支座的一边标注配筋值，另一边省去不注，如图 4-4 所示。

设计时，应注意以下两点。

1）对于支座两边不同配筋的上部钢筋，宜尽可能选用相同直径（不同根数），使其贯穿支座，避免支座两边不同直径的上部纵筋均在支座内锚固。

2）对于以边柱、角柱为端支座的屋面框架梁，当能够满足配筋截面面积要求时，其梁的上部钢筋应尽可能只配置一层，以避免梁柱纵筋在柱顶处因分层数过多、密度过大导致不方便施工和影响混凝土浇筑质量。

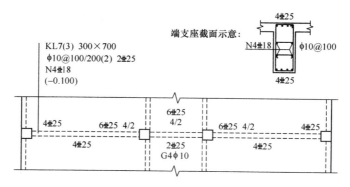

图 4-4　大小跨梁的注写示意图

（2）梁的下部纵筋的数量、级别和规格，写在梁的下方，并靠近跨中处。

1）当下部纵筋多于一排时，用"/"将各排纵筋分开。例如 6 Φ 25 2/4，表示上排纵筋为 2 Φ 25，下排纵筋为 4 Φ 25。

2）当同排纵筋有两种直径时，用"+"将两种直径的纵筋连在一起，注写时将角部纵筋写在前面。例如梁下部有四根纵筋，2 Φ 25 放在角部，2 Φ 22 放在中部，则应注写为 2 Φ 25＋2 Φ 22。

3）当梁下部纵筋不全部伸入支座时，将梁支座下部纵筋减少的数量写在括号内。

4）如果梁的集中标注中已经注写了梁上部和下部均为通长钢筋的数值时，则不在梁下部重复注写原位标注。

5）当梁设置竖向加腋时，加腋部位下部纵筋应在支座下部以 Y 打头注写在括号内，如图 4-5 所示。

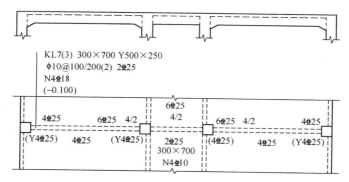

图 4-5　梁加腋平面注写方式表达示例

当梁设置水平加腋时，水平加腋内上、下部斜纵筋应在加腋支座上部以 Y 打头注写在括号内，上、下部斜纵筋之间用"/"分隔，如图 4-6 所示。

（3）附加箍筋或吊筋。

在主次梁交接处，可将附加箍筋或吊筋直接画在平面图中的主梁上，并引注总配筋值，如图 4-7 所示。

当多数附加箍筋或吊筋相同时，可在梁平法施工图上统一注明，少数与统一注明值不同时，再原位引注。

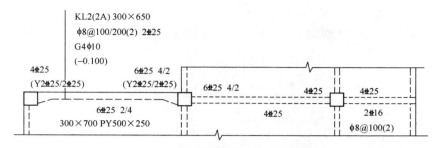

图 4-6　梁水平加腋平面注写方式表达示例

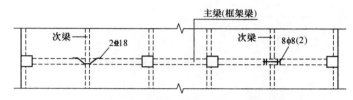

图 4-7　附加箍筋或吊筋画法示例

3. 框架扁梁的平面注写方式

框架扁梁的注写规则与框架梁相同，只是对于上部纵筋和下部纵筋，还需注明未穿过柱截面的纵向受拉钢筋根数，如图 4-8 所示。

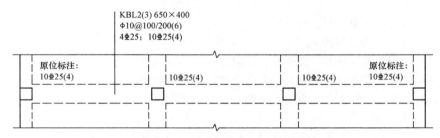

图 4-8　框架扁梁的平面注写方式

框架扁梁节点核心区代号为 KBH，包括柱内核心区和柱外核心区两部分。框架扁梁节点核心区钢筋注写包括柱外核心区竖向拉筋及节点核心区附加纵向钢筋，端支座节点核心区尚需注写附加 U 形箍筋。

柱内核心区箍筋见框架柱箍筋。柱外核心区竖向拉筋，注写其钢筋级别及直径；端支座柱外核心区尚需注写附加 U 形箍筋的钢筋级别、直径及钢筋根数。

框架扁梁节点核心区附加纵向钢筋以大写字母"F"打头，注写其设置方向（X 向或 Y 向）、层数、每层的钢筋根数、钢筋级别、直径及未穿过柱截面的纵向受拉钢筋根数。

例如，KBH1　ϕ10，F　$X\&Y$　2$\underline{\Phi}$14（4），表示框架扁梁中间支座节点核心区；柱外核心区竖向拉筋ϕ10；沿梁 X 向（Y 向）配置两层 7$\underline{\Phi}$14 附加纵向钢筋，每层有 4 根纵向受力钢筋未穿过柱截面，柱两侧各 2 根，附加纵向钢筋沿高度范围均匀布置，如图 4-9（a）所示。

KBH2　ϕ10，4ϕ10，F　X　2×7$\underline{\Phi}$14（4），表示框架扁梁端支座节点核心区；柱

外核心区竖向拉筋Φ 10；附加 U 形箍筋共 4 道，柱两侧各 2 道；沿框架扁梁 X 向配置 7 Φ
14 附加纵向钢筋，有 4 根纵向受力钢筋未穿过柱截面，柱两侧各 2 根；附加纵向钢筋沿高
度范围均匀布置，如图 4-9（b）所示。

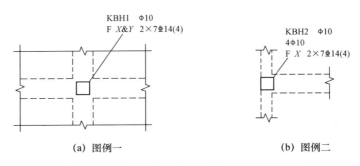

(a) 图例一　　　　　　　　　　　　　(b) 图例二

图 4-9　框架扁梁节点核心区附加箍筋注写示意图

设计、施工时应注意以下几点。

（1）柱外核心区竖向拉筋在梁纵向钢筋两向交叉位置均布置，当布置方式与图集要求
不一致时，设计应另行绘制详图。

（2）框架扁梁端支座节点，柱外核心区设置 U 形箍筋及竖向拉筋时，在 U 形箍筋与
位于柱外的梁纵向钢筋交叉位置均布置竖向拉筋。当布置方式与图集要求不一致时，设计
应另行绘制详图。

（3）附加纵向钢筋应与竖向拉筋相互绑扎。

4. 井字梁的平面注写方式

井字梁通常由两向非框架梁构成，并以框架梁为支座或以专门设置的非框架大梁为支
座。为明确区分井字梁与框架梁或作为井字梁支座的其他类型，在梁平法施工图中，井字
梁用单粗虚线表示，作为井字支座的框架梁或其他大梁仍采用双细实线表示（当梁顶面高
出板面时可用双细实线表示）。

16G101-1 图集中所规定的井字梁，是指在同一矩形平面内相互正交所组成的结构构
件，井字梁所分布的范围称为"矩形平面网格区域"（简称"网格区域"）。当在结构平面
布置中仅有由四根框架梁框起的一片网格区域时，所有在该区域相互正交的井字梁均为单
跨；当有多片网格区域相连时，贯通多片网格区域的井字梁为多跨，且相邻两片网格区域
分界处即为该井字梁的中间支座。对某根井字梁编号时，其跨数为其总支座数减 1；在该
梁的任意两个支座之间，无论有几根同类梁与其相交，均不作为支座，如图 4-10 所示。

井字梁的注写规则与其他类型的梁相同，除此之外，设计者还应注明纵横两个方向梁
相交处同一层面钢筋的上下交错关系（指梁上部与下部的同层面交错钢筋何梁在上，何梁
在下），以及在该相交处两方向梁箍筋的布置要求。

井字梁的端部支座和中间支座上部纵筋的伸出长度 a_0 值，应由设计者在原位加注具体
数值予以注明。

当采用平面注写方式时，则在原位标注的支座上部纵筋后面括号内加注具体伸出长度
值，如图 4-11 所示。

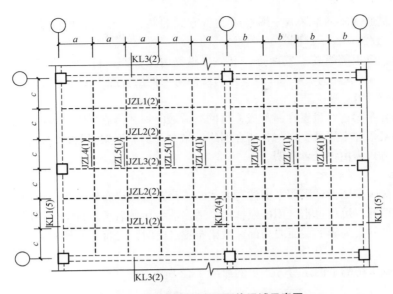

图 4-10　井字梁矩形平面网格区域示意图

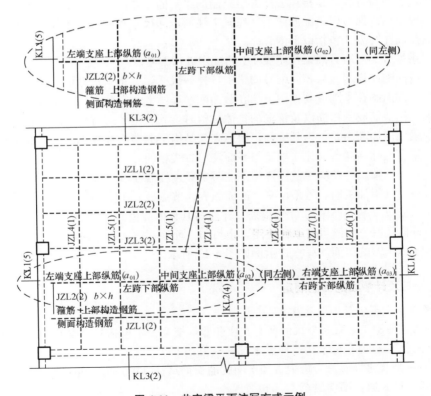

图 4-11　井字梁平面注写方式示例

注：本图仅示意井字梁的注写方法，未注明截面几何尺寸 $b \times h$、支座上部纵筋伸出长度 $a_{01} \sim a_{03}$ 以及纵筋与箍筋的具体数值。

例如，贯通两片网格区域采用平面注写方式的某井字梁，其中间支座上部纵筋注写为：6Φ25   4/2 (3200/2400)。

表示该位置上部纵筋设置两排，上一排纵筋为 4Φ25，自支座边缘向跨内伸出长度 3200mm；下一排纵筋为 2Φ25，自支座边缘向跨内伸出长度为 2400mm。

设计时应注意以下几点。

（1）当井字梁连续设置在两片或多排网络区域时，才具有井字梁中间支座。

（2）当某根井字梁端支座与其所在网络区域之外的非框架梁相连时，该位置上部钢筋的连续布置方式需由设计者注明。

5. 其他

当梁平法施工图设计采用平面注写方式时，局部区域梁布置若是过密可能会出现注写空间不足的情况，可将过密区用虚线框出，适当放大比例后再进行平面注写。

当某部位的梁为异形截面或局部区域梁布置过密时，可将平面注写方式与截面注写方式结合使用。

梁平法施工图的平面注写方式示例如图 4-12 所示。

二、截面注写方式

梁的截面注写方式，是指在分标准层绘制的梁平面布置图上，分别在不同编号的梁中各选择一根梁用剖面号引出配筋图，并在其上注写截面尺寸和配筋具体数值的方式。

梁的截面注写方式包括以下内容。

（1）梁编号。对所有的梁按照表 4-1 的规定进行编号。

（2）截面配筋详图。从相同编号的梁中选择一根梁，先将单边截面号画在该梁上，再将截面配筋详图画在本图或其他图上。在截面配筋详图上注写截面尺寸 $b \times h$、上部筋、下部筋、侧面构造筋或受扭筋以及箍筋的具体数值时，其表达形式与平面注写方式相同。

（3）梁顶面标高高差。当某梁的顶面标高与结构层的楼面标高不同时，尚应继其梁编号后注写梁顶面标高高差（注写规定与平面注写方式相同）。

（4）对于框架扁梁还应在截面详图中注写未穿过柱截面的纵向受力筋根数。对于框架扁梁节点核心区附加钢筋，需采用平、剖面图表达节点核心区附加纵向钢筋、柱外核心区全部竖向拉筋以及端支座附加 U 形箍筋，并注写其具体数值。

（5）截面注写方式既可以单独使用，也可与平面注写方式结合使用。

梁平法施工图的截面注写方式示例如图 4-13 所示。

三、平法设计中梁的其他规定

1. 梁支座上部纵筋的长度规定

（1）为方便施工，凡框架梁的所有支座和非框架梁（不包括井字梁）的中间支座上部纵筋的伸出长度 a_0 值在标准构造详图中统一取值如下。

1）第一排非通长筋及与跨中直径不同的通长筋从柱（梁）边起伸出至 $l_n/3$ 位置。

2）第二排非通长筋伸出至 $l_n/4$ 位置。

l_n 的取值规定如下。

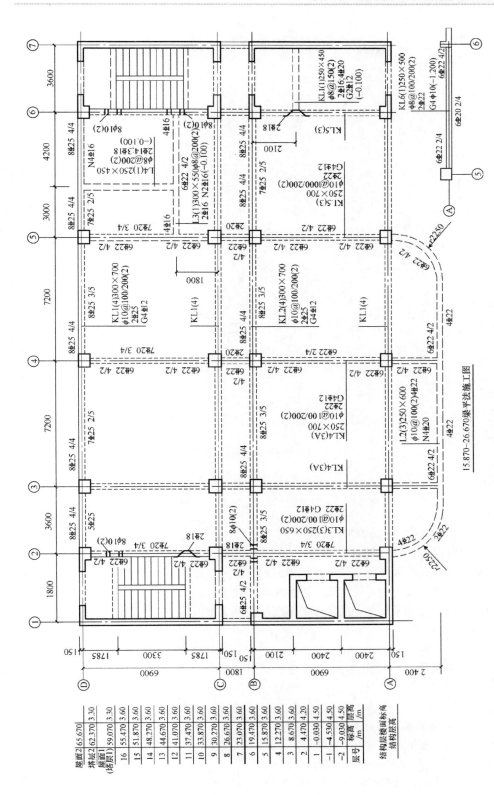

图 4-12 梁平法施工图平面注写方式示例

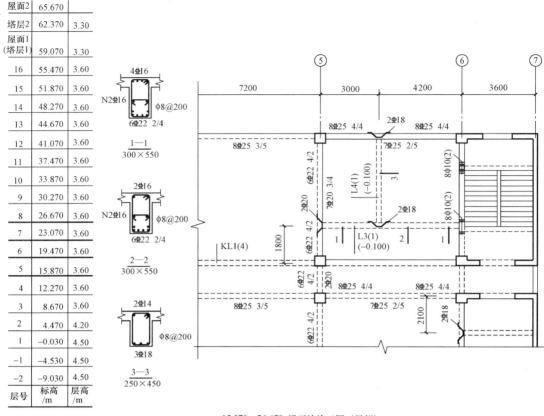

层号	标高/m	层高/m
屋面2	65.670	
塔层2	62.370	3.30
屋面1(塔层1)	59.070	3.30
16	55.470	3.60
15	51.870	3.60
14	48.270	3.60
13	44.670	3.60
12	41.070	3.60
11	37.470	3.60
10	33.870	3.60
9	30.270	3.60
8	26.670	3.60
7	23.070	3.60
6	19.470	3.60
5	15.870	3.60
4	12.270	3.60
3	8.670	3.60
2	4.470	4.20
1	-0.030	4.50
-1	-4.530	4.50
-2	-9.030	4.50

结构层楼面标高
结构层高

15.870~26.670 梁平法施工图（局部）

图 4-13　梁平法施工图截面注写方式示例

1）对于端支座，l_n 为本跨的净跨值。

2）对于中间支座，l_n 为支座两边较大一跨的净跨值。

（2）悬挑梁（包括其他类型梁的悬挑部分）上部第一排纵筋伸出至梁端头并下弯，第二排伸出至 $3l/4$ 位置，l 为自柱（梁）边算起的悬挑净长。

当具体工程需要将悬挑梁中的部分上部钢筋从悬挑梁根部开始斜向弯下时，应由设计者另加注明。

（3）设计者在执行（1）（2）中关于梁支座端上部纵筋伸出长度的统一取值规定时，特别是在大小跨相邻和端跨外为长悬臂的情况下，还应注意按《混凝土结构设计规范（2015 版）》（GB 50010—2010）的相关规定进行校核，若不满足时应根据规范规定进行变更。

2. 不伸入支座的梁下部纵筋长度规定

（1）当梁（不包括框支梁）下部纵筋不全部伸入支座时，不伸入支座的梁下部纵筋截断点距支座边的距离，在标准构造详图中统一取为 $0.1l_{ni}$（l_{ni} 为本跨梁的净跨值）。

（2）当按上述（1）确定不伸入支座的梁下部纵筋的数量时，应符合《混凝土结构设计规范（2015 版）》（GB 50010—2010）的有关规定。

3. 其他

（1）非框架梁、井字梁的上部纵向钢筋在端支座的锚固要求如下。

1）当设计按铰接时（代号 L、JZL），平直段伸至端支座对边后弯折，且平直段长度不小于 $0.35l_{ab}$，弯折段投影长度 15d（d 为纵向钢筋直径）。

2）当充分利用钢筋的抗拉强度时（代号 L、JZL），平直段伸至端支座对边后弯折，且平直段长度不小于 $0.6l_{ab}$，弯折段长 15d。

（2）在 16G101‑1 图集中的构造详图中规定，非框架梁的下部纵向钢筋在中间支座和端支座的锚固长度对于带肋钢筋为 12d，对于光面钢筋为 15d（d 为纵向钢筋直径）。

（3）当计算中需要充分利用下部纵向钢筋的抗压强度或抗拉强度，或具体工程有特殊要求时，其锚固长度应由设计者按照《混凝土结构设计规范（2015 版）》（GB 50010—2010）的相关规定进行变更。

（4）当非框架梁配有受扭纵向钢筋时，梁纵筋锚入支座的长度为 I_a，在端支座直锚长度不足时可伸至端支座对边后弯折，且平直段长度不小于 $0.6I_{ab}$，弯折段长度 15d。设计者应在图中注明。

（5）当梁纵筋兼做温度应力钢筋时，其锚入支座的长度由设计确定。

（6）当两楼层之间设有层间梁时（如结构夹层位置处的梁），应将设置该部分梁的区域划出另行绘制梁结构布置图，然后在其上表达梁平法施工图。

第二节　梁构件平法识图

一、梁构件平法施工图的内容

梁平法施工图主要包括以下内容。

（1）图名和比例。梁平法施工图的比例和建筑平面图相同。

（2）定位轴线、编号和间距尺寸。

（3）梁的编号、平面布置。

（4）每一种编号梁的截面尺寸、配筋情况和标高。

（5）必要的设计详图和说明。

过梁及构造柱第二集

扫码观看本视频

二、梁构件平法识图步骤

梁构件平法识图步骤如下。

（1）查看图名和比例。

（2）校核轴线编号及其间距尺寸，要求必须与建筑图等保持一致。

（3）与建筑图配合，明确梁的编号、数量和布置。

（4）阅读结构设计总说明或有关说明，明确梁的混凝土强度等级及其他要求。

（5）根据梁的编号，查阅图中平面标注或截面标注，明确梁的截面尺寸、配筋和标高。再根据抗震等级、设计要求和标准构造详图确定纵向钢筋、箍筋和吊筋的构造要求（例如纵向钢筋的锚固长度、切断位置、弯折要求、连接方式和搭接长度，箍筋加密区的范围，附加箍筋、吊筋的构造等）。

（6）其他有关的要求。

需要强调的是，应注意主、次梁交汇处钢筋的高低位置要求。

三、梁构件相关构造识图

1. 抗震楼层框架梁 KL 纵向钢筋构造

（1）抗震楼层框架梁 KL 纵向钢筋构造如图 4-14 所示。

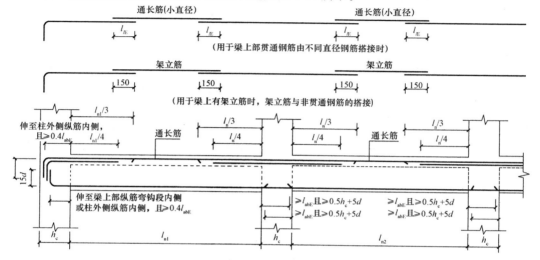

图 4-14　楼层框架梁纵向钢筋构造

注：1. 跨度值 l_n 为左跨 l_{ni} 和右跨 l_{ni+1} 之较大值，其中 $i=1$，2，3···。

  2. 图中 h_c 为柱截面沿框架方向的高度。

  3. 梁上部通长钢筋与非贯通钢筋直径相同时，连接位置宜位于跨中 $l_{ni}/3$ 范围内；梁下部钢筋连接位置宜位于支座 $l_{ni}/3$ 范围内；且在同一连接区段内钢筋接头面积百分率不宜大于 50%。

  4. 当上柱截面尺寸小于下柱截面尺寸时，梁上部钢筋的锚固长度起算位置应为上柱内边缘，梁下纵筋的锚固长度起算位置为下柱内边缘。

（2）端支座加锚头（锚板）锚固如图 4-15 所示，端支座直锚如图 4-16 所示。

（3）中间层中间节点梁下部筋在节点外搭接如图 4-17 所示。梁下部钢筋不能在柱内锚固时，可在节点外搭接。相邻跨钢筋直径不同时，搭接位置位于较小直径一跨。

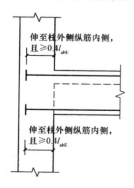

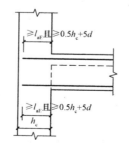

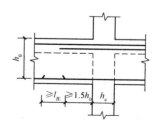

图 4-15　端支座加锚头（锚板）锚固　　**图 4-16　端支座直锚**　　**图 4-17　中间层中间节点梁下部筋在节点外搭接**

2. 屋面框架梁 WKL 纵向钢筋构造

（1）屋面框架梁 WKL 纵向钢筋构造如图 4-18 所示。

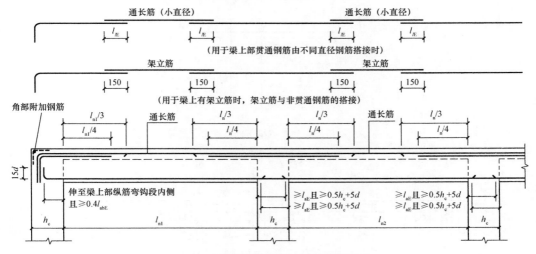

图 4-18　屋面框架梁 WKL 纵向钢筋构造

注：1. 跨度值 l_n 为左跨 l_{ni} 和右跨 l_{ni+1} 之较大值，其中 $i=1，2，3\cdots$。
　　2. 图中 h_c 为柱截面沿框架方向的高度。
　　3. 梁上部通长钢筋与非贯通钢筋直径相同时，连接位置宜位于跨中 $l_{ni}/3$ 范围内；梁下部钢筋连接位置宜位于支座 $l_{ni}/3$ 范围内；且在同一连接区段内钢筋接头面积百分率不宜大于 50%。

（2）顶层端节点梁下部钢筋端头加锚头（锚板）锚固如图 4-19 所示，顶层端支座梁下部钢筋直锚如图 4-20 所示。

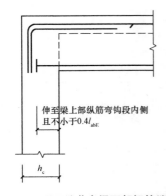

图 4-19　顶层端节点梁下部钢筋端头
加锚头（锚板）锚固

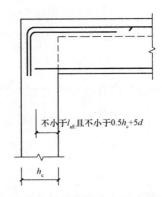

图 4-20　顶层端支座梁下部钢筋直锚

（3）顶层中间节点梁下部筋在节点外搭接如图 4-21 所示。梁下部钢筋不能在柱内锚固时，可在节点外搭接。相邻跨钢筋直径不同时，搭接位置位于较小直径一跨。

3. 框架梁水平、竖向加腋构造

（1）框架梁水平加腋构造如图 4-22 所示。

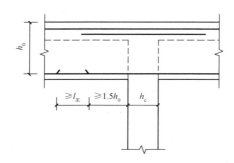

图 4-21　顶层中间节点梁下部筋在节点外搭接

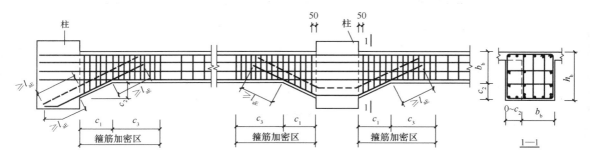

图 4-22　框架梁水平加腋构造

注：1. 抗震等级为一级时，$c_3 \geqslant 2.0h_b$ 且 $\geqslant 500mm$；抗震等级为二～四级时，$c_3 \geqslant 1.5h_b$ 且 $\geqslant 500mm$。

　　2. 当梁结构平法施工图中水平加腋部位的配筋设计未给出时，其梁腋上下部斜纵筋（仅设置第一排）直径分别同梁内上、下纵筋，水平间距不宜大于 200mm；水平加腋部位侧面纵向构造筋的设置及构造要求同梁内侧面纵向构造钢筋。

　　3. 加腋部位箍筋规格及肢距与梁端部的箍筋相同。

（2）框架梁竖向加腋构造如图 4-23 所示。

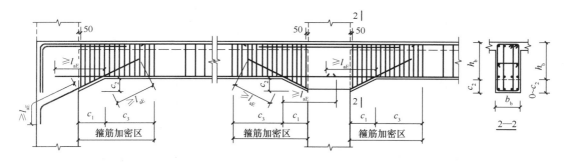

图 4-23　框架梁竖向加腋构造

注：1. 抗震等级为一级时，$c_3 \geqslant 2.0h_b$ 且 $\geqslant 500mm$；抗震等级为二～四级时，$c_3 \geqslant 1.5h_b$ 且 $\geqslant 500mm$。

　　2. 本图中框架梁竖向加腋构造适用于加腋部分参与框架梁计算，配筋由设计标注；其他情况设计应另行给出做法。

　　3. 加腋部位箍筋规格及肢距与梁端部的箍筋相同。

4. KL、WKL 中间支座纵向钢筋构造

（1）KL 中间支座纵向钢筋构造如图 4-24 所示。

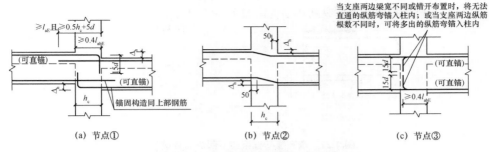

图 4-24　KL 中间支座纵向钢筋构造

注：1. 对于节点①，$\Delta h/(h_c-50)>1/6$ 时；对于节点②，$\Delta h/(h_c-50)\leqslant1/6$ 时，纵筋连续布置。

　　2. 图中标注直锚的钢筋，当支座宽度满足直锚要求时可直锚。

（2）WKL 中间支座纵向钢筋构造如图 4-25 所示。

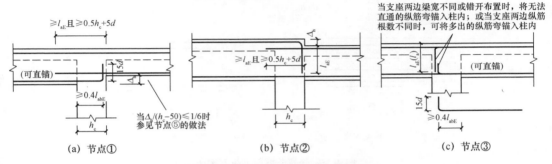

图 4-25　WKL 中间支座纵向钢筋构造

注：图中标注直锚的钢筋，当支座宽度满足直锚要求时可直锚。

5. 非框架梁 L 配筋构造
（1）非框架梁 L 配筋构造如图 4-26 所示。

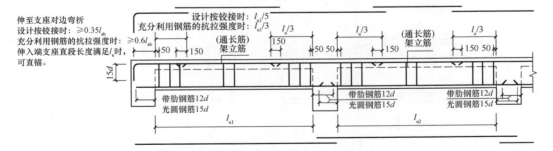

图 4-26　非框架梁 L 配筋构造

注：1. 跨度值 l_n 为左跨 l_{ni} 和右跨 l_{ni+1} 之较大值，其中 $i=1$，2，3…。

　　2. 当梁上部有通长钢筋时，连接位置宜位于跨中 $l_{ni}/3$ 范围内；梁下部钢筋连接位置宜位于支座 $l_{ni}/4$ 范围内；且在同一连接区段内钢筋接头面积百分率不宜大于 50%。

　　3. 图中"设计按铰接时"用于代号为 L 的非框架梁，"充分利用钢筋的抗拉强度时"用于代号为 Lg 的非框架梁。

　　4. 弧形非框架梁的箍筋间距沿梁凸面线度量。

（2）端支座非框架梁下部纵筋弯锚构造如图 4-27 所示。

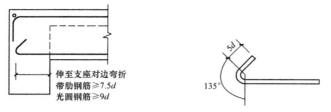

图 4-27 端支座非框架梁下部纵筋弯锚构造

注：用于下部纵筋伸入边支座长度不满足直锚 12d（15d）要求时。

（3）受扭非框架梁纵筋构造如图 4-28 所示。

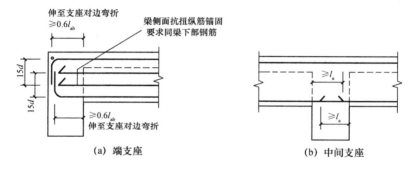

（a）端支座　　　　　　　　　　（b）中间支座

图 4-28 受扭非框架梁纵筋构造

注：1. 纵筋伸入端支座直段长度满足 l_n 时可直锚。

2. 图中"受扭非框架梁纵筋构造"用于梁侧配有受扭钢筋时，当梁侧未配受扭钢筋的非框架梁需采用此构造时，设计应明确指定。

（4）非框架梁 L 中间支座纵向钢筋构造如图 4-29 所示。

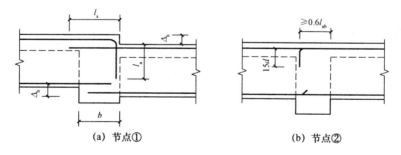

（a）节点①　　　　　　　　　　（b）节点②

图 4-29 非框架梁 L 中间支座纵向钢筋构造

注：1. 节点①，支座两边纵筋互锚。

2. 节点②，当支座两边梁宽不同或错开布置时，将无法直通的纵筋弯锚入梁内，或当支座两边纵筋根数不同时，可将多出的纵筋弯锚入梁内。

6. 梁的箍筋构造

（1）框架梁（KL、WKL）箍筋加密区范围如图 4-30、图 4-31 所示。

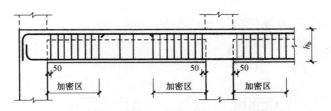

图 4-30　框架梁（KL、WKL）箍筋加密区范围（一）

注：1. 加密区：抗震等级为一级时，$\geq 2.0h_b$且≥ 500mm；抗震等级为二～四级时，$\geq 1.5h_b$且≥ 500mm。
　　2. 弧形梁沿梁中心线展开，箍筋间距沿凸面线量度。h_b为梁截面高度。

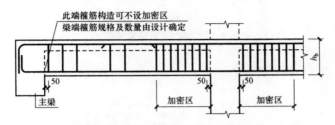

图 4-31　框架梁（KL、WKL）箍筋加密区范围（二）

注：1. 加密区：抗震等级为一级时，$\geq 2.0h_b$且≥ 500mm；抗震等级为二～四级时，$\geq 1.5h_b$且≥ 500mm。
　　2. 弧形梁沿梁中心线展开，箍筋间距沿凸面线量度。h_b为梁截面高度。

（2）附加箍筋范围如图 4-32 所示。

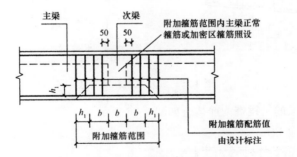

图 4-32　附加箍筋范围

（3）附加吊筋如图 4-33 所示。

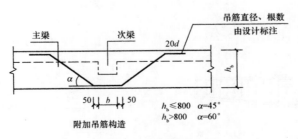

图 4-33　附加吊筋

（4）主次梁斜交箍筋构造如图 4-34 所示。

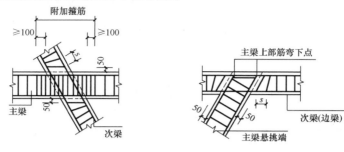

注：s 为次梁中箍筋间距。

图 4-34 主次梁斜交箍筋构造

7. 悬挑梁的构造

（1）纯悬挑梁 XL 的配筋构造如图 4-35 所示。

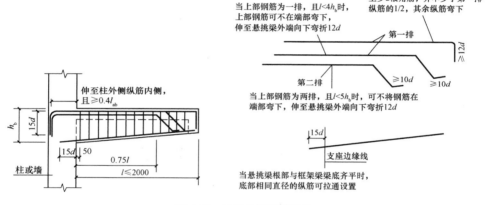

图 4-35 纯悬挑梁配筋构造

（2）其他各类梁的悬挑端配筋构造如图 4-36 所示。

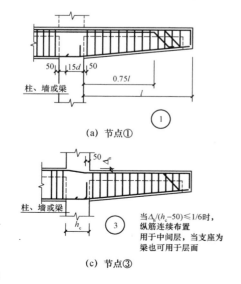

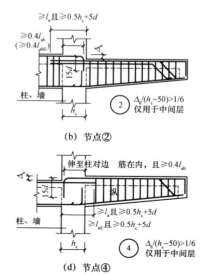

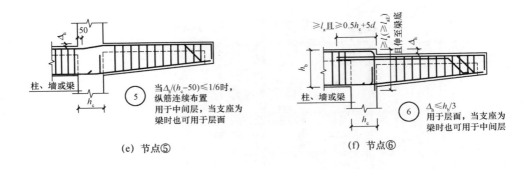

(e) 节点⑤   (f) 节点⑥

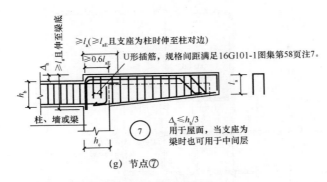

(g) 节点⑦

图 4-36 各类梁的悬挑端配筋构造

注：1. 对于①、⑥、⑦节点，当屋面框架梁与悬挑端根部底平，且下部纵筋通常设置时，框架柱中纵向钢筋锚固要求可按中柱柱顶节点。

　　2. 括号内数值为框架梁纵筋锚固长度。当悬挑梁考虑竖向地震作用时（由设计明确），图中悬挑梁中钢筋锚固长度 l_a、l_{ab} 应改为 l_{aE}、l_{abE}，悬挑梁下部钢筋伸入支座长度也用采用 l_{aE}。

　　3. 当梁上部设有第三排钢筋时，其伸出长度应由设计者注明。

四、梁构件平法识图实例

【例 4-1】 某梁的平法施工图如图 4-37 所示。

现以 LL1、LL3、LL14 为例说明梁的平法施工图的识读。

LL1（1）位于①轴线和 25 轴线上，1 跨；截面 200mm×450mm；箍筋为直径 8mm 的 I 级钢筋，间距为 100mm，双肢箍；上部 2⊥16 通长钢筋，下部 2⊥16 通长钢筋。梁高≥450mm，需配置侧向构造钢筋，侧面构造钢筋应为剪力墙配置的水平分布筋，其在 3、4 直径为 12mm、间距为 250mm 的 II 级钢筋，在 5～16 层为直径为 10mm、间距为 250mm 的 I 级钢筋。因转换层以上两层（3、4 层）剪力墙，抗震等级为三级，以上各层抗震等级为四级，知 3、4 层（标高 6.950～12.550m）纵向钢筋伸入墙内的锚固长度 l_{aE} 为 31d，5～16 层（标高 12.550～49.120m）纵向钢筋的锚固伸入墙内的锚固长度 l_{aE} 为 30d。如为顶层，连梁纵向钢筋伸入墙内的长度范围内，应设置间距为 150mm 的箍筋，箍筋直径与连梁跨内箍筋直径相同。

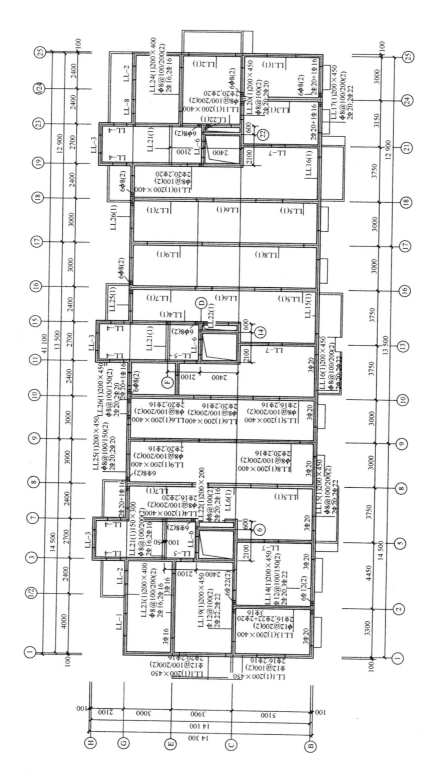

图 4-37 某梁平法施工图

LL3（1）位于②轴线和轴线上，1 跨；截面 200mm×400mm；箍筋为直径 8mm 的 I 级钢筋，间距为 200mm，双肢箍；上部 2Φ16 通长钢筋，下部 2Φ22（角筋）＋1Φ20 通长钢筋；梁两端原位标注显示，端部上部钢筋为 3Φ16，要求有一根钢筋在跨中截断，由于 LL3 两端以梁为支座，按非框架梁构造要求截断钢筋，构造要求如图 4-38 所示，其中纵向钢筋锚固长度 l_{aE} 为 30d。

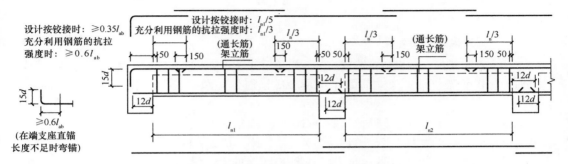

l_{ab}—受拉钢筋的非抗震基本锚固长度；d—纵向钢筋直径；
l_n—相邻左右两跨中跨度较大一跨的跨度值；l_{n1}—左跨的净跨值；l_{n2}—右跨的净跨值。

图 4-38 梁配筋构造

注：当梁配有受扭纵向钢筋时，梁下部纵筋锚入支座的长度应为 l_a，在端支座直锚长度不足时可弯锚。

LL14（1）位于 B 轴线上，1 跨；截面 200mm×450mm；箍筋为直径 8mm 的 I 级钢筋，加密区间距为 100mm，非加密区间距 150mm，双肢箍，连梁沿梁全长箍筋的构造要求按框架梁梁端加密区箍筋的构造要求，构造如图 4-39 所示，图中 h_b 为梁截面高度；上部 2Φ20 通长钢筋，下部 3Φ22 通长钢筋；梁两端原位标注显示，端部上部钢筋为 3Φ20，要求有一根钢筋在跨中截断，参考框架梁钢筋截断要求，其中一根钢筋在距梁端 1/4 静跨处截断。梁高≥450mm，需配置侧向构造钢筋，侧面构造钢筋应为剪力墙上配置水平分布筋，其在 3、4 层直径为 12mm、间距为 250mm 的 II 级钢筋，在 5～16 层直径为 10mm、间距为 250mm 的 I 级钢筋。因转换层以上两层（3、4 层）剪力墙，抗震等级为三级，以上各层抗震等级为四级，知 3、4 层（标高 6.950～12.550m）纵向钢筋伸入墙内的锚固长度 l_{aE} 为 31d，5～16 层（标高 12.550～49.120m）纵向钢筋的锚固长度 l_{aE} 为 30d。如为顶层，连梁纵向钢筋伸入墙内的长度范围内应设置间距为 150mm 的箍筋，箍筋直径与连梁跨内箍筋直径相同。

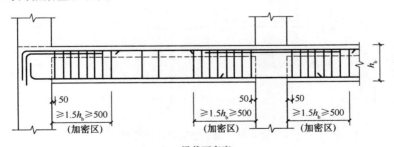

h_b—梁截面高度。

图 4-39 梁箍筋构造

此外，图中梁纵、横交汇处设置附加箍筋。例如 LL3 与 LL14 交汇处，在 LL14 上设置 6 根直径为 16mm 的Ⅰ级钢筋，双肢箍。需要注意的是，主、次梁交汇处上部钢筋主梁在上，次梁在下。

第三节　梁构件钢筋算量

一、框架梁架立筋计算

基础梁

扫码观看本视频

架立筋是梁的一种纵向构造钢筋。当梁顶面箍筋转角处无纵向受力钢筋时，应设置架立筋。架立筋的作用是形成钢筋骨架和承受温度收缩应力。

框架梁不一定具有架立筋，例如 16G101－1 图集中梁平法施工图平面注写方式的例子工程中的 KL1（图 4-12），由于 KL1 所设置的箍筋是两肢箍，两根上部通长筋已经充当了两肢箍的架立筋了，因此在 KL1 的上部纵筋标注中就不需要注写架立筋了。

如果该梁的箍筋是两肢箍，则两根上部通长筋已经充当架立筋，因此就不需要再另加架立筋。所以，对于两肢箍的梁来说，上部纵筋的集中标注"2Φ25"这种形式就完全足够了。

但是，当该梁的箍筋是四肢箍时，集中标注的上部钢筋就不能标注为"2Φ25"这种形式，必须把架立筋也标注上，这时的上部纵筋应该标注成"2Φ25＋(2Φ12)"这种形式，圆括号里面的钢筋为架立筋。

架立筋的根数＝箍筋的肢数－上部通长筋的根数

屋面框架梁纵筋构造如图 4-40 所示。

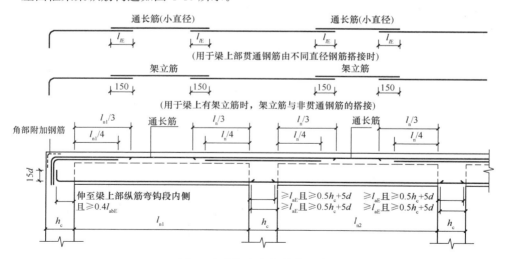

图 4-40　屋面框架梁纵筋构造

从图 4-40 中可以看出，当设有架立筋时，架立筋与非贯通钢筋的搭接长度为 150mm，因此可以得出架立筋的长度是逐跨计算的，每跨梁的架立筋长度计算公式为：

架立筋的长度＝梁的净跨长度－两端支座负筋的延伸长度＋150×2

对于等跨梁而言，由于第一排支座负筋伸出支座的长度为 $l_n/3$，意味着跨中支座负筋够不着的地方的长度也是 $l_n/3$，因此其计算公式为：

$$架立筋的长度＝l_n/3＋150×2$$

【例 4-2】抗震框架梁 KL2 为两跨梁，如图 4-41 所示。支座 KZ1 为 500mm×500mm，正中，每跨梁左、右支座的原位标注都是 4Φ25，集中标注的上部钢筋为 2Φ25＋（2Φ14），集中标注的箍筋为Φ10@100/200（4），第一跨轴线跨度为 3500mm，第二跨轴线跨度为 4400mm。试计算 KL2 的架立筋（混凝土强度等级为 C25，二级抗震等级）。

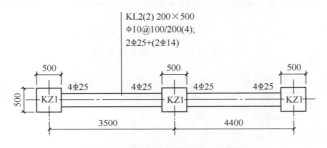

图 4-41　抗震框架梁 KL2 平法图

【解】KL2 为不等跨的多跨框架梁，有：

第一跨净跨长度＝l_{n1}＝(3500－500/2－500/2)mm＝3000mm

第二跨净跨长度＝l_{n2}＝(4400－500/2－500/2)mm＝3900mm

l_n＝max{l_{n1}，l_{n2}}

　　＝max{3000，3900}＝3900mm

第一跨左支座负筋伸出长度为 $l_{n1}/3$，右支座负筋伸出长度为 $l_n/3$，所以第一跨架立筋长度为

架立筋长度＝$l_{n1}－l_{n1}/3－l_n/3＋150×2$

　　　　　＝(3000－3000/3－3900/3＋300)mm＝1000mm

第二跨左支座负筋伸出长度为 $l_n/3$，右支座负筋伸出长度为 $l_{n2}/3$，所以第二跨架立筋长度为

架立筋长度＝$l_{n2}－l_n/3－l_{n2}/3＋150×2$

　　　　　＝(3900－3900/3－3900/3＋300)mm＝1600mm

从钢筋的集中标注中可以看出，KL2 为四肢箍，由于设置了上部通长筋位于梁箍筋的角部，因此在箍筋的中间要设置两根架立筋。

所以,每跨的架立筋根数＝箍筋的肢数－上部通长筋的根数

　　　　　　　　　　＝(4－2)根＝2根

二、框架梁纵筋计算

1. 楼层框架梁上、下部贯通筋长度计算

(1) 当梁的支座足够宽时，上部纵筋直锚于支座内，应满足如下条件，如图 4-42 所示。

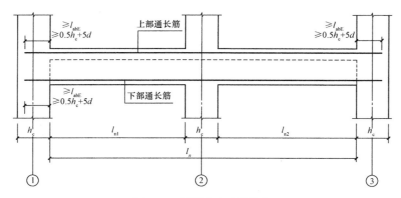

图 4-42 梁端支座直锚示意

楼层框架梁上、下部贯通钢筋长度＝l_n＋左锚入支座内长度 max $\{l_{aE},\ 0.5h_c+5d\}$ ＋
右锚入支座内长度 max $\{l_{aE},\ 0.5h_c+5d\}$

式中：l_n—通跨净长（mm）；

h_c—柱截面沿框架梁方向的宽度（mm）；

l_{aE}—钢筋锚固长度（mm）；

d—钢筋直径（mm）。

（2）当梁的支座宽度 h_c 较小时，梁上、下部纵筋伸入支座的长度不能满足锚固要求，钢筋在端支座分弯锚和加锚头（锚板）两种方式锚固，如图 4-43 所示。

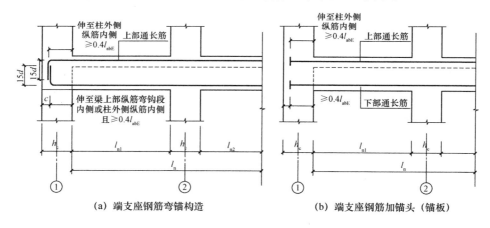

（a）端支座钢筋弯锚构造　　　　　（b）端支座钢筋加锚头（锚板）

图 4-43 钢筋在端支座锚固长度小于 l_{aE} 时的构造

弯折锚固长度＝max $\{l_{aE},\ 0.4l_{aE}+15d,\ 支座宽\ h_c-保护层厚度+15d\}$

端支座加锚板时，梁纵筋伸至柱外侧纵筋内侧且伸入柱中长度≥$0.4l_{abE}$，同时在钢筋端头加锚头或锚板，如图 4-44 所示。

弯锚时：

楼层框架梁上部贯通筋长度＝l_n＋左锚入支座内长度 max$\{l_{aE}, 0.4l_{abE}+15d,$ 支座宽 h_c-保护层$+15d\}$＋右锚入支座内长度 max$\{l_{aE}, 0.4l_{abE}+15d,$ 支座宽 h_c-保护层厚度$+15d\}$

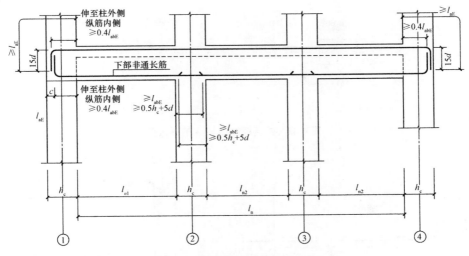

图 4-44　梁下部非通长筋示意图

钢筋端头加锚头或锚板时：

楼层框架梁上、下部贯通筋长度＝l_n＋左锚入支座内长度 max$\{0.4l_{abE}$，支座宽 h_c－保护层厚度$\}$＋右锚入支座内长度 max$\{0.4l_{abE}$，支座宽 h_c－保护层厚度$\}$＋锚头长度

2. 楼层框架梁下部非贯通筋长度计算

梁下部非通长筋计算，如图 4-44 所示。

(1) 当端支座足够宽时，端支座下部非贯通筋直锚在支座内，端支座锚固长度和中间支座锚固长度为：max$\{l_{aE}, 0.5h_c+5d\}$。

梁下部非贯通筋长度按如下公式计算。

首尾跨下部非贯通筋长度＝净跨 l_{n1}(l_{n3})＋左锚入支座内长度 max$\{l_{aE}, 0.5h_c+5d\}$＋右锚入支座内长度 max$\{l_{aE}, 0.5h_c+5d\}$

中间跨下部非贯通筋长度＝净跨 l_{n2}＋左锚入支座内长度 max$\{l_{aE}, 0.5h_c+5d\}$＋右锚入支座内长度 max$\{l_{aE}, 0.5h_c+5d\}$

(2) 当梁端支座不能满足直锚长度时，必须弯锚，端支座下部钢筋应弯锚在支座内，端支座锚固长度为：max$\{0.4l_{abE}+15d$，支座宽 h_c－保护层厚度＋15d$\}$，中间支座锚固长度为：max$\{l_{aE}, 0.5h_c+5d\}$。

下部非贯通筋长度按如下公式计算。

首尾跨下部非贯通筋长度＝净跨 l_{n1}(l_{n3})＋端支座锚固长度 max$\{0.4l_{abE}+15d$，支座宽 h_c－保护层厚度＋15d$\}$＋中间支座锚固长度 max$\{l_{aE}, 0.5h_c+5d\}$

中间跨下部非贯通筋长度＝净跨 l_{n2}＋左锚入支座内长度 max$\{l_{aE}, 0.5h_c+5d\}$＋右锚入支座内长度 max$\{l_{aE}, 0.5h_c+5d\}$

【例 4-3】楼层框架梁 KL1 的平法表示如图 4-45 所示。KL1 的纵筋直锚构造如图 4-46 所示。梁只有上、下通长筋，且柱子截面较大，保护层厚度为 20mm，混凝土强度等级为 C30，二级抗震等级，采用 HRB335 级钢筋。试计算上、下通长筋的长度。

143

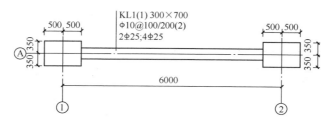

图 4-45 楼层框架梁 KL1 的平法图

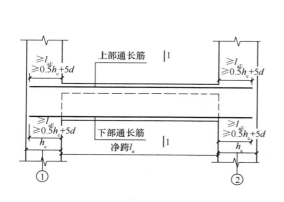
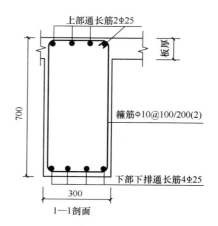

图 4-46 楼层框架梁 KL1 纵筋直锚构造

【解】 首先要判断钢筋是否直锚在端支座内。由图可知，在柱子宽 h_c —保护层 $\geqslant l_{aE}$ 时，纵筋直锚在端支座里。支座宽 $h_c = 1000$mm。

由 16G101-1 图集可查得：

锚固长度 $l_{aE} = 33d =$ （33×25）mm = 825mm

柱子宽 h_c —保护层厚度 = （1000 - 20）mm = 980mm

因为柱子宽 h_c —保护层厚度 $> l_{aE}$，所以判断纵向钢筋必须直锚。

（1）梁上部通长筋长度 = $0.5h_c + 5d$

$$= （0.5×700 + 5×25）mm = 475mm$$

楼层框架梁上部贯通钢筋长度 = 跨净长 l_n + 左锚入支座内长度 $\max\{l_{aE}, 0.5h_c + 5d\}$ +
右锚入支座内长度 $\max\{l_{aE}, 0.5h_c + 5d\}$

$$= [（6000 - 500 - 500） + \max\{825, 475\} + \max\{825, 475\}]mm$$

$$= 6650mm$$

（2）下部通长筋长度计算。

梁下部通长筋的计算方法与上部通长筋计算一样。

楼层框架梁下部贯通钢筋长度 = 跨净长 l_n + 左锚入支座内长度 $\max\{l_{aE}, 0.5h_c + 5d\}$ +
右锚入支座内长度 $\max\{l_{aE}, 0.5h_c + 5d\}$

$$= [（6000 - 500 - 500） + \max\{825, 475\} + \max\{825, 475\}]mm$$

$$= 6650mm$$

三、梁端支座直锚水平段的钢筋计算

从屋面框架梁纵筋构造图（图 4-40）中可以看出，框架梁上、下纵筋的计算方法如下。

端支座处的框架梁纵筋首先要伸到柱对边的远端，然后再验算水平直锚段不小于 $0.4l_{aE}$。然而，从图 4-40 中可以看到，上部第一排、上部第二排、下部第一排、下部第二排纵筋的四个 $15d$ 直钩段形成"1、2、3、4"从外向内的垂直层次，还要保证每两个直钩段钢筋净距不小于 25mm，这样，有可能导致第 4 个层次（下部第二排纵筋）的直锚水平段长度小于 $0.4l_{abE}$ 的后果。

我们按图 4-40 中的 KL2 的端支座（$600\text{mm} \times 600\text{mm}$ 的端柱）进行上部两排纵筋和下部两排纵筋的配筋计算，结果发现"第 4 个层次"纵筋的直锚水平段长度不满足"不小于 $0.4l_{abE}$"的要求。所以如果遇到保证每根钢筋之间净距与保证直锚长度不能同时满足的实际情况，就有了如下几个解决方案。

（1）梁钢筋弯钩直段与柱纵筋以不小于 $45°$ 斜交，成"零距离点接触"。

（2）将最内层梁纵筋按等面积代换为较小直径的钢筋。

（3）梁下部纵筋锚入边柱时，端头直钩向下锚入柱内。这样的好处是：下部纵筋的 $15d$ 直钩不与上部纵筋的直钩打架，可以大大改善节点区的拥挤状态。只是要改变将施工缝留在梁底的习惯。

根据工程技术人员的实际经验，以及同结构设计人员对"平法梁"技术的深入探讨，提出下述新观点。

框架梁上部第一排、上部第二排、下部第一排、下部第二排纵筋的四个 $15d$ 直钩段形成"1、2、1、2"的垂直层次，可以改善原来第 4 个层次（下部第二排纵筋）直锚水平段不足 $0.4l_{abE}$ 的状况。

也就是说：框架梁上部第一排纵筋直通到柱外侧，上部第二排纵筋的直钩段与第一排纵筋保持一个钢筋净距；同样，框架梁下部第一排纵筋也是直通到柱外侧，下部第二排纵筋的直钩段与第一排纵筋保持一个钢筋净距。

按这样的布筋方法，下部第一排纵筋的直锚水平段长度与上部第一排纵筋相同，下部第二排纵筋的直锚水平段长度与上部第二排纵筋相同。这样，可以避免发生下部第二排纵筋直锚水平段长度小于 $0.4l_{abE}$ 的现象。

这个新方案实现的可能性：虽然上部第一排纵筋和下部第一排纵筋的 $15d$ 垂直段同属一个垂直层次，但是安装钢筋时可以把"$15d$ 直钩段"向相反方向作一定角度的偏转，从而可以避免两个"$15d$ 直钩段"相互碰头。

根据上面的分析，第一排纵筋和第二排纵筋的直锚水平段长度的计算公式如下。

$$\text{第一排纵筋直锚水平段长度} = \text{支座宽度} - 30 - d_z - 25$$

$$\text{第二排纵筋直锚水平段长度} = \text{支座宽度} - 30 - d_z - 25 - d_1 - 25$$

式中：d_z——柱外侧纵筋的直径（mm）；

d_1——第一排梁纵筋的直径（mm）；

30——柱纵筋的保护层厚度（mm）；

25——两排纵筋直钩段之间的净距（mm）。

第一排纵筋直钩段与柱外侧纵筋的净距为 25mm，第二排纵筋直钩段与第一排纵筋直

钩段的净距为 25mm。

四、屋面框架梁钢筋计算

屋面框架除上部通长筋和端支座负筋弯折长度伸至梁底，其他钢筋的算法和楼层框架梁相同。

屋面框架梁配筋如图 4-38 所示。

注：当梁的上部既有通长筋又有架立筋时，其中架立筋的搭接长度为 150mm。

（1）屋面框架梁上部贯通筋长度计算。

屋面框架梁上部贯通筋长度＝通跨净长＋（左端支座宽－保护层厚度）＋（右端支座宽－
保护层厚度）＋弯折（梁高－保护层厚度）×2

（2）屋面框架梁上部第一排负筋长度计算。

屋面框架梁上部第一排端支座负筋长度＝净跨 $l_{n1}/3$＋（左端支座宽－保护层厚度）＋
弯折（梁高－保护层厚度）

（3）屋面框架梁上部第二排负筋长度计算。

屋面框架梁上部第二排端支座负筋长度＝净跨 $l_{n1}/4$＋（左端支座宽－保护层厚度）＋
弯折（梁高－保护层厚度）

【**例 4-4**】某一屋面框架梁 WKL1 的平法表示如图 4-47 所示。保护层厚度为 25mm，每 8000mm 搭接一次，混凝土强度等级为 C35，一级抗震等级，采用 HRB335 级钢筋。试计算该屋面框架梁的钢筋。

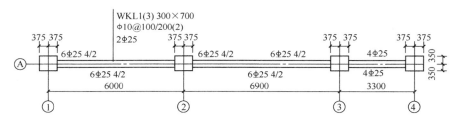

图 4-47　屋面框架梁 WKL 的平法图

【**解**】（1）上部通长筋的计算。

屋面框架梁上部贯通筋长度＝通跨净长＋（左端支座宽－保护层厚度）＋（右端支座宽－
保护层厚度）＋弯折（梁高－保护层厚度）×2

$$=[(6000+6900+3200-375-375)+(750-25)+(750-25)+(700-25)\times2]mm=18\,150mm$$

（2）第一跨下部钢筋计算。

根据已知条件："混凝土强度等级为 C35，一级抗震等级，采用 HRB335 级钢筋"，查 16G101-1 图集中的锚固长度表可知：$l_{ab}=31d$，故 $l_{aE}=31d=(31\times25)mm=775mm$

支座宽 h_c－保护层厚度＝$(750-25)mm=725mm$

因为支座宽 h_c－保护层厚度$<l_{aE}$，所以判断纵向钢筋必须弯锚。

左支座锚固＝$\max\{0.4l_{abE}+15d,支座宽\ h_c-保护层厚度+15d\}$

$$=(\max\{0.4\times31\times25+15\times25,750-25+15\times25\})mm=1100mm$$

右支座锚固＝$\max\{l_{aE},0.5h_c+5d\}$

$$=(\max\{775,0.5\times750+5\times25\})\text{mm}=775\text{mm}$$

第一跨下部钢筋长度＝通跨净长＋左支座锚固＋右支座锚固

$$=[(6000-375-375)+1100+775]\text{mm}=7125\text{mm}$$

（3）第二跨下部钢筋计算。

左、右支座锚固＝$\max\{l_{aE},\ 0.5h_c+5d\}$

$$=(\max\{775,0.5\times750+5\times25\})\text{mm}=775\text{mm}$$

第二跨下部钢筋长度＝通跨净长＋左支座锚固＋右支座锚固

$$=[(6900-375-375)+775+775]\text{mm}=7700\text{mm}$$

（4）第三跨下部钢筋计算。

左支座锚固＝$\max\{l_{aE},\ 0.5h_c+5d\}$

$$=(\max\{775,0.5\times750+5\times25\})\text{mm}=775\text{mm}$$

右支座锚固＝$\max\{0.4l_{abE}+15d,\ \text{支座宽}\ h_c-\text{保护层厚度}+15d\}$

$$=(\max\{0.4\times31\times25+15\times25,750-25+15\times25\})\text{mm}=1100\text{mm}$$

第三跨下部钢筋长度＝通跨净长＋左支座锚固＋右支座锚固

$$=[(3200-375-375)+775+1100]\text{mm}=4325\text{mm}$$

（5）第三跨跨中钢筋计算。

右锚固长度＝（支座宽－保护层厚度）＋（梁高－保护层厚度）

$$=[(750-25)+(700-25)]\text{mm}=1400\text{mm}$$

第三跨跨中钢筋长度＝第三跨净跨长＋支座宽＋第二跨净跨长/3＋右锚固长度

$$=[(3200-375-375)+750+(6900-375-375)/3+1400]\text{mm}$$
$$=6650\text{mm}$$

【例4-5】某框架结构抗震等级为三级，WKL1混凝土等级都为C30，保护层厚度为25mm，如图4-48所示。试计算WKL1的钢筋工程量，并进行钢筋翻样。

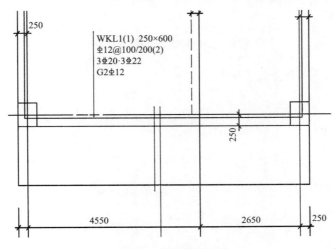

图4-48　屋面梁平面图

【解】屋面框架梁钢筋三维图如图4-49所示。

上部通长筋三维图及计算公式如图4-50所示。

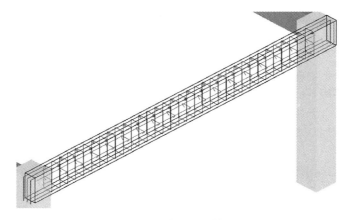

图 4-49　屋面框架梁钢筋三维图

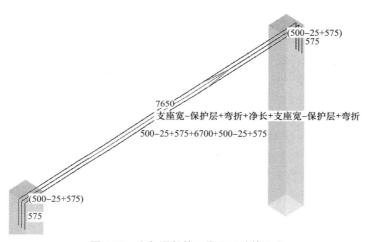

图 4-50　上部通长筋三维图及计算公式

构造钢筋三维图及计算公式如图 4-51 所示。

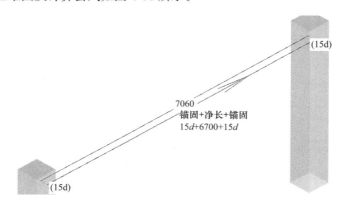

图 4-51　构造钢筋三维图及计算公式

下部通长筋三维图及计算公式如图 4-52 所示。

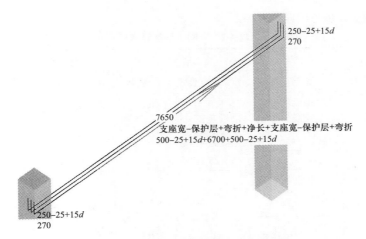

250−25+15d
270

7650
支座宽−保护层+弯折+净长+支座宽−保护层+弯折
500−25+15d+6700+500−25+15d

250−25+15d
270

图 4-52 下部通长筋三维图及计算公式

箍筋三维图及计算公式如图 4-53 所示。

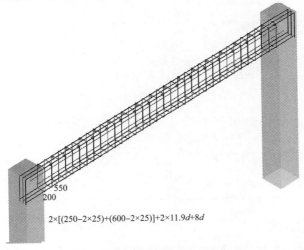

550
200
2×[(250−2×25)+(600−2×25)]+2×11.9d+8d

图 4-53 箍筋三维图及计算公式

拉结筋三维图及计算公式如图 4-54 所示。

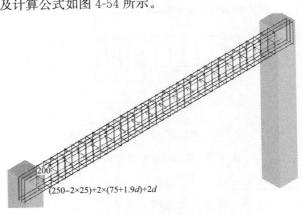

200
(250−2×25)+2×(75+1.9d)+2d

图 4-54 拉结筋三维图及计算公式

WKL1 钢筋算量与翻样见表 4-2。

表 4-2 WKL1 钢筋翻样表

WKL1 钢筋翻样							钢筋总重：227.11kg		
筋号	级别	直径	钢筋图形	计算公式	根数	总根数	单长/m	总长/m	总重/kg
构件位置：<5-100，C-125><6+99，C-125>									
1跨上通长筋1	$\plus$	20	575 [7650] 575	$500-25+575+$ $6700+500-$ $25+575$	3	3	8.8	26.4	65.207
1跨侧面构造筋1	$\plus$	12	7060	$15d+6700+$ $15d$	2	2	7.06	14.12	12.539
1跨下部钢筋1	$\plus$	22	330 [7650] 330	$500-25+15d$ $+6700+500-$ $25+15d$	3	3	8.31	24.93	74.291
1跨箍筋1	$\plus$	12	550 [200]	$2\times[(250-2\times$ $25)+(600-$ $2\times25)]+2\times$ $11.9d+8d$	44	44	1.882	82.808	73.534
1跨拉筋1	ϕ	6	200	$(250-2\times25)+$ $2\times(75+$ $1.9d)+2d$	18	18	0.385	6.93	1.538

五、框架梁箍筋计算

16G101-1 图集把各级抗震等级的框架梁箍筋构造合并为一个图来表示，如图 4-55 所示。

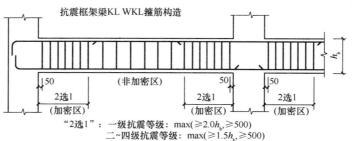

抗震框架梁KL WKL箍筋构造

h_b

50 （非加密区） 50 50
2选1 2选1 2选1
（加密区） （加密区） （加密区）

"2选1"：一级抗震等级：$\max(\geqslant2.0h_b,\geqslant500)$
二~四级抗震等级：$\max(\geqslant1.5h_b,\geqslant500)$

图 4-55 框架梁箍筋构造合并示意

（1）梁支座附近设箍筋加密区。

加密区长度：抗震等级为一级时，加密区长度不小于 $2.0h_b$ 且不小于 500mm；抗震等级为二～四级时，加密区长度不小于 $1.5h_b$ 且不小于 500mm（h_b 为梁截面高度）。

（2）第一个箍筋在距支座边缘 50mm 处开始设置。

（3）弧形梁沿中心线展开，箍筋间距沿凸面线量度。

（4）当箍筋为多肢复合箍时，应采用大箍套小箍的形式。

【例 4-6】计算梁平法施工图截面注写方式示例（图 4-13）中的抗震框架梁 KL2 第一跨的箍筋根数。KL2 的截面尺寸为 300mm×700mm，箍筋集中标注为 Φ 10@100/200（2）。一级抗震等级。

【解】从图 4-13 中可知 KL2 箍筋集中标注为 Φ 10@100/200（2），表示箍筋加密区的间距是 100mm，非加密区的间距是 200mm。我们首先要计算加密区的长度和非加密区的长度，然后就加密区和非加密区分别计算箍筋根数。

（1）KL2 第一跨的净跨长度 =（7200－450－375）mm=6375mm

（2）计算加密区和非加密区的长度。

在第一跨梁中，加密区有左右两个，我们计算的是一个加密区的长度。由于本例是一级抗震等级，因此：

$$加密区的长度 = \max\{2 \times h_b, 500\}$$
$$= (\max\{2 \times 700，500\})mm = 1400mm$$

非加密区的长度 =（6375－1400×2）mm=3575mm

（3）计算加密区的箍筋根数。

$$布筋范围 = 加密区长度 - 50$$
$$= (1400 - 50)mm = 1350mm$$

计算"布筋范围除以间距"：1350/100=13.5，取整为 14。

所以，一个加密区的箍筋根数 = "布筋范围除以间距" +1
$$= (14 + 1) 根 = 15 根$$

KL2 第一跨有两个加密区，其箍筋根数 =（2×15）根=30 根

（4）重新调整"非加密区的长度"。现在不能以 3575mm 作为"非加密区的长度"来计算箍筋根数，而要根据上述在"加密区箍筋根数计算"中做出过的范围调整，来修正"非加密区的长度"。

实际的一个加密区长度 =（50+14×100）mm=1450mm

实际的非加密区长度 =（6375－1450×2）mm=3475mm

（5）计算非加密区的箍筋根数。

布筋范围 =3475mm

计算"布筋范围除以间距"：3475/200=17.375，取整为 18。

但是现在也不能说非加密区箍筋根数 = "布筋范围除以间距" +1 =（18+1）根=19 根，因为，在这个"非加密区"两端的"加密区"计算箍筋时已经执行过"根数加 1"了，所以，在计算"非加密区"箍筋根数的过程中，不应该执行"根数加 1"，而应该执行"根数减 1"。

非加密区箍筋根数 = "布筋范围除以间距" －1
$$= (18 - 1) 根 = 17 根$$

（6）计算 KL2 第一跨的箍筋总根数。

KL2 第一跨的箍筋总根数 = 加密区箍筋根数 + 非加密区箍筋根数
$$= (30 + 17) 根 = 47 根$$

【例4-7】某框架结构抗震等级为三级，框架柱截面为500mm×500mm，混凝土等级为C30，KL2a混凝土等级为C30，保护层厚度为25mm，如图4-56所示。试计算KL2a的钢筋工程量，并进行钢筋翻样。

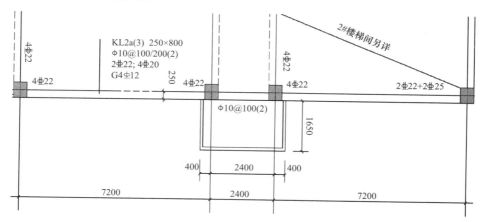

图4-56　梁平面图

【解】第一跨钢筋三维图如图4-57所示。

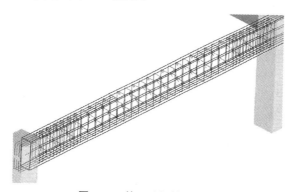

图4-57　第一跨钢筋三维图

第二跨钢筋三维图如图4-58所示。

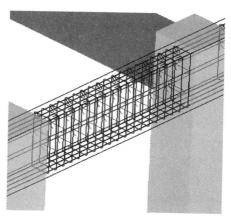

图4-58　第二跨钢筋三维图

第三跨钢筋三维图如图 4-59 所示。

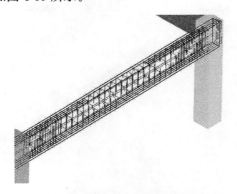

图 4-59　第三跨钢筋三维图

上部通长筋三维图及计算公式如图 4-60 所示。

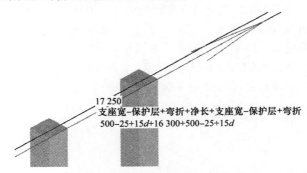

图 4-60　上部通长筋三维图及计算公式

下部通长筋三维图及计算公式如图 4-61 所示。

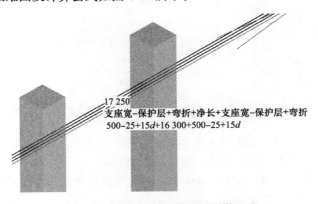

图 4-61　下部通长筋三维图及计算公式

1 跨负筋三维图及计算公式如图 4-62 所示。

1 跨右支座＋3 跨左支座负筋三维图及计算公式如图 4-63 所示。

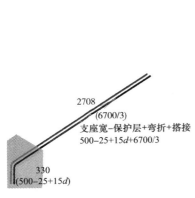

图 4-62　1 跨负筋三维图及计算公式

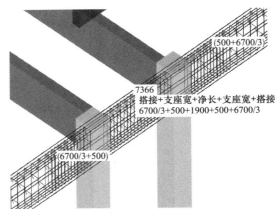

图 4-63　1 跨右支座＋3 跨左支座负筋三维图及计算公式

为方便施工，凡框架梁的所有支座和非框架梁（不包括井字梁）的中间支座上部纵筋的伸出长度 a_0 值在标准构造详图中统一取值为：第一排非通长筋及与跨中直径不同的通长筋从柱（梁）边起伸出至 $l_n/3$ 位置；第二排非通长筋伸出至 $l_n/4$ 位置。l_n 的取值规定为：对于端支座，l_n 为本跨的净跨值；对于中间支座，l_n 为支座两边较大一跨的净跨值。

构造钢筋三维图及计算公式如图 4-64 所示。

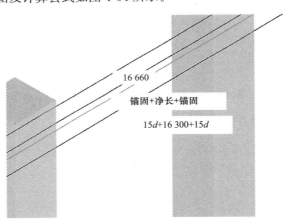

图 4-64　构造钢筋三维图及计算公式

拉结筋三维图及计算公式如图 4-65 所示。

梁侧面纵向构造筋和拉筋的构造，如图 4-66 所示。

（1）当 $h_w \geqslant 450$mm 时，在梁的两个侧面应沿高度配置纵向构造钢筋；纵向构造钢筋间距 $\alpha \leqslant 200$mm。

当梁的腹板高度 $h_w \geqslant 450$mm（梁有效计算高度：矩形截面，取有效高度；T 形截面，取有效高度减去翼缘高度；工字形截面，取腹板高度）时，要在梁的两侧沿高度配置纵向构造钢筋，以避免梁中出现枣核形裂缝和温度收缩裂缝。

（2）当梁侧面配有直径不小于构造纵筋的受扭纵筋时，受扭钢筋可以代替构造钢筋。

（3）梁侧面构造纵筋的搭接与锚固长度可取 15d；梁侧面受扭纵筋的搭接长度为 l_{lE}

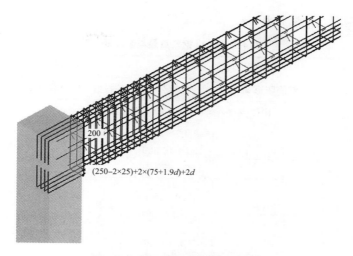

200

$(250-2\times25)+2\times(75+1.9d)+2d$

图 4-65   拉结筋三维图及计算公式

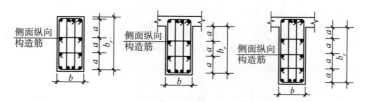

侧面纵向
构造筋

侧面纵向
构造筋

侧面纵向
构造筋

图 4-66   梁侧面纵向构造筋和拉筋的构造

(l_1)，其锚固长度为 l_{aE}（l_a），锚固方式同框架梁下部纵筋。

（4）当梁宽 $b\leqslant350$mm 时，拉筋直径为 6mm；梁宽 $b>350$mm 时，拉筋直径为 8mm，拉筋间距为非加密区箍筋间距的 2 倍。当设有多排拉筋时，上下两排拉筋竖向错开设置。

箍筋三维图及计算公式如图 4-67 所示。

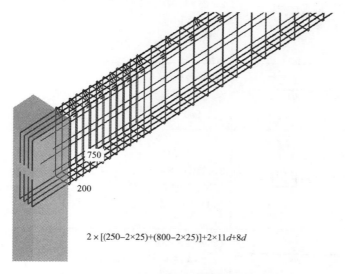

750

200

$2\times[(250-2\times25)+(800-2\times25)]+2\times11d+8d$

图 4-67   箍筋三维图及计算公式

KL2a 钢筋算量与翻样见表 4-3。

表 4-3　KL2a 钢筋算量与翻样表

KL2a 钢筋翻样									钢筋总重：591.169kg
筋号	级别	直径	钢筋图形	计算公式	根数	总根数	单长/m	总长/m	总重/kg
构件位置：<6，A><6，D+124>									
1跨上通长筋1	Φ	22	330 ⌐ 17 250 ⌐ 330	$500-25+15d+16\ 300+500-25+15d$	2	2	17.91	35.82	106.744
1跨左支座筋1	Φ	22	330 ⌐ 2708	$500-25+15d+6700/3$	2	2	3.038	6.076	18.106
1跨右支座筋1	Φ	22	7366	$6700/3+500+1900+500+6700/3$	2	2	7.366	14.732	43.901
1跨侧面构造通长筋1	Φ	22	16 660	$15d+16\ 300+15d+180$	4	4	16.84	67.36	59.816
1跨下通长筋1	Φ	12	330 ⌐ 17 250 ⌐ 330	$500-25+15d+16\ 300+500-25+15d$	4	4	17.85	71.4	176.358
1跨右支座筋1	Φ	25	375 ⌐ 2708	$6700/3+500-25+15d$	2	2	3.038	6.166	23.739
1跨箍筋1	Φ	10	750 ⌐ 200	$2\times[(250-2\times25)+(800-2\times25)]+2\times11.9d+8d$	47	47	2.218	104.246	64.32
1跨拉筋1	Φ	6	200	$(250-2\times25)+2\times(75+1.9d)+2d$	36	36	0.385	13.86	3.077
2跨箍筋1	Φ	10	750 ⌐ 200	$2\times[(250-2\times25)+(800-2\times25)]+2\times11.9d+8d$	19	19	2.218	42.142	26.002
2跨拉筋1	Φ	6	200	$(250-2\times25)+2\times(75+1.9d)+2d$	20	20	0.385	7.7	1.709

KL2a 钢筋翻样							钢筋总重：591.169kg		
筋号	级别	直径	钢筋图形	计算公式	根数	总根数	单长/m	总长/m	总重/kg
3跨箍筋1	Φ	10	750 ‾200‾	$2 \times [(250 - 2 \times 25) + (800 - 2 \times 25)] + 2 \times 11.9d + 8d$	47	47	2.218	104.246	64.32
3跨拉筋1	Φ	6	⟍＿200＿⟋	$(250 - 2 \times 25) + 2 \times (75 + 1.9d) + 2d$	36	36	0.385	13.86	3.077

【例 4-8】某框架结构抗震等级为三级，L1 混凝土等级都为 C30，保护层厚度为 25mm，梁平面图如图 4-68 所示。试计算 L1 的钢筋工程量，并进行钢筋翻样。

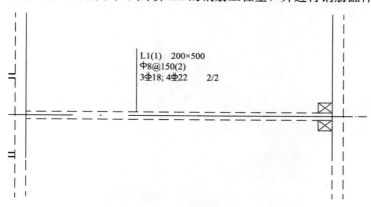

L1(1) 200×500
Φ8@150(2)
3Φ18; 4Φ22   2/2

图 4-68 梁平面图

【解】钢筋三维图如图 4-69 所示。

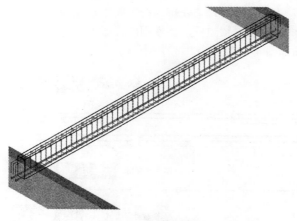

图 4-69 钢筋三维图

上部通长筋三维图及计算公式如图 4-70 所示。

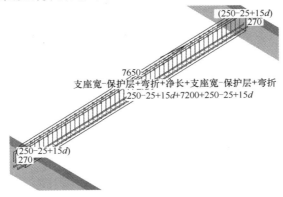

图 4-70 上部通长筋三维图及计算公式

下部通长筋三维图及计算公式如图 4-71 所示。

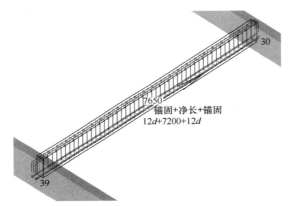

图 4-71 下部通长筋三维图及计算公式

本题中，下部梁放置方式为 2/2，即分两排放置，需放置梁垫铁设置上下层。所谓梁垫铁是指在梁钢筋有双排钢筋及以上时，排与排之间按照构造要求，钢筋与钢筋之间要保证不小于 25 的净距，为了这个净距，在排与排之间用直径 25 的钢筋将两排钢筋隔开，这种做法中所垫的 25 的钢筋就是梁垫铁。垫铁间距一般为 1～1.5m，垫铁长度＝梁宽－2×保护层厚度。构造图如图 4-72 所示。

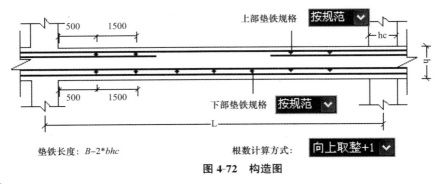

图 4-72 构造图

箍筋三维图及计算公式如图 4-73 所示。

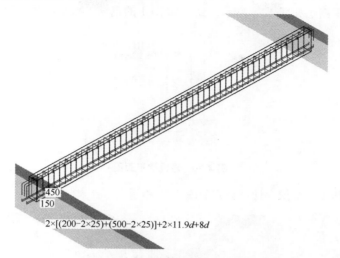

$$2\times[(200-2\times25)+(500-2\times25)]+2\times11.9d+8d$$

图 4-73 箍筋三维图及计算公式

L1 钢筋算量与翻样见表 4-4。

表 4-4 L1 钢筋算量与翻样表

L1 钢筋翻样							钢筋总重：172.865kg		
筋号	级别	直径	钢筋图形	计算公式	根数	总根数	单长/m	总长/m	总重/kg
构件位置：<1−124，D−3599><2，D−3599>									
1跨 上通 长筋1	⊕	18	270 7650 270	$250-25+$ $15d+7200+$ $250-25+$ $15d$	3	3	8.19	24.57	49.14
1跨 下部 钢筋1	⊕	22	39 7650 39	$12d+7200+$ $12d$	2	2	7.728	15.456	46.059
1跨 下部 钢筋3	⊕	22	39 7650 39	$12d+7200+$ $12d$	2	2	7.728	15.456	46.0599
1跨 箍筋1	Φ	8	450 150	$2\times[(200-$ $2\times25)+(500-$ $2\times25)]+2\times$ $11.9d+8d$	49	49	1.454	71.246	28.142
1跨 下部 梁垫 铁1	⊕	25	150	$200-2\times25$	6	6	0.15	0.9	3.465

【例 4-9】某框架结构抗震等级为三级，XL1 混凝土等级都为 C30，保护层厚度为 25mm，悬挑梁平面图如图 4-74 所示。试计算 XL1 的钢筋工程量，并进行钢筋翻样。

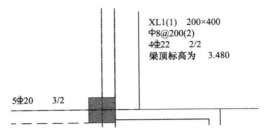

XL1(1) 200×400
Φ8@200(2)
4Φ22   2/2
梁顶标高为 3.480

5Φ20   3/2

图 4-74 悬挑梁平面图

【解】上部筋 1 三维图及计算公式如图 4-75 所示。

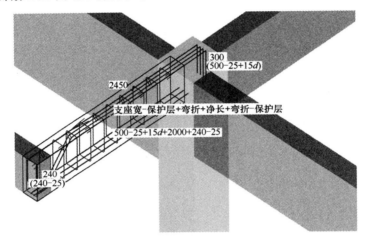

300
(500−25+15d)
2450
支座宽−保护层+弯折+净长+弯折−保护层
500−25+15d+2000+240−25
240
(240−25)

图 4-75 上部筋 1 三维图及计算公式

上部筋 2 三维图及计算公式如图 4-76 所示。

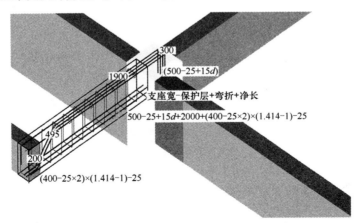

300
(500−25+15d)
1900
支座宽−保护层+弯折+净长
500−25+15d+2000+(400−25×2)×(1.414−1)−25
495
200
(400−25×2)×(1.414−1)−25

图 4-76 上部筋 2 三维图及计算公式

部筋三维图及计算公式如图 4-77 所示。

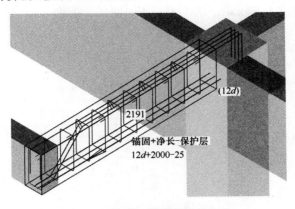

图 4-77　部筋三维图及计算公式

箍筋三维图及计算公式如图 4-78 所示。

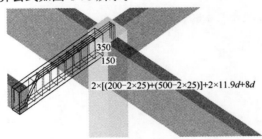

图 4-78　箍筋三维图及计算公式

XL1 钢筋算量与翻样见表 4-5。

表 4-5　XL1 钢筋算量与翻样表

XL1 钢筋翻样							钢筋总重：47.667kg		
筋号	级别	直径	钢筋图形	计算公式	根数	总根数	单长/m	总长/m	总重/kg
构件位置：<2+199, E+124><2+200, E+2250>									
1跨上通长筋1	⏀	20	300 | 2450 | 240	$500-25+15d+$ $2000+240-25$	2	2	2.99	5.98	14.771
1跨上通长筋3	⏀	20	300 ⌐ 1900 ⌐ 350 / 350 → ←200	$500-25+15d+$ $2000+(400-25\times2)\times$ $(1.414-1.000)-25$	2	2	2.895	5.79	14.301
1跨下部钢筋1	⏀	18	2191	$12d+2000-$ 25	3	3	2.191	6.573	13.146
1跨箍筋1	Φ	8	350 |150|/	$2\times[(200-2\times25)+$ $(400-2\times25)]+2\times$ $11.9d+8d$	11	11	1.254	13.794	5.449

【例 4-10】某框架结构抗震等级为三级，KL6 混凝土等级都为 C30，保护层厚度为 25mm，梁平面图如图 4-79 所示。试计算 KL6 的钢筋工程量，并进行钢筋翻样。

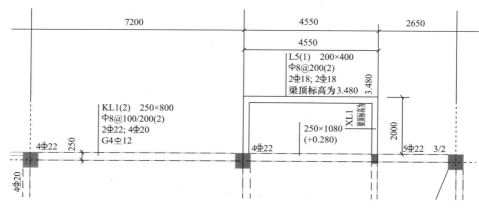

图 4-79　梁平面图

【解】KL6 钢筋三维图如图 4-80 所示。

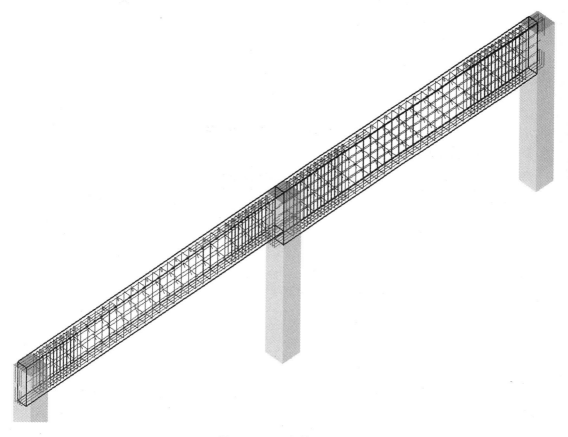

图 4-80　KL6 钢筋三维图

上部通长筋三维图及计算公式如图 4-81 所示。

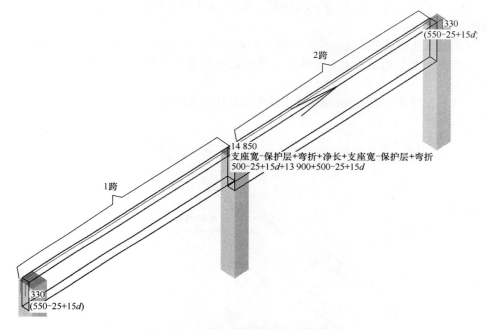

图 4-81　上部通长筋三维图及计算公式

注：上部通长筋净长＝（1 号柱支座与 3 号柱支座轴线长度）－半柱宽－半柱宽＝（7200＋4550＋2650）－250－250＝139 000mm。锚固长度＝支座宽－保护层厚度＋弯折＝500－25＋15d，弯折长度为 15d。

上部通长筋为 2 根Φ22mm。其长度计算公式如下。

单根上部通长筋长度＝支座宽－保护层厚度＋弯折＋净长＋支座宽－保护层厚度＋弯折＝500－25＋15d＋13 900＋500－25＋15d＝15 510mm；

总长＝15 510×2＝31 020mm；

总重＝总长×Φ22 理论重量＝31.02×2.98＝92.44kg。

1 跨左支座负筋三维图及计算公式如图 4-82 所示。

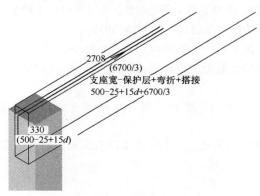

图 4-82　1 跨左支座负筋三维图及计算公式

注：搭接长度＝梁本跨净长/3＝（7200－250－250）/3＝6700/3，锚固长度＝支座宽－保护层厚度＋弯折＝500－25＋15d，弯折长度为 15d。

1 跨左支座负筋为 2 根 Φ22mm，其钢筋工程量计算如下。

单根 1 跨左支座负筋长度＝支座宽－保护层厚度＋弯折＋搭接＝500－25＋15d＋6700/3＝3038mm。

1 跨左支座负筋总长度＝单根 1 跨左支座负筋长度×2＝3038×2＝6076mm；

1 跨左支座负筋总重量＝1 跨左支座负筋总长度×Φ22 理论重量＝6.076×2.98＝18.106kg。

1 跨右支座和＋2 跨左支座负筋三维图及计算公式如图 4-83 所示。

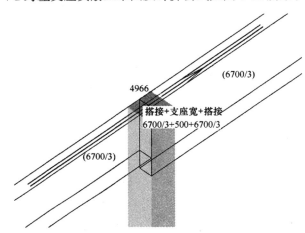

图 4-83　1 跨右支座和＋2 跨左支座负筋三维图及计算公式

注：第一跨搭接长度＝梁本跨净长/3＝(7200－250－250)/3＝6700/3，第一跨搭接长度＝梁本跨净长/3＝(4550＋2650－250－250)/3＝6700/3。

1 跨右支座和或（2 跨左支座负筋）为 2 根 Φ22mm，其钢筋工程量计算如下。

单根 1 跨右支座和或（2 跨左支座负筋）长度＝搭接＋支座宽＋搭接＝6700/3＋500＋6700/3＝4966mm；

1 跨右支座和或（2 跨左支座负筋）总长度＝单根 1 跨右支座和或（2 跨左支座负筋）长度×2＝4966×2＝9932mm；

1 跨右支座和或（2 跨左支座负筋）长度总重量＝单根 1 跨右支座和或（2 跨左支座负筋）总长度×Φ22 理论重量＝9.932×2.98＝29.597kg。

2 跨右支座第一排负筋三维图及计算公式如图 4-84 所示。

2 跨右支座第一排负筋为 1 根 Φ22mm（与通长筋共同构成第一排 3 根 22），其钢筋工程量计算如下。

第一排 2 跨右支座负筋长度＝搭接＋支座宽－保护层＋弯折＝6700/3＋500－25＋15d＝3038mm；

第一排 2 跨右支座负筋重量＝第一排 2 跨右支座负筋总长度×Φ22 理论重量＝3038×2.98＝9.053kg。

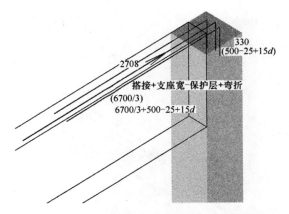

图 4-84 二跨右支座第一排负筋三维图及计算公式

2 跨右支座第二排负筋三维图及计算公式如图 4-85 所示。

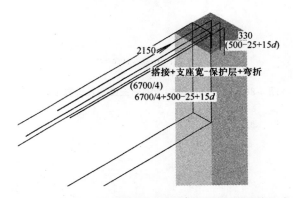

图 4-85 2 跨右支座第二排负筋三维图及计算公式

注：根据 16G101 图集中规定第二排搭接应为净跨的 1/4，如图中搭接=净跨/4=6700/4。

2 跨右支座第二排负筋为 2 根 Φ 22mm，其钢筋工程量计算如下。

单根第二排 2 跨右支座负筋长度＝搭接＋支座宽－保护层厚度＋弯折＝6700/4＋500－25＋15d＝2480mm；

第二排 2 跨右支座负筋总长度＝单根第二排 2 跨右支座负筋长度×2＝2480×2＝4960mm；

第二排 2 跨右支座负筋重量＝第二排 2 跨右支座负筋总长度×Φ22 理论重量＝4.96×2.98＝14.781kg。

第一跨侧面构造钢筋三维图及计算公式如图 4-86 所示。

第一跨构造钢筋（G）为 4 根 Φ 12mm，其长度计算公式如下。

单根第一跨构造钢筋长度＝锚固＋净长＋锚固＝15d＋6700＋15d＝7060mm；

第一跨构造钢筋总长度＝单根第一跨构造钢筋长度×4＝7060×4＝28 240mm

第一跨构造钢筋总重量＝第一跨构造钢筋总长度×Φ12 理论重量＝28.24×0.888＝25.077kg。

第二跨侧面受扭筋三维图及计算公式如图 4-87 所示。

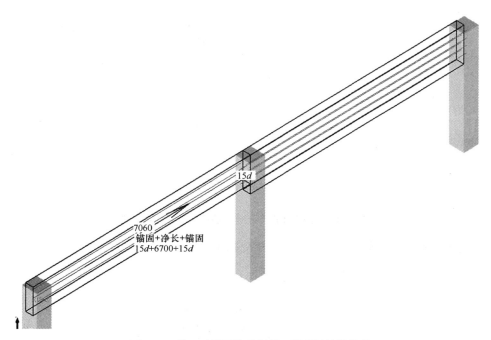

图 4-86　第一跨侧面构造钢筋三维图及计算公式

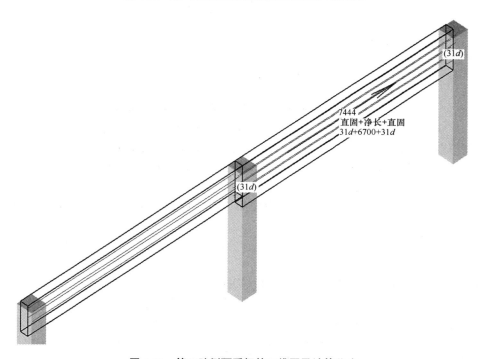

图 4-87　第二跨侧面受扭筋三维图及计算公式

注：腰筋是根据目前国内生产工艺和梁自身（如混凝土防裂）的要求，必须设置最低配筋率，也就是构造上的最低配筋要求。梁的腰筋一般是纵向构造钢筋（G）和受扭纵向钢筋（N），其锚固长度不同。构造钢筋锚固长度是 15d，受扭钢筋的锚固长度同梁的主筋锚固长度。

第二跨受扭钢筋（N）为 8 根Φ12mm，其长度计算公式如下。

单根第二跨受扭钢筋长度＝锚固＋净长＋锚固＝31d＋6700＋31d＝7444mm；

第二跨受扭钢筋总长度＝单根第二跨受扭钢筋长度×8＝7444×8＝59 552mm

第二跨受扭钢筋总重量＝第二跨受扭钢筋总长度×Φ12 理论重量＝28.24×0.888＝25.077kg。

第一跨下部筋三维图及计算公式如图 4-88 所示。

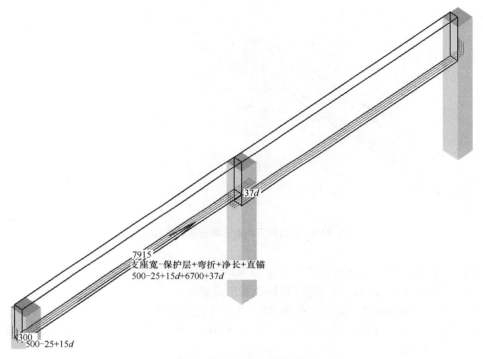

图 4-88　第一跨下部筋三维图及计算公式

第一跨下部钢筋为 4 根Φ20mm，其长度计算公式如下。

单根第一跨下部钢筋长度＝支座宽－保护层厚度＋弯折＋净长＋直锚＝500－25＋15d＋6700＋37d＝8215mm；

第二跨下部钢筋总长度＝单根第一跨下部钢筋长度×4＝8215×4＝32 860mm；

第一跨下部钢筋总重量＝第一跨下部钢筋总长度×Φ20 理论重量＝32.86×2.47＝81.164kg。

第二跨下部筋三维图及计算公式如图 4-89 所示。

第二跨下部钢筋为 4 根 20mm，其长度计算公式如下。

单根第二跨下部钢筋长度＝支座宽－保护层厚度＋弯折＋净长＋支座宽－保护层厚度＋弯折＝500－25＋15d＋6700＋500－25＋15d＝8250mm；

第二跨下部钢筋总长度＝单根第二跨下部钢筋长度×4＝8250×4＝33 000mm；

第二跨下部钢筋总重量＝第二跨下部钢筋总长度×Φ20 理论重量＝33×2.47＝81.51kg。

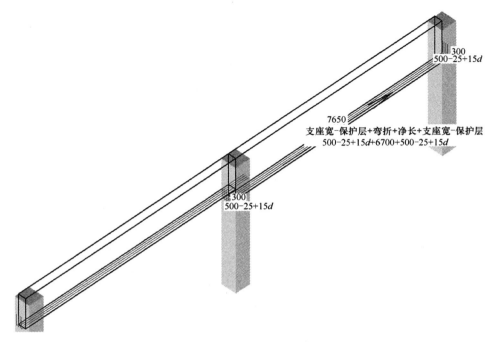

300
500−25+15*d*

7650
支座宽-保护层+弯折+净长+支座宽-保护层
500−25+15*d*+6700+500−25+15*d*

300
500−25+15*d*

图 4-89　第二跨下部筋三维图及计算公式

第一跨箍筋三维图及计算公式如图 4-90 所示。

第一跨箍筋为 Φ 8mm，其长度及根数计算公式如下。

单根第一跨箍筋长度＝2×[(梁截面宽−2×保护层厚度)+(梁截面高−2×保护层厚度)]+2×(11.9×*d*)+(8×*d*)＝2×[(250−2×25)+(800−2×25)]+2×(11.9×*d*)+(8×*d*)＝2154mm；

第一跨加密区范围为 $\max(1.5h_b,500)＝\max(1.5×800,500)＝1200mm$，箍筋布置时应距柱错开 50mm，实际加密区范围应为 1200−50＝1150mm。（此为 16G101 图集规定，具体内容见"第二跨箍筋"计算公式后图集部分内容摘录）。

加密区箍筋根数为：$2×\mathrm{Ceil}[(加密区长度/100)+1]＝2×[\mathrm{Ceil}(1150/100)+1]＝$26 根；

非加密区箍筋根数为：$\mathrm{Ceil}(非加密区长度/200)−1＝\mathrm{Ceil}[(6700−1200×2)/200]−$1＝21 根；

第一跨箍筋总数＝加密区箍筋根数+非加密区箍筋根数＝26+21＝47 根；

第一跨箍筋总长度＝单根第一跨箍筋长度×第一跨箍筋总数＝2154×47＝101 238mm；

第一跨箍筋总重量＝第一跨箍筋总长度×Φ8 理论重量＝101.238×0.395＝39.989kg。

第二跨箍筋三维筋及计算公式如图 4-91 所示。

第二跨箍筋为 Φ 12mm，其长度及根数计算公式如下。

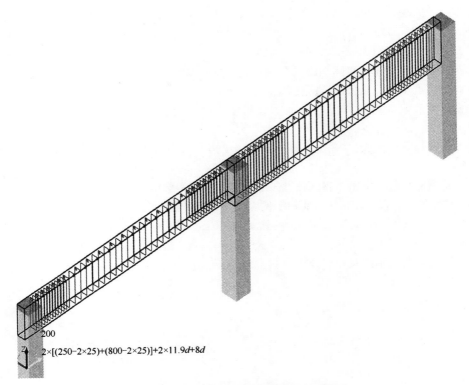

200

$2\times[(250-2\times25)+(800-2\times25)]+2\times11.9d+8d$

图 4-90 第一跨箍筋三维图及计算公式

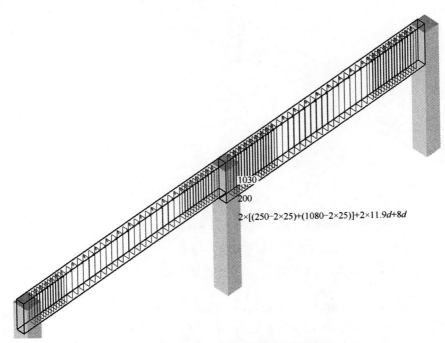

1030
200

$2\times[(250-2\times25)+(1080-2\times25)]+2\times11.9d+8d$

图 4-91 第二跨箍筋三维图及计算公式

单根第一跨箍筋长度＝2×[(梁截面宽－2×保护层厚度)＋(梁截面高－2×保护层厚度)]＋2×11.9d＋8d＝ 2×[(250－2×25)＋(1080－2×25)]＋2×11.9d＋8d＝2842mm；

第二跨加密区范围为 max(1.5h_b,500)＝ max(1.5×1080,500)＝16 200mm，箍筋布置时应距柱错开 50mm，实际加密区范围应为 1620－50＝1570mm（此为 16G101 图集规定，具体内容见本题计算公式后图集部分内容摘录）。

加密区箍筋根数为：2×Ceil[(加密区长度/100)＋1]＝2×[Ceil(1570/100)＋1]＝ 34 根；

非加密区箍筋根数为：Ceil(非加密区长度/200)－1＝Ceil[(6700－1620×2)/200]－1＝17 根；

第二跨箍筋总数＝加密区箍筋根数＋非加密区箍筋根数＝34＋17＝51 根；

第二跨箍筋总长度＝单根第二跨箍筋长度×第二跨箍筋总数＝2842×51＝144 942mm；

第二跨箍筋总重量＝第二跨箍筋总长度×Φ 12 理论重量＝144.942×0.888＝128.708kg。

第一跨拉结筋三维图及计算公式如图 4-92 所示。

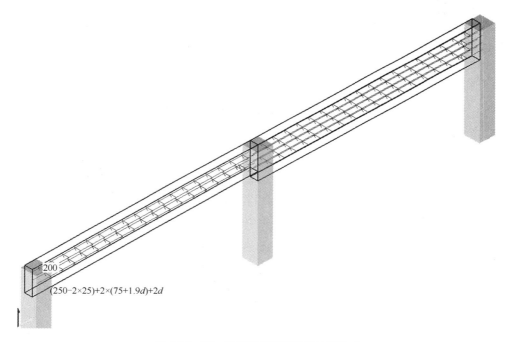

图 4-92 第一跨拉结筋三维图及计算公式

第一跨拉结筋为 Φ 8mm，其长度及根数计算公式如下。

单根第一跨拉结筋长度＝(梁截面宽－2×保护层厚度)＋2×(75＋1.9d)＋2d＝(250－2×25)＋2×(75＋1.9d)＋2d＝406mm；

根据 16G101 规定：当梁宽 b≤350mm 时，拉筋直径为 6mm；梁宽 b＞350mm 时，拉筋直径为 8mm，拉筋间距为非加密区箍筋间距的 2 倍。当设有多排拉筋时，上下两排拉筋竖向错开设置。一般拉筋设置排数与腰筋排数一样，如本题中第一跨为 2 排，第二跨为

4排；

第一跨拉结筋根数为＝2×[Ceil(6600/400)＋1]＝36根；

第一跨拉结筋总长度为＝单根第一跨拉结筋长度×第一跨拉结筋根数＝406×36＝14 616mm；

第一跨拉结筋总重量＝第一跨拉结筋总长度×Φ8理论重量＝14.616×0.395＝5.773kg。

第二跨拉结筋三维图及计算公式如图4-93所示。

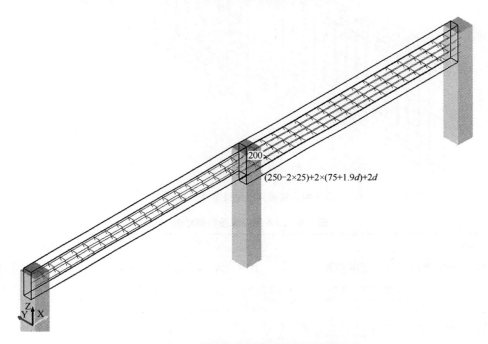

图4-93　第二跨拉结筋三维图及计算公式

第二跨拉结筋为Φ8mm，其长度及根数计算公式如下。

单根第二跨拉结筋长度＝(梁截面宽－2×保护层厚度)＋2×(75＋1.9d)＋2d＝(250－2×25)＋2×(75＋1.9d)＋2d＝406mm；

第二跨拉结筋根数为＝4×[Ceil(6600/400)＋1]＝72根；

第二跨拉结筋总长度为＝单根第二跨拉结筋长度×第二跨拉结筋根数＝406×72＝29 232mm；

第二跨拉结筋总重量＝第一跨拉结筋总长度×Φ8理论重量＝29.232×0.395＝11.547kg。

对于框架梁变截面处钢筋搭接与锚固处理情况，如图4-94所示。

KL6钢筋算量与翻样见表4-6。

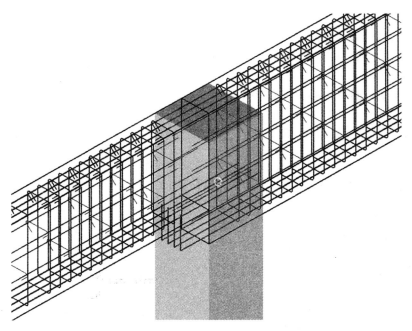

图 4-94　变截面支座处节点三维图

表 4-6　KL6 钢筋算量与翻样表

KL6 钢筋翻样							钢筋总重：592.168kg		
筋号	级别	直径	钢筋图形	计算公式	根数	总根数	单长/m	总长/m	总重/kg
构件位置：＜1－124，E＋124＞＜2，E＋124＞＜3，E＋124＞									
1跨 上通长 筋1	坕	22	330 | 14 850 | 330	$500-25+15d+$ $13\ 900+500-$ $25+15d$	2	2	15.51	31.02	92.44
1跨 左支 座筋1	坕	22	330 | 2708	$500-25+$ $15d+$ $6700/3$	2	2	3.038	6.076	18.106
1跨 右支 座筋1	坕	22	4966	$6700/3+500+$ $6700/3$	2	2	4.966	9.932	29.597
1跨 侧面构 造筋1	坕	12	7060	$15d+6700+$ $15d$	4	4	7.06	28.24	25.077
1跨 下部 钢筋1	坕	20	300 | 7915	$500-25+$ $15d+6700+$ $37d$	4	4	8.215	32.86	81.164

筋号	级别	直径	钢筋图形	计算公式	根数	总根数	单长/m	总长/m	总重/kg
2跨右支座筋1	⊕	22	300 ⌐ 7915	$6700/3+500-25+15d$	1	1	3.038	3.038	9.053
2跨右支座筋1	⊕	22	330 ⌐ 2708	$6700/3+500-25+15d$	1	1	3.038	3.038	9.053
2跨右支座筋2	⊕	22	330 ⌐ 2150	$6700/4+500-25+15d$	2	2	2.48	4.96	14.781
2跨侧面受扭筋1	⊕	12	7444	$31d+6700+31d$	8	8	7.444	59.552	52.882
2跨下部钢筋1	⊕	20	300 ⌐ 7650 ⌐ 300	$500-25+15d+6700+500-25+15d$	4	4	8.25	33	81.51
1跨箍筋1	Φ	8	750 \[200\]	$2×[(250-2×25)+(800-2×25)]+2×11.9d+8d$	47	47	2.154	101.238	39.989
1跨拉筋1	Φ	8	200	$(250-2×25)+2×11.9d+2d$	36	36	0.406	14.616	5.773
2跨箍筋1	⊕	12	1030 \[200\]	$2×[(250-2×25)+(1080-2×25)]+2×11.9d+8d$	51	51	2.842	144.942	128.708
2跨拉筋1	Φ	8	200	$(250-2×25)2×11.9d+2d$	72	72	0.406	29.232	11.547
2跨上部梁垫筋1	⊕	25	200	$250-2×25$	2	2	0.2	0.4	1.54

KL6 钢筋翻样　　　　　　　　　　　　　　　　　　　钢筋总重：592.168kg

第五章
板构件平法识图与钢筋算量

第一节　板构件平法施工图识图规则

一、有梁楼盖板平法施工图识图规则

有梁楼盖板平法施工图是指在楼面板和屋面板的布置图上，采用平面注写的表达方式。

为方便设计表达和施工识图，规定结构平面的坐标方向如下。

（1）当两向轴网正交布置时，图面从左至右为 X 向，从下至上为 Y 向。

（2）当轴网转折时，局部坐标方向顺轴网转折角度做相应转折。

（3）当轴网向心布置时，切向为 X 向，径向为 Y 向。

此外，对于平面布置比较复杂的区域，如轴网转折交界区域、向心布置的核心区域等，其平面坐标方向应由设计者另行规定并在图上明确表示。

有梁楼盖板平法施工图平面注写主要包括板块集中标注和板支座原位标注两种表达方式。

1. 板块集中标注

板块集中标注的内容包括板块编号、板厚、贯通钢筋以及当板面标高不同时的标高高差。

（1）所有的板块应逐一编号，相同编号的板块可择其一作集中标注，其他仅注写置于圆圈内的板编号，以及当板面标高不同时的标高高差。

板块编号的规定具体见表 5-1。

现浇板第一集

扫码观看本视频

表 5-1　板块编号

板类型	代号	序号
楼面板	LB	××
屋面板	WB	××
悬挑板	XB	××

（2）板厚注写为 $h=×××$（为垂直于板面的厚度）；当悬挑板的端部改变截面厚度

时，用斜线"/"分隔根部与端部的高度值，注写为 $h=\times\times\times/\times\times\times$；当设计已在图注中统一注明板厚时，此项可不注。

（3）贯通纵筋按板块的下部和上部分别注写（当板块上部不设贯通纵筋时则不注），并以 B 代表下部，以 T 代表上部，B&T 代表下部与上部；X 向贯通纵筋以 X 打头，Y 向贯通纵筋以 Y 打头，两向贯通纵筋配置相同时则以 X&Y 打头。

当为单向板时，分布筋可不必注写，而在图中统一注明。

当在某些板内（如在悬挑板 XB 的下部）配置有构造钢筋时，则 X 向以 X_c，Y 向以 Y_c 打头注写。

当 Y 向采用放射配筋时（切向为 X 向，径向为 Y 向），应注明配筋间距的定位尺寸。当贯通筋采用两种规格钢筋"隔一布一"方式时，表达为 $\Phi\,xx/yy@\times\times\times$，表示直径为 xx 的钢筋和直径为 yy 的钢筋二者之间的间距为 $\times\times\times$，直径 xx 的钢筋的间距为 $\times\times\times$ 的 2 倍，直径 yy 的钢筋的间距为 $\times\times\times$ 的 2 倍。

（4）板面标高高差，指相对于结构层楼面标高的高差，应将其注写在括号内，且有高差则注，无高差不注。

例如，有一楼面板块注写为：LB5　$h=150$；B：X Φ10@135；Y Φ10@110，表示 5 号楼面板，板厚 150mm，板下部配置的贯通纵筋 X 向为 Φ10@135，Y 向为 Φ10@110；板上部未配置贯通纵筋。

同一编号板块的类型、板厚和贯通纵筋均应相同，但板面标高、跨度、平面形状及板支座上部非贯通纵筋可以不同，如同一编号板块的平面形状可为矩形、多边形及其他形状。施工预算时，应根据其实际平面形状，分别计算各块板的混凝土与钢材用量。

2. 板支座原位标注

（1）板支座原位标注的内容包括板支座上部非贯通纵筋和悬挑板上部受力钢筋。

板支座原位标注的钢筋，应在配置相同跨的第一跨表达（当在梁悬挑部位单独配置时则在原位表达）。在配置相同跨的第一跨（或梁悬挑部位），垂直于板支座（梁或墙）绘制一段适宜长度的中粗实线（当该筋通长设置在悬挑板或短跨板上部时，实线段应画至对边或贯通短跨），以该线段代表支座上部非贯通纵筋，并在线段上方注写钢筋编号（如①、②等）、配筋值、横向连续布置的跨数（注写在括号内，且当为一跨时可不注），以及是否横向布置到梁的悬挑端。

板支座上部非贯通筋自支座中线向跨内的伸出长度，注写在线段的下方位置。

当中间支座上部非贯通纵筋向支座两侧对称伸出时，可仅在支座一侧线段下方标注伸出长度，另一侧不注，如图 5-1 所示。

当向支座两侧非对称伸出时，应分别在支座两侧线段下方注写伸出长度，如图 5-2 所示。

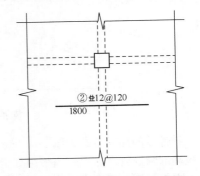

②Φ12@120
1800

图 5-1　板支座上部非贯通筋对称伸出

对线段画至对边贯通全跨或贯通全悬挑长度的上部通长纵筋，贯通全跨或伸出至全悬挑一侧的长度值不注，只注明非贯通筋另一侧的伸出长度值，如图 5-3 所示。

板支座原位标注时，当板支座为弧形，支座上部非贯通纵筋呈放射状分布时，应注

明配筋间距的度量位置并加注"放射分布"四字，必要时应补绘平面配筋图，如图 5-4
所示。

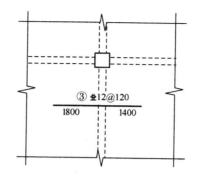

图 5-2　板支座上部非贯通筋非对称伸出

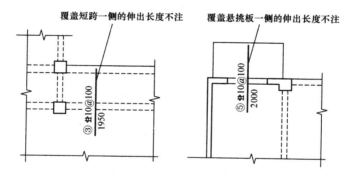

图 5-3　板支座非贯通筋贯通全跨或伸出至悬挑端

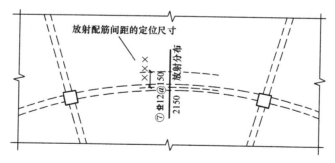

图 5-4　弧形支座处放射配筋

　　悬挑板的注写方式如图 5-5、图 5-6 所示。当悬挑板端部厚度不小于 150mm 时，应指
定板端部封边构造方式；当采用 U 形钢筋封边时，还应指定 U 形钢筋的规格、直径。

　　在板平面布置图中，不同部位的板支座上部非贯通纵筋及悬挑板上部受力钢筋，可仅
在一个部位注写，对其他相同者则仅需在代表钢筋的线段上注写编号及横向连续布置的跨
数即可。

　　此外，与板支座上部非贯通纵筋垂直且绑扎在一起的构造钢筋或分布钢筋，应在图中
注明。

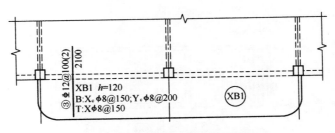

图 5-5　悬挑板支座非贯通筋注写方式（一）

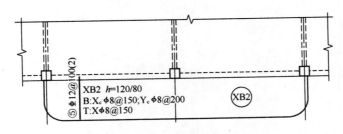

图 5-6　悬挑板支座非贯通筋注写方式（二）

（2）当板的上部已配置有贯通纵筋，但需增配板支座上部非贯通纵筋时，应结合已配置的同向贯通纵筋的直径与间距采取"隔一布一"的方式配置。

"隔一布一"方式，为非贯通纵筋的标注间距与贯通纵筋相同，两者组合后的实际间距为各自标注间距的 1/2。当设定贯通纵筋为纵筋总截面面积的 50% 时，两种钢筋应取相同直径；当设定贯通纵筋大于或小于总截面面积的 50% 时，两种钢筋则取不同直径。

3. 平法设计中板的其他规定

（1）当悬挑板需要考虑竖向地震作用时，设计应注明该悬挑板纵向钢筋抗震锚固长度按何种抗震等级。

（2）板上部纵向钢筋在端支座（梁或圈梁）的锚固要求，16G101-1 图集中规定，当设计按铰接时，平直段伸至端支座对边后弯折，且平直段投影长度不小于 $0.35l_{ab}$，弯折段投影长度 $15d$（d 为纵向钢筋直径）；当充分利用钢筋的抗拉强度时，平直段伸至端支座对边后弯折，且平直段长度不小于 $0.6l_{ab}$，弯折段投影长度 $15d$。设计者应在平法施工图中注明采用何种构造，当多数采用同种构造时可在图注中写明，并将少数不同之处在图中注明。

（3）板支撑在剪力墙顶的端节点，当设计考虑墙外侧竖向钢筋与板上部纵向受力钢筋搭接传力时，应满足搭接长度要求，设计者应在平法施工图中注明。

（4）板纵向钢筋的连接可采用绑扎搭接、机械连接或焊接。当板纵向钢筋采用非接触方式搭接时，其搭接部位的钢筋净距不宜小于 30mm，且钢筋中心距不应大于 $0.2l_1$ 及 150mm 的较小者。

注：非接触搭接使混凝土能够与搭接范围内所有钢筋的全表面充分粘接，可以提高搭接钢筋之间通过混凝土传力的可靠度。

有梁楼盖板平法施工图示例如图 5-7 所示。

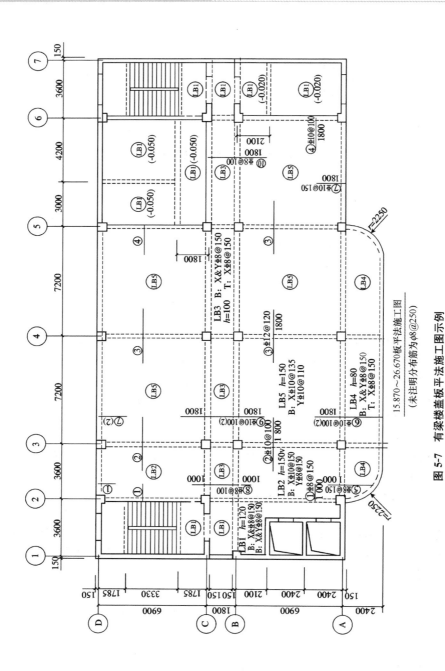

图 5-7 有梁楼盖板平法施工图示例

屋面2	65.670	
塔层2	62.370	3.30
屋面1(塔层1)	59.070	3.30
16	55.470	3.60
15	51.870	3.60
14	48.270	3.60
13	44.670	3.60
12	41.070	3.60
11	37.470	3.60
10	33.870	3.60
9	30.270	3.60
8	26.670	3.60
7	23.070	3.60
6	19.470	3.60
5	15.870	3.60
4	12.270	3.60
3	8.670	3.60
2	4.470	4.20
1	-0.030	4.50
-1	-4.530	4.50
-2	-9.030	4.50
层号	标高/m	层高/m

结构层楼面标高
结构层高

二、无梁楼盖板平法施工图识图规则

无梁楼盖板平法施工图是指在楼面板和屋面板的布置图上，采用平面注写的表达方式。

无梁楼盖平法施工图平面注写主要有板带集中标注和板带支座原位标注两部分内容。

1. 板带集中标注

（1）集中标注应在板带贯通纵筋配置相同跨的第一跨（X 向为左端跨，Y 向为下端跨）注写。相同编号的板带可择其一作集中标注，其他仅注写板带编号（注在圆圈内）。

板带集中标注的具体内容包括板带编号、板带厚及板带宽和贯通纵筋。

1）板带编号按表 5-2 的规定。

表 5-2　板带编号

板带类型	代号	序号	跨数及有无悬挑
柱上板带	ZSB	××	（××）、（××A）或（××B）
跨中板带	KZB	××	（××）、（××A）或（××B）

注：1. 跨数按柱网轴线计算（两相邻柱轴线之间为一跨）。

　　2.（××A）为一端有悬挑，（××B）为两端有悬挑，悬挑不计入跨数。

2）板带厚注写为 $h=\times\times\times$，板带宽注写为 $b=\times\times\times$。当无梁楼盖整体厚度和板带宽度已在图中注明时，此项可不注。

3）贯通纵筋按板带下部和板带上部分别注写，并以 B 代表下部，T 代表上部，B&T 代表下部和上部。当采用放射配筋时，应注明配筋间距的度量位置，必要时补绘配筋平面图。

应注意的是，相邻等跨板带上部贯通纵筋应在跨中 1/3 净跨长范围内连接；当同向连续板带的上部贯通纵筋配置不同时，应将配置较大者越过其标注的跨数终点或起点伸至相邻跨的跨中连接区域连接。

（2）当局部区域的板面标高与整体不同时，应在无梁楼盖的板平法施工图上注明板面标高高差及分布范围。

2. 板带支座原位标注

（1）板带支座原位标注的具体内容为板带支座上部非贯通纵筋。以一段与板带同向的中粗实线段代表板带支座上部非贯通纵筋；对柱上板带，实线段贯穿柱上区域绘制；对跨中板带，实线段横贯柱网轴线绘制。在线段上注写钢筋编号［如 1)、2)］、配筋值及在线段的下方注写自支座中线向两侧跨内的伸出长度。

当板带支座非贯通纵筋自支座中线向两侧对称伸出时，其伸出长度可仅在一侧标注；当配置在有悬挑端的边柱上时，该筋伸出到悬挑尽端，设计不注。当支座上部非贯通纵筋呈放射分布时，设计者应注明配筋间距的定位位置。

不同部位的板带支座上部非贯通纵筋相同者，可仅在一个部位注写，其余则在代表非贯通纵筋的线段上注写编号。

（2）当板带上部已经配有贯通纵筋，但需增加配置板带支座上部非贯通纵筋时，应结合已配置的同向贯通纵筋的直径与间距，采取"隔一布一"的方式配置。

3. 暗梁的表示方法

（1）暗梁平面注写包括暗梁集中标注、暗梁支座原位标注两部分内容。施工图中在柱轴线处画中粗虚线表示暗梁。

（2）暗梁集中标注包括暗梁编号、暗梁截面尺寸（箍筋外皮宽度×板厚）、暗梁箍筋、暗梁上部通长筋或架立筋。暗梁编号见表5-3。

表5-3　暗梁编号

构件类型	代号	序号	跨数及有无悬挑
暗梁	AL	××	（××）、（××A）或（××B）

注：1. 跨数按柱网轴线计算（两相邻柱轴线之间为一跨）。

　　2.（××A）为一端有悬挑，（××B）为两端有悬挑，悬挑不计入跨数。

（3）暗梁支座原位标注包括梁支座上部纵筋、梁下部纵筋。当在暗梁上集中标注的内容不适用于某跨或某悬挑端时，则将其不同数值标注在该跨或该悬挑端，施工时按原位注写取值。

（4）柱上板带标注的配筋仅设置在暗梁之外的柱上板带范围内。

（5）暗梁中纵向钢筋连接、锚固及支座上部纵筋的伸出长度等要求同轴线处柱上板带中的纵向钢筋。

4. 平法设计中的其他规定

（1）当悬挑板需要考虑竖向地震作用时，设计应注明该悬挑板纵向钢筋抗震锚固长度按何种抗震等级。

（2）无梁楼盖板纵向钢筋的锚固和搭接需满足受拉钢筋的要求。

（3）无梁楼盖跨中板带上部纵向钢筋在端支座的锚固要求，16G101－1图集规定：当设计按铰接时，平直段伸至端支座对边后弯折，且平直段长度不小于$0.35l_{ab}$，弯折段投影长度$15d$（d为纵向钢筋直径）；当充分利用钢筋的抗拉强度时，直段伸至端支座对边后弯折，且平直段长度不小于$0.6l_{ab}$，弯折段投影长度$15d$。设计者应在平法施工图中注明采用何种构造，当多数采用同种构造时可在图注中写明，并将少数不同之处在图中注明。

（4）无梁楼盖跨中板带支承在剪力墙顶的端节点，当板上部纵向钢筋充分利用钢筋的抗拉强度（锚固在支座中），直段伸至端支座对边后弯折，且平直段长度不小于$0.6l_{ab}$弯折段投影长度$15d$；当设计考虑墙外侧竖向钢筋与板上部纵向受力钢筋搭接传力时，应满足搭接长度要求；设计者应在平法施工图中注明采用何种构造，当多数采用同种构造时可在图注中写明，并将少数不同之处在图中说明。

（5）板纵向钢筋的连接可采用绑扎搭接、机械连接或焊接。当板纵向钢筋采用非接触方式的绑扎搭接连接时，其搭接部位的钢筋净距不宜小于30mm，且钢筋中心距不应大于$0.2l_l$及150mm的较小者。

注：非接触搭接使混凝土能够与搭接范围内所有钢筋的全表面充分粘接，可以提高搭接钢筋之间通过混凝土传力的可靠度。

无梁楼盖板平法施工图示例如图5-8所示。

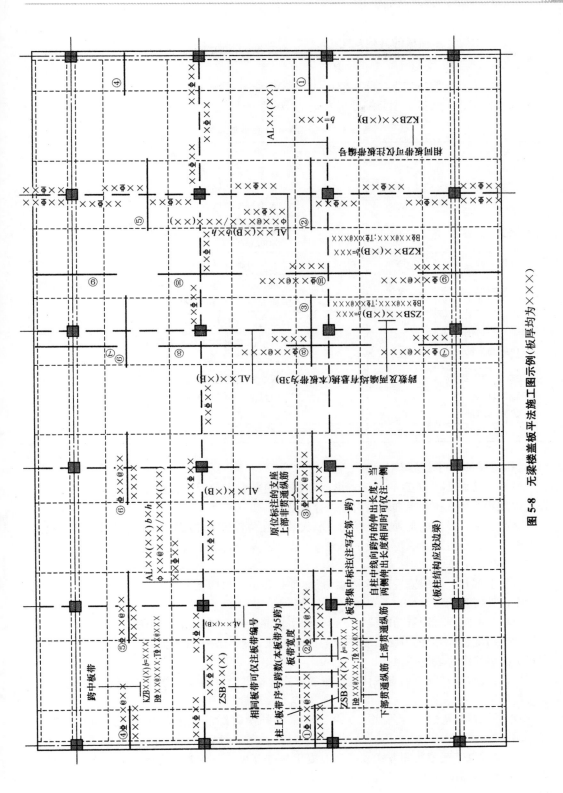

图 5-8 无梁楼盖板板平法施工图示例（板厚均为×××）

三、平法设计中楼板的其他规定

1. 楼板相关构造类型与表示方法

（1）楼板相关构造的平法施工图设计，是在板平法施工图上采用直接引注方式表达。

（2）楼板相关构造类型与编号按表 5-4 的规定。

表 5-4　楼板相关构造类型与编号

构造类型	代号	序号	说明
纵筋加强带	JQD	××	以单向加强纵筋取代原位置配筋
后浇带	HJD	××	有不同的留筋方式
柱帽	ZM×	××	适用于无梁楼盖
局部升降板	SJB	××	板厚及配筋与所在板相同；构造升降高度不大于 300mm
板加腋	JY	××	腋高与腋宽可选注
板开洞	BD	××	最大边长或直径小于 1000 m；加强筋长度有全跨贯通和自洞边锚固两种
板翻边	FB	××	翻边高度不大于 300mm
角部加强筋	Crs	××	以上部双向非贯通加强钢筋取代原位置的非贯通配筋
悬挑板阴角附加筋	Cis	××	板悬挑阴角上部斜向附加钢筋
悬挑板阳角放射筋	Ces	××	板悬挑阳角上部放射筋
抗冲切箍筋	Rh	××	通常用于无柱角无梁楼盖的柱顶
抗冲切弯起筋	Rb	××	通常用于无柱帽无梁楼盖的柱顶

2. 楼板相关构造直接引注

（1）纵筋加强带 JQD 的引注。纵筋加强带的平面形状及定位由平面布置图表达，加强带内配置的加强贯通纵筋等由引注内容表达。

纵筋加强带设单向加强贯通纵筋，取代其所在位置板中原配置的同向贯通纵筋。根据受力需要，加强贯通纵筋可在板下部配置，也可在板下部和上部均设置。纵筋加强带的引注如图 5-9 所示。

当板下部和上部均设置加强贯通纵筋，而板带上部横向无配筋时，加强带上部横向配筋应由设计者注明。

当将纵筋加强带设置为暗梁形式时应注写箍筋，其引注如图 5-10 所示。

（2）后浇带 HJD 的引注。后浇带的平面形状及定位由平面布置图表达，后浇带留筋方式等由引注内容表达，包括：

1）后浇带编号及留筋方式代号。留筋方式包括贯通留筋（代号 GT）和 100%搭接留筋（代号 100%）；

2）后浇混凝土的强度等级 C××。宜采用补偿收缩混凝土，设计应注明相关施工要求；

3）当后浇带区域留筋方式或后浇混凝土强度等级不一致时，设计者应在图中注明与图示不一致的部位及做法。

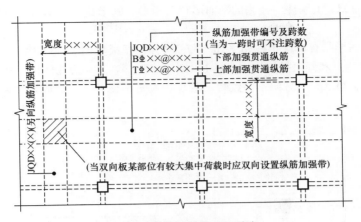

图 5-9　纵筋加强带 JQD 引注

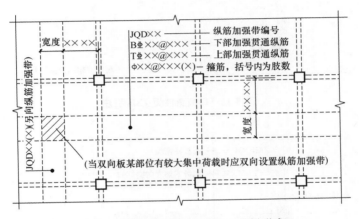

图 5-10　纵筋加强带 JQD 引注（暗梁形式）

后浇带引注如图 5-11 所示。

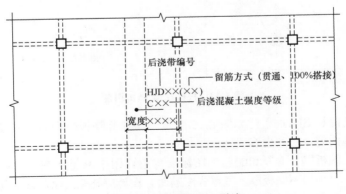

图 5-11　后浇带 HJD 引注

贯通留筋的后浇带宽度通常取大于或等于 800mm；100％搭接留筋的后浇带宽度通常取 800mm 与（l_1＋60mm 或 l_{lE}＋60mm）的较大值（l_1、l_{lE} 分别为受拉钢筋的搭接长度）。

（3）柱帽 ZM× 的引注。柱帽的平面形状有矩形、圆形或多边形等，其平面形状由平面布置图表达。

柱帽的立面形状有单倾角柱帽 ZMa（图 5-12）、托板柱帽 ZMb（图 5-13）、变倾角柱帽 ZMc（图 5-14）和倾角托板柱帽 ZMab（图 5-15）等，其立面几何尺寸和配筋由具体的引注内容表达。当 X、Y 方向不一致时，图 5-12～图 5-15 中 c_1、c_2 应标注为（$c_{1,X}$，$c_{1,Y}$）、（$c_{2,X}$，$c_{2,Y}$）。

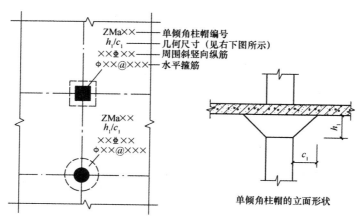

图 5-12　单倾角柱帽 ZMa 引注

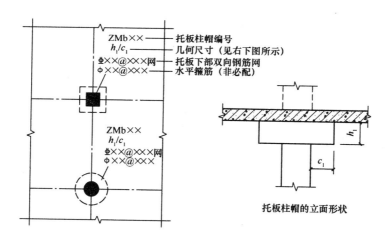

图 5-13　托板柱帽 ZMb 引注

（4）局部升降板 SJB 的引注如图 5-16 所示。局部升降板的平面形状及定位由平面布置图表达，其他内容由引注内容表达。

局部升降板的板厚、壁厚和配筋，在标准构造详图中取与所在板块的板厚和配筋相同，设计不注；当采用不同板厚、壁厚和配筋时，设计应补充绘制截面配筋图。

局部升降板升高与降低的高度，在标准构造详图中限定为小于或等于 300mm，当高度大于 300mm 时，设计应补充绘制截面配筋图。

设计时应注意：局部升降板的下部与上部配筋均应设计为双向贯通纵筋。

（5）板加腋 JY 的引注如图 5-17 所示。板加腋的位置与范围由平面布置图表达，腋

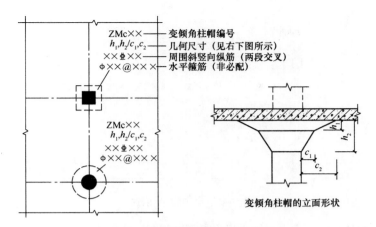

图 5-14 变倾角柱帽 ZMc 引注

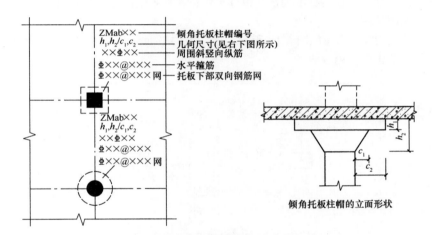

图 5-15 倾角托板柱帽 ZMab 引注

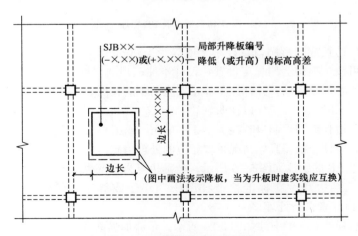

图 5-16 局部升降板 SJB 引注

宽、腋高及配筋等由引注内容表达。

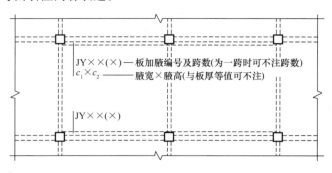

图 5-17 板加腋 JY 引注

当为板底加腋时腋线应为虚线，当为板面加腋时腋线应为实线；当腋宽与腋高同板厚时，设计不注。加腋配筋按标准构造，设计不注；当加腋配筋与标准构造不同时，设计应补充绘制截面配筋图。

（6）板开洞 BD 的引注如图 5-18 所示。板开洞的平面形状及定位由平面布置图表达，洞的几何尺寸等由引注内容表达。

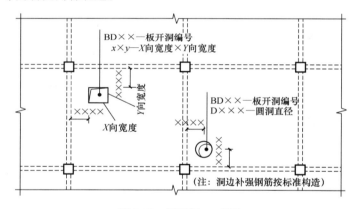

图 5-18 板开洞 BD 引注

当矩形洞口边长或圆形洞口直径小于或等于 1000mm，且当洞边无集中荷载作用时，洞边补强钢筋可按标准构造的规定设置，设计不注；当洞口周边加强钢筋不伸至支座时，应在图中画出所有加强钢筋，并标注不伸至支座的钢筋长度。当具体工程所需要的补强钢筋与标准构造不同时，设计应加以注明。

当矩形洞口边长或圆形洞口直径大于 1000mm，或虽小于或等于 1000mm 但洞边有集中荷载作用时，设计应根据具体情况采取相应的处理措施。

（7）板翻边 FB 的引注如图 5-19 所示。板翻边可为上翻也可为下翻，翻边尺寸等在引注内容中表达，翻边高度在标准构造详图中为小于或等于 300mm。当翻边高度大于300mm 时，由设计者自行处理。

（8）角部加强筋 Crs 的引注如图 5-20 所示。角部加强筋通常用于板块角区的上部，根据规范规定的受力要求选择配置。角部加强筋将在其分布范围内取代原配置的板支座上部非贯通纵筋，且当其分布范围内配有板上部贯通纵筋时则间隔布置。

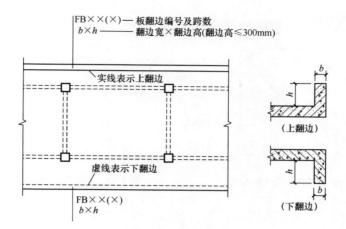

图 5-19　板翻边 FB 引注

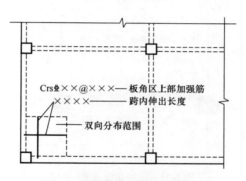

图 5-20　角部加强筋 Crs 的引注

（9）悬挑板阴角附加筋 Cis 的引注如图 5-21 所示。悬挑板阴角附加筋是指在悬挑板的阴角部位斜放的附加钢筋，该附加钢筋设置在板上部悬挑受力钢筋的下面。

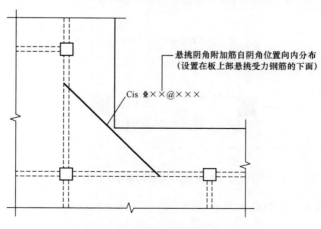

图 5-21　悬挑板阴角附加筋 Cis 引注

（10）悬挑板阳角附加筋 Ces 的引注如图 5-22、图 5-23 所示。

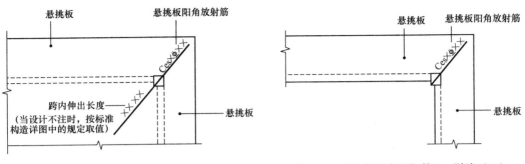

图 5-22　悬挑板阳角附加筋 Ces 引注（一）　　　　图 5-23　悬挑板阳角附加筋 Ces 引注（二）

（11）抗冲切箍筋 Rh 的引注如图 5-24 所示。抗冲切箍筋通常在无柱帽无梁楼盖的柱顶部位设置。

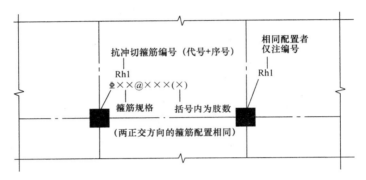

图 5-24　抗冲切箍筋 Rh 引注

（12）抗冲切弯起筋 Rb 的引注如图 5-25 所示。抗冲切弯起筋通常在无柱帽无梁楼盖的柱顶部位设置。

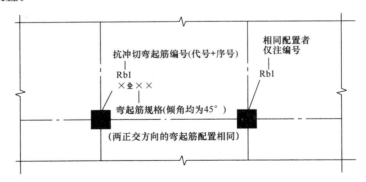

图 5-25　抗冲切弯起筋 Rb 引注

16G101－1 图集中未包括的其他构造，应由设计者根据具体工程情况按照规范要求进行设计。

第二节　板构件平法识图

现浇板第二集

扫码观看本视频

一、板构件平法施工图的内容

板构件平法施工图主要包括以下内容。

（1）图名、比例。

（2）定位轴线及其编号应与建筑平面图一致。

（3）板的板厚和标高。

（4）板的配筋情况。

（5）必要的设计详图和说明。

二、板构件平法识图步骤

板构件平法识图步骤如下。

（1）查看图名、比例。

（2）校核轴线编号及其间距尺寸，要求必须与建筑图、梁平法施工图保持一致。

（3）阅读结构设计总说明或图纸说明，明确现浇板的混凝土强度等级及其他要求。

（4）明确现浇板的厚度和标高。

（5）明确现浇板的配筋情况，并参阅说明，了解未标注的分布钢筋情况等。

识读现浇板施工图时，应注意现浇板钢筋的弯钩方向，以便确定钢筋是在板的底部还是顶部。

需要特别强调的是，应分清板中纵横方向钢筋的位置关系。对于四边整浇的混凝土矩形板，由于力沿短边方向传递得多，下部钢筋一般是短边方向钢筋在下，长边方向钢筋在上，而下部钢筋正好相反。

三、板构件相关构造识图

1. 有梁楼盖楼（屋）面板配筋构造

（1）有梁楼盖楼面板 LB 和屋面板 WB 钢筋构造如图 5-26 所示。

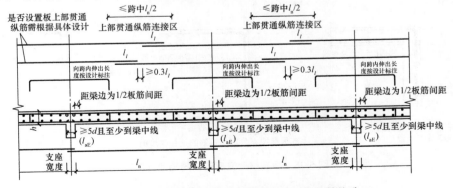

图 5-26　有梁楼盖楼面板 LB 和屋面板 WB 钢筋构造

（括号内的锚固长度 l_{aE} 用于梁板式转换层的板）

注：1. 当相邻等跨或不等跨的上部贯通纵筋配置不同时，应将配置较大者越过其标注的跨数终点或起点伸出至相邻跨的跨中连接区域连接。

2. 除本图所示搭接外，板纵筋可采用机械连接或焊接。接头位置：上部钢筋如本图所示连接区，下部钢筋宜在距支座 1/4 净跨内。

3. 板位于同一层面的两向交叉纵筋哪个方向在下哪个方向在上，应按具体设计说明确定。

4. 图中板的中间支座均按梁绘制，当支座为混凝土剪力墙时，其构造相同。

5. 梁板式转换层的板中 l_{abE}、l_{aE} 按抗震等级四级取值，设计也可根据实际工程情况另行指定。

（2）板在端部支座的锚固构造如图 5-27、图 5-28 所示。

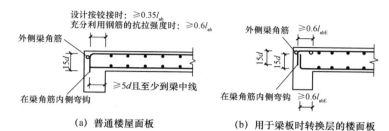

(a) 普通楼屋面板   (b) 用于梁板时转换层的楼面板

图 5-27　板在端部支座的锚固构造（一）

注：1. 图（a）（b）中纵筋在端支座应伸至梁支座外侧纵筋内侧后弯折 15d，当平直段长度分别≥l_a、≥l_{aE} 时可不弯折。

2. 图中"设计按铰接时""充分利用钢筋的抗拉强度时"由设计指定。

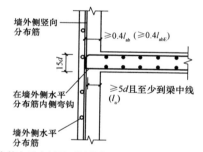

(a) 端部支座为剪力墙中间层（括号内的数值用于梁板式转换层的板）

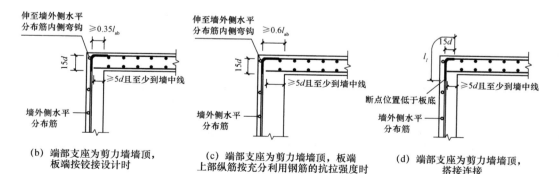

(b) 端部支座为剪力墙墙顶，
板端按铰接设计时

(c) 端部支座为剪力墙墙顶，板端
上部纵筋按充分利用钢筋的抗拉强度时

(d) 端部支座为剪力墙墙顶，
搭接连接

图 5-28　板在端部支座的锚固构造（二）

注：1. 板端部支座为剪力墙顶时，图（b）（c）（d）的做法由设计指定。

2. 纵筋在端支座应伸至墙外侧水平分布钢筋内侧后弯折 15d，当平直段长度分别不小于 l_a 或不小于 l_{aE} 时可不弯折。

3. 梁板式转换层的板中 l_{abE}、l_{aE} 按抗震等级四级取值，设计也可根据实际工程情况另行指定。

2. 有梁楼盖不等跨板上部贯通纵筋连接构造

有梁楼盖不等跨板上部贯通纵筋连接构造如图 5-29 所示。

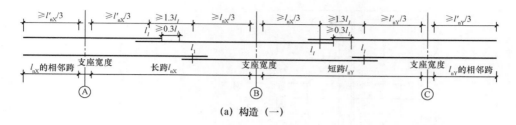

(a) 构造（一）

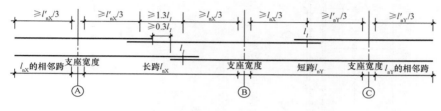

(b) 构造（二）

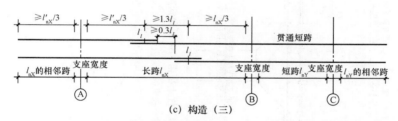

(c) 构造（三）

l'_{nx}—轴线 A 左右两跨的较大净跨度值；l'_{ny}—轴线 C 左右两跨的较大净跨度值。

图 5-29 不等跨板上部贯通纵筋连接构造

（当钢筋足够长时能通则通）

3. 无梁楼盖柱上板带 ZSB 与跨中板带 KZB 纵向钢筋构造

（1）柱上板带 ZSB 纵向钢筋构造如图 5-30 所示。

（2）跨中板带 KZB 纵向钢筋构造如图 5-31 所示。

4. 板带端支座、板带悬挑端纵向钢筋构造

（1）板带端支座纵向钢筋构造如图 5-32、图 5-33 所示。

（2）板带悬挑端纵向钢筋构造如图 5-34 所示。

5. 悬挑板钢筋构造

悬挑板 XB 钢筋构造如图 5-35 所示。

6. 单（双）向板配筋示意

单（双）向板配筋示意如图 5-36 所示。

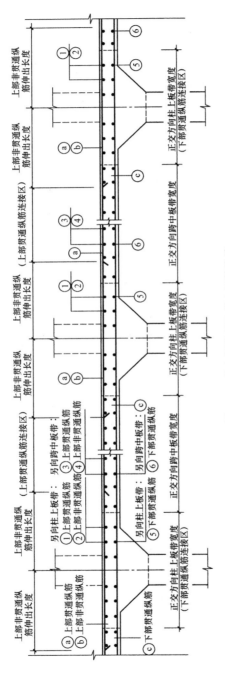

图 5-30 柱上板带 ZSB 纵向钢筋构造

（板带上部非贯通纵筋向跨内伸出者较大者越过其标注的跨数终点或起点伸出至相邻跨的跨中连接区域连接）

注：1. 当相邻等跨或不等跨的上部贯通纵筋配置不同时，应将配置较大者越过其标注的跨数终点或起点伸出至相邻跨的跨中连接区域连接。

2. 板贯通纵筋在连接区域内也可采用机械连接或焊接连接。

3. 板各部位同一层面内的两向交叉纵筋何向何向在下何向在上，应按具体设计说明确定。

4. 本图构造同样适用于无柱帽的无梁楼盖。

5. 无梁楼盖适用于柱上板带内贯通纵筋搭接长度应为 l_{lE}。无柱帽柱上板带的下部贯通纵筋，宜在距柱面 2 倍板厚以外连接，采用搭接时钢筋端部宜设置垂直于板面的弯钩。

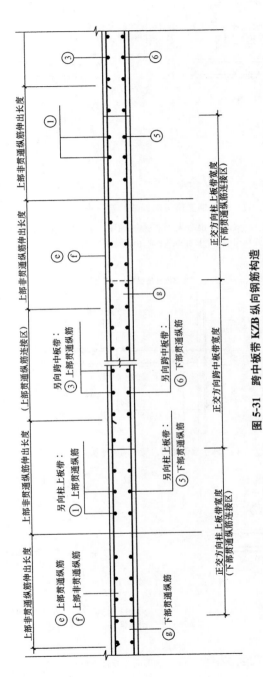

图 5-31　跨中板带 KZB 纵向钢筋构造

（板带上部非贯通纵筋向跨内伸出长度按设计标注）

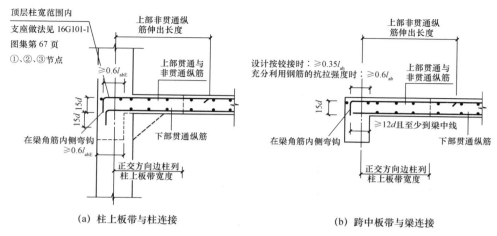

(a) 柱上板带与柱连接　　　　　　　(b) 跨中板带与梁连接

图 5-32　板带端支座纵向钢筋构造（一）

注：1. 本图板带端支座纵向钢筋构造、板带悬挑端纵向钢筋同样适用于无柱帽的无梁楼盖。
　　2. 图中"设计按铰接时""充分利用钢筋的抗拉强度时"由设计指定。

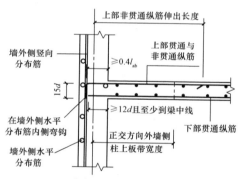

(a) 跨中板带与剪力墙中间层连接

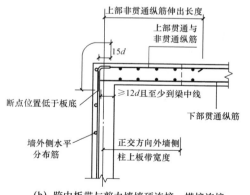

(b) 跨中板带与剪力墙墙顶连接，搭接连接

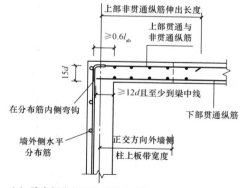

(c) 跨中板带与剪力墙墙顶连接，板端上部纵筋
按充分利用钢筋的抗拉强度时

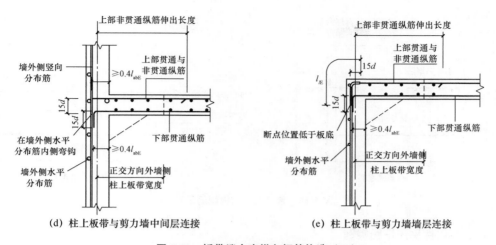

(d) 柱上板带与剪力墙中间层连接　　　　(e) 柱上板带与剪力墙墙层连接

图 5-33　板带端支座纵向钢筋构造（二）

注：(b)(c) 做法由设计指定。

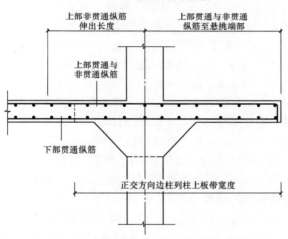

图 5-34　板带悬挑端纵向钢筋构造

（板带上部非贯通纵筋向跨内伸出长度按设计标注）

注：本图板带悬挑端纵向钢筋构造同样适用于无柱帽的无梁楼盖。

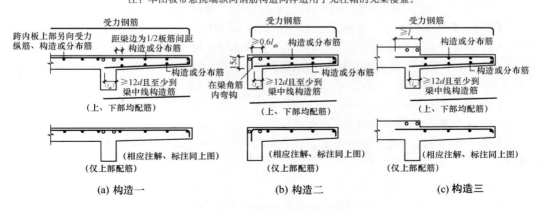

(a) 构造一　　　　　　　(b) 构造二　　　　　　　(c) 构造三

图 5-35　悬挑板 XB 钢筋构造

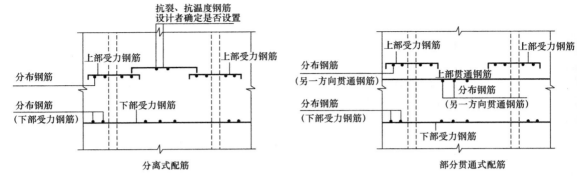

图 5-36 单（双）向板配筋示意

四、板构件平法识图实例

【**例 5-1**】某办公楼现浇板平法施工图如图 5-37 所示。

从图 5-37 的板平法施工图中可知其共有三种板，其编号分别为 LB1、LB2、LB3。

对于 LB1，板厚 $h=120$mm。板下部钢筋为 B：$X\&Y\Phi10@200$，表示板下部钢筋两个方向均为 $\Phi10@200$，没有配上部贯通钢筋。板支座负筋采用原位标注，并给出编号，同一编号的钢筋，仅详细注写一个，其余只注写编号。

对于 LB2，板厚 $h=100$mm。板下部钢筋为 B：$X\Phi8@200$，$Y\Phi8@150$。表示板下部钢筋 X 方向为 $\Phi8@200$，Y 方向为 $\Phi8@150$，没有配上部贯通钢筋。板支座负筋采用原位标注，并给出编号，同一编号的钢筋，仅详细注写一个，其余只注写编号。

对于 LB3，板厚 $h=100$mm。集中标注钢筋为 $B\&T$：$X\&Y\Phi8@200$，表示该楼板上部、下部两个方向均配 $\Phi8@200$ 的贯通钢筋，即双层双向均为 $\Phi8@200$。板集中标注下面括号内的数字（-0.080）表示该楼板比楼层结构标高低 80mm。因为该房间为卫生间，卫生间的地面要比普通房间的地面低。

在楼房主入口处设有雨篷，雨篷应在二层结构平面图中表示，雨篷为纯悬挑板，所以编号为 XB1，**板厚** $h=130$mm/100mm，表示板根部厚度为 130mm 和 100mm。悬挑板的下部不配钢筋，上部 X 方向通筋为 $\Phi8@200$，悬挑板受力钢筋采用原位标注，即⑥号钢筋 $\Phi10@150$。为了表达该雨篷的详细做法，图中还画有 A—A 断面图。从 A—A 断面图中可以看出雨篷与框架梁的关系。板底标高为 2.900m，刚好与框架梁底平齐。

【**例 5-2**】某工程标准层顶板平法施工图如图 5-38 所示，设计说明如下。

（1）混凝土强度等级为 C30，钢筋采用 HPB300（Φ），HRB335（Φ）。

（2）▨▨所示范围为厨房或卫生间顶板，板顶标高为建筑物标高 -0.080m，其他部位板顶标高为建筑物标高 -0.050m，降板构造见 16G101 图集。

（3）未注明板厚均为 110mm。

（4）未注明钢筋的规格均为 $\Phi8@140$。

该图为某工程标准层顶板平法施工图，板厚有 110mm 和 120mm 两种，具体如图 5-38 所示。

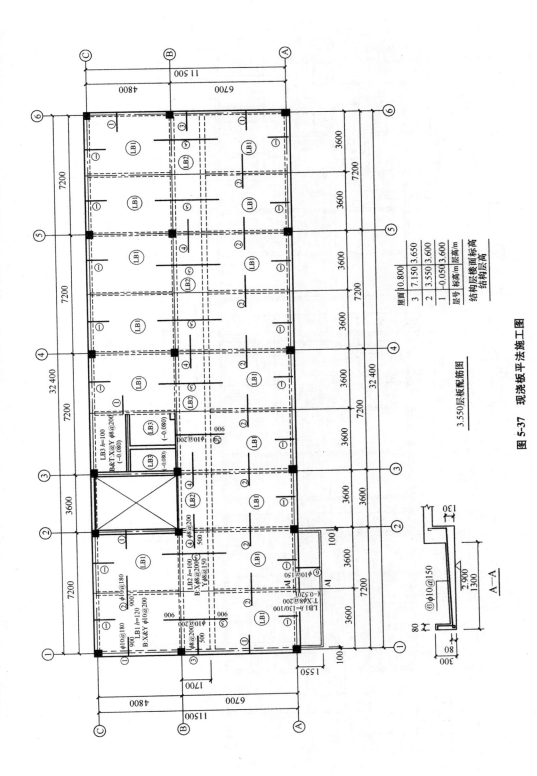

3.550层板配筋图

图 5-37　现浇板平法施工图

层号	标高/m	结构层楼面标高	结构层高
屋面	0.800		
3	7.150	3.650	
2	3.550	3.600	
1	-0.050	3.600	

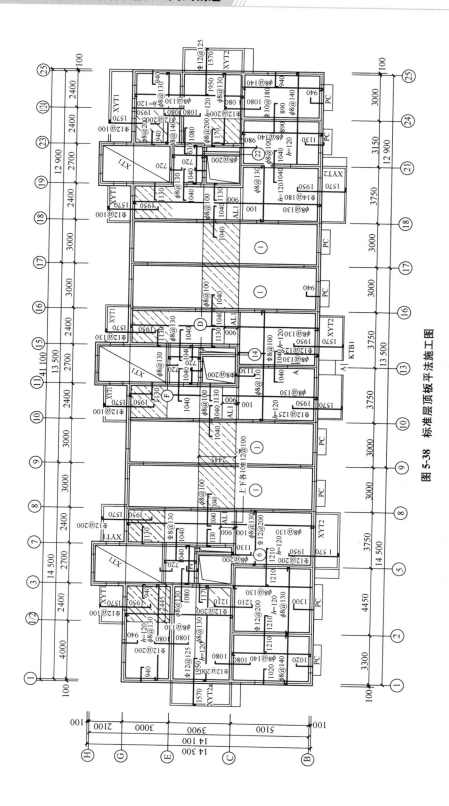

图 5-38 标准层顶板平法施工图

现以左下角为例来说明钢筋的配置情况。对于下部钢筋，可知图纸中的下部钢筋弯钩向上或向左，受力钢筋为Φ8@140（即直径为8mm的HPB300级钢筋，间距为140mm），沿房屋纵向布置，横向布置钢筋同样为Φ8@140，纵向（房间短向）钢筋在下，横向（房间长向）钢筋在上。

对于上部钢筋，可知图纸中的上部钢筋弯钩向下或向右，与墙相交处有上部构造钢筋，轴线1处沿房间纵向设置Φ8@140（未说明，根据图纸说明配置），伸出墙外1020mm；轴线2处沿房间纵向设置Φ12@200，伸出墙外1210mm；轴线B处沿房间横向设置Φ8@140，伸出墙外1020mm；轴线C处沿房间横向设置Φ12@200，伸出墙外1080mm。上部钢筋做直钩，顶在板底。

第三节　板构件钢筋算量

一、板上部贯通纵筋计算

1. 板上部贯通纵筋的配筋特点

（1）板上部贯通纵筋横跨一个整跨或几个整跨。

（2）板上部贯通纵筋两端伸至支座梁（墙）外侧纵筋的内侧，再弯直钩15d；当直锚长度≥l_a时可不弯折。

现浇板第三集

扫码观看本视频

2. 端支座为梁时上部贯通纵筋的计算

（1）计算板上部贯通纵筋的长度。

板上部贯通纵筋两端伸至梁外侧角筋的内侧，再弯直钩15d；当直锚长度≥l_a时可不弯折。具体的计算方法如下。

1）先计算直锚长度。

$$直锚长度＝梁截面宽度－保护层厚度－梁角筋直径$$

2）若直锚长度≥l_a则不弯折；否则弯直钩15d。

以单块板上部贯通纵筋的计算为例：

$$板上部贯通纵筋的直段长度＝净跨长度＋两端的直锚长度$$

（2）计算板上部贯通纵筋的根数。

按照16G101-1图集的规定，第一根贯通纵筋在距梁边为1/2板筋间距处开始设置。这样，板上部贯通纵筋的布筋范围就是净跨长度。在这个范围内除以钢筋的间距，所得到的间隔个数就是钢筋的根数。

3. 端支座为剪力墙时板上部贯通筋的计算

（1）计算板上部贯通纵筋的长度。

板上部贯通纵筋两端伸至剪力墙外侧水平分布筋的内侧，弯锚长度为l_a。具体的计算方法如下。

1）先计算直锚长度。

$$直锚长度＝墙厚度－保护层厚度－墙身水平分布筋直径$$

2）再计算弯钩长度。

$$弯钩长度＝l_a－直锚长度$$

以单块板上部贯通纵筋的计算为例：

板上部贯通纵筋的直段长度＝净跨长度十两端的直锚长度

（2）计算板上部贯通纵筋的根数。

按照 16G101-1 图集的规定，第一根贯通纵筋在距墙边为 1/2 板筋间距处开始设置。这样，板上部贯通纵筋的布筋范围＝净跨长度。在这个范围内除以钢筋的间距，所得到的间隔个数就是钢筋的根数。

【例 5-3】 板 LB1 的集中标注为：LB1　$h=100$；B：$X \& Y \Phi 8@150$；T：$X \& Y \Phi 8@150$。这块板 LB1 的尺寸为 $7000\text{mm} \times 6800\text{mm}$，$X$ 方向的梁宽度为 300mm，Y 方向的梁宽度为 250mm，均为正中轴线。X 方向的 KL1 上部纵筋直径为 25mm，Y 方向的 KL2 上部纵筋直径为 20mm。混凝土强度等级为 C25，二级抗震等级。试计算板上部贯通纵筋。

【解】（1）LB1 板 X 方向上部贯通纵筋的计算。

支座直锚长度＝梁宽－保护层厚度－梁角筋直径
$$=(250-25-20)\text{mm}=205\text{mm}$$

弯钩长度＝l_a－直锚长度
$$=27d-205=(27 \times 8-205)\text{mm}=15\text{mm}$$

上部贯通纵筋的直段长度＝净跨长度＋两端直锚长度
$$=[(7000-250)+205 \times 2]\text{mm}=7160\text{mm}$$

梁 KL1 角筋中心到混凝土内侧的距离＝$(25/2+25)\text{mm}=37.5\text{mm}$

板上部纵筋布筋范围＝净跨长＋37.5×2
$$=[(6800-300)+37.5 \times 2]\text{mm}=6575\text{mm}$$

X 方向的上部贯通纵筋的根数＝$(6575/150)$根≈ 44 根

（2）LB1 板 Y 方向上部贯通纵筋的计算。

支座直锚长度＝梁宽－保护层厚度－梁角筋直径
$$=(300-25-25)\text{mm}=250\text{mm}>27d=216\text{mm}$$

因此，上部贯通纵筋在支座的直锚长度就取定为 216mm，不设弯钩。

上部贯通纵筋的直段长度＝净跨长度＋两端直锚长度
$$=[(6800-300)+216 \times 2]\text{mm}=6932\text{mm}$$

梁 KL2 角筋中心到混凝土内侧的距离＝$(20/2+25)\text{mm}=35\text{mm}$

板上部贯通纵筋的布筋范围＝净跨长度＋35×2
$$=[(7000-250)+35 \times 2]\text{mm}=6820\text{mm}$$

Y 方向的上部贯通纵筋根数＝$(6820/150)$根≈ 46 根

【例 5-4】 某工程抗震等级为三级，板混凝土强度等级为 C30，保护层厚度为 15mm，钢筋连接方式为绑扎；梁混凝土强度等级为 C30，保护层厚度为 25mm；其余尺寸及钢筋配置如图 5-39 所示。试计算板面钢筋工程量，并进行钢筋翻样。

【解】 板面钢筋三维图如图 5-40 所示。

X 向板面钢筋三维图如图 5-41 所示。

X 向板面钢筋计算公式如下。

X 向面筋长度＝净长＋锚固＋锚固＋两倍弯钩
$$=(6600+30 \times d+30 \times d+12.5 \times d)\text{mm}=7180\text{mm}；$$

X 向面筋根数＝Ceil[（板 Y 向净长－50×2）/150]＋1
$$=[\text{Ceil}(3500-50 \times 2)/150+1]\text{根}=24 \text{ 根}；$$

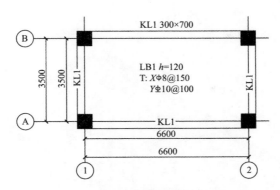

图 5-39　板配筋图

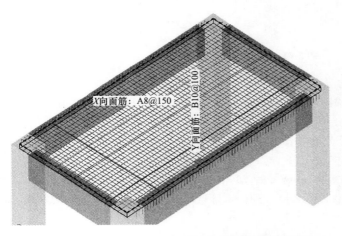

图 5-40　板面钢筋三维图

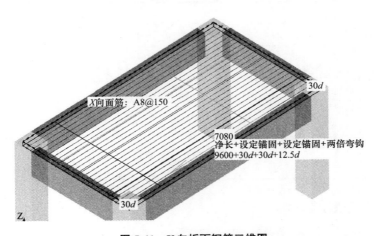

图 5-41　X 向板面钢筋三维图

X 向面筋总长度＝$(7180×24)$mm＝172 320mm；

板底 X 向钢筋总重量＝总长度×$\phi8$ 理论重量＝$(172.32×0.395)$kg＝68.066kg。

Y 向板面钢筋三维图如图 5-42 所示。

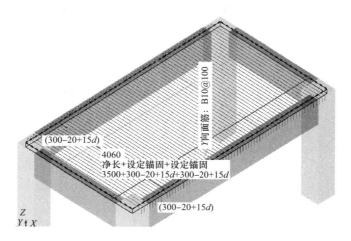

图 5-42 Y 向板面钢筋三维图

Y 向板面钢筋计算公式如下。

Y 向面筋长度＝净长＋锚固＋锚固＝(3500＋300－20＋15d＋300－20＋15d)mm
＝4360mm；

Y 向面筋根数＝Ceil[(板 X 向净长－50×2)/150]＋1
＝[Ceil(6600－50×2)/100＋1]根＝66 根；

Y 向面筋总长度＝(3500×66)mm＝287 760mm；

板底 Y 向钢筋总重量＝总长度×Φ10 理论重量＝(287.76×0.617)kg＝177.548kg。

板面钢筋翻样见表 5-5。

表 5-5 板面钢筋翻样表

板面钢筋翻样								钢筋总重：245.614kg	
筋号	级别	直径	钢筋图形	计算公式	根数	总根数	单长/m	总长/m	总重/kg
X 向面筋 1	Φ	8	⌐——7080——⌐	6600＋30d＋30d＋12d	24	24	7.18	172.32	68.066
Y 向面筋 1	⊈	10	150⌐ 4060 ⌐150	3500＋300－20＋15d＋300－20＋15d	66	66	4.36	287.76	177.548

二、板下部贯通纵筋计算

1. 板下部贯通纵筋的配筋特点

(1) 板下部贯通纵筋横跨一个整跨或几个整跨。

(2) 板下部贯通纵筋两端伸至支座梁（墙）的中心线，且直锚长度≥5d。包括两种情况之一。

1) 伸入支座的直锚长度为 1/2 的梁厚（墙厚），此时已经满足≥5d；

2) 满足直锚长度≥5d 的要求，此时直锚长度已经大于 1/2 的梁厚（墙厚）。

2. 端支座为梁时板下部贯通纵筋的计算

(1) 计算板下部贯通纵筋的长度。

具体的计算方法一般如下：

1) 先选定直锚长度＝梁宽/2。

2) 验算一下此时选定的直锚长度是否不小于 5d。如果满足"直锚长度≥5d"，则没有问题；如果不满足"直锚长度≥5d"，则取定 5d 为直锚长度。

以单块板下部贯通纵筋的计算为例。

板下部贯通纵筋的直段长度＝净跨长度＋两端的直锚长度

(2) 计算板下部贯通纵筋的根数。

计算方法和前面介绍的板上部贯通纵筋的根数算法是一致的。

【例 5-5】板 LB1 的集中标注为：LB1 $h=100$；B：X&$Y$$\Phi$8@150；T：$X$&$Y$$\Phi$8@150。这块板 LB1 的尺寸为 7000mm×6800mm，X 方向的梁宽为 300mm，Y 方向的梁宽为 250mm，均为正中轴线。X 方向的 KL1 上部纵筋直径为 25mm，Y 方向的 KL2 上部纵筋直径为 20mm。混凝土强度等级为 C25，二级抗震等级。求板的下部贯通纵筋。

【解】(1) LB1 板 X 方向的下部贯通纵筋的计算。

支座直锚长度＝梁宽/2

$=(250/2)mm=125mm>5d=(5×8)mm=40mm$

梁 KL1 角筋中心到混凝土内侧的距离＝$(25/2+25)mm=37.5mm$

板下部纵筋布筋范围＝净跨长＋37.5×2

$=[(6800-300)+37.5×2]mm=6575mm$

X 方向的下部贯通纵筋的根数＝(6575/150)根≈44 根

(2) LB1 板 Y 方向的下部贯通纵筋的计算。

直锚长度＝梁宽/2

$=(300/2)mm=150mm>5d=(5×8)mm=40mm$

下部贯通纵筋的直线段长度＝净跨长＋两端直锚长度

$=[(6800-300)+150×2]mm=6800mm$

梁 KL2 角筋中心到混凝土内侧的距离＝$(20/2+25)mm=35mm$

板下部贯通纵筋的布筋范围＝净跨长度＋35×2

$=[(7000-250)+35×2]mm=6820mm$

Y 方向的下部贯通纵筋根数＝(6820/150)根≈46 根

【例 5-6】某工程抗震等级为三级，板混凝土强度等级为 C30，保护层厚度为 15mm，钢筋连接方式为绑扎；梁混凝土强度等级为 C30，保护层厚度为 25mm；其余尺寸及钢筋配置如图 5-43 所示。试计算板底钢筋工程量，并进行钢筋翻样。

【解】板底钢筋三维图如图 5-44 所示。

板底 X 向钢筋三维图如图 5-45 所示。

底筋计算公式为：底筋长度＝板净跨＋伸入左右支座内长度 max $(h_c/2，5d)$ ＋弯钩增加长度。需要注意的是，当底部钢筋为非光圆钢筋时，无弯钩增加长度（如本题中 Y 向底筋）。其计算公式及计算过程如下。

单根板底 X 向钢筋长度＝6600(板 X 向净跨)＋300/2×2(左右支座内长度)＋6.25d×

2(左右弯钩增加长度)＝(6600＋300＋12.5×0.008)mm＝7000mm

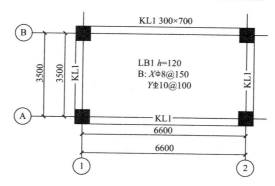

图 5-43　板平面图

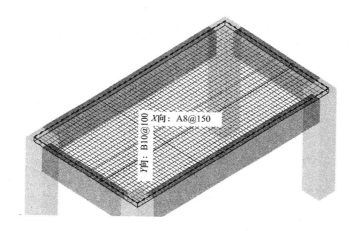

图 5-44　板底钢筋三维图

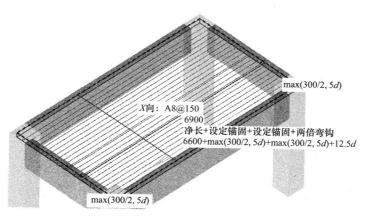

图 5-45　板底 *X* 向钢筋三维图

板底 X 向钢筋根数＝Ceil[（板 Y 向净跨－2×保护层厚度－50×2）/板筋间距]＋1＝
{Ceil[（3500－2×15－100）/150]＋1}根＝24 根

板底 X 向钢筋总长度＝（7000×24）mm＝168 000mm

板底 X 向钢筋总重量＝总长度×Φ8 理论重量＝（168×0.395）kg＝66.36kg

板底 Y 向钢筋三维图如图 5-46 所示。

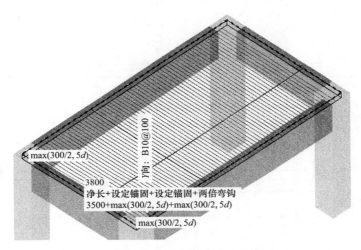

图 5-46　板底 Y 向钢筋三维图

板底 Y 向钢筋计算公式及计算过程如下。

单根板底 Y 向钢筋长度＝3500（板 Y 向净跨）＋300/2×2（左右支座内长度）＝（3500＋
300）mm＝3800mm；

板底 Y 向钢筋根数＝Ceil[（板 X 向净跨－2×保护层厚度－50×2）/板筋间距]＋1＝
{Ceil[（6600－2×15－100）/100]＋1}＝66 根；

板底 Y 向钢筋总长度＝（3800×66）mm＝250 800mm；

板底 Y 向钢筋总重量＝总长度×Φ10 理论重量＝（250.8×0.617）kg＝154.744kg。

板底钢筋算量与翻样见表 5-6。

表 5-6　板底钢筋算量与翻样表

板底钢筋翻样							钢筋总重：221.104kg		
筋号	级别	直径	钢筋图形	计算公式	根数	总根数	单长/m	总长/m	总重/kg
X 向1	Φ	8	6900	6600＋max(300/2, 5d)＋max(300/2, 5d)＋12.5d	24	24	7	168	66.36
Y 向1	Φ	10	3800	3500＋max(300/2, 5d)＋max(300/2, 5d)	66	66	3.8	250.8	154.744

【例 5-7】 某工程抗震等级为三级，板混凝土强度等级为 C30，板厚 h＝120mm，分布
筋 φ6@200，温度筋 φ6@200，保护层厚度为 15mm，钢筋连接方式为绑扎；梁混凝土强

度等级为 C30，保护层厚度为 25mm；其余尺寸及钢筋配置如图 5-47 所示。试计算负筋、分布筋、温度筋工程量，并进行钢筋翻样。

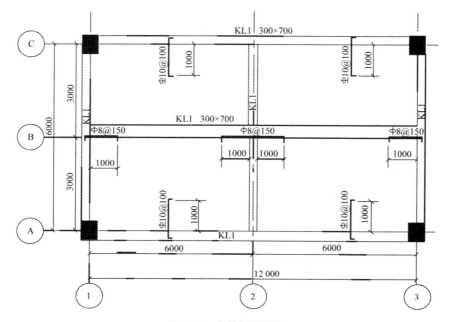

图 5-47　负筋板配筋图

负筋与分布筋三维图如图 5-48 所示。

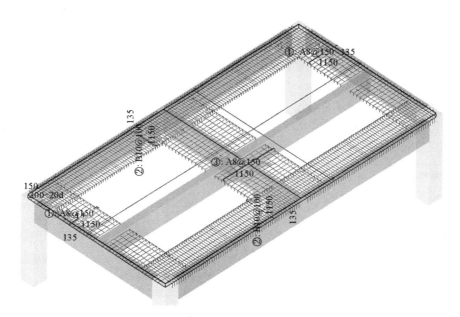

图 5-48　负筋与分布筋三维图

①号负筋三维图如图 5-49 所示。

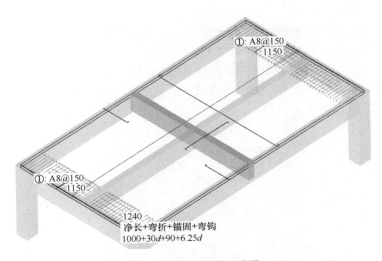

图 5-49　①号负筋三维图

①号负筋单根长度＝右净长＋弯折＋锚固＋弯钩＝1000＋30×d＋90＋6.25×d＝1380mm；

①轴处①号负筋钢筋根数＝Ceil［（板 Y 向净长－梁宽－50×2）/板筋间距］＝Ceil［（6000－300－50×2）/150］＋1＝38 根；

①轴处①号负筋总长度＝1380×38＝52 440mm；

钢筋总重量＝总长度×ϕ8 理论重量＝52.44×0.395＝20.714kg。

同理③轴处负筋也可求得，这里不做赘述。

①号负筋分布筋三维图如图 5-50 所示。

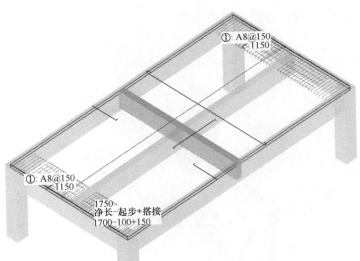

图 5-50　①号负筋分布筋三维图

分布筋 1＝净长－起步＋搭接＝1700－100＋150＝1750mm；

分布筋 2＝净长－起步＋搭接＝3000－100＋150＝2050mm；

钢筋根数＝Ceil［（负筋净长－梁宽－50×2）/板筋间距］＋1＝Ceil［（1000－300－50×

2)/150]＋1＝5 根；

分布筋 1 总长度＝1750×5＝8750mm；

分布筋 2 总长度＝2050×5＝10 250mm；

分布筋 1 钢筋总重量＝总长度×φ6 理论重量＝8.75×0.222＝1.943kg；

分布筋 2 钢筋总重量＝总长度×φ6 理论重量＝10.25×0.222＝2.276kg。

②号负筋三维图如图 5-51 所示。

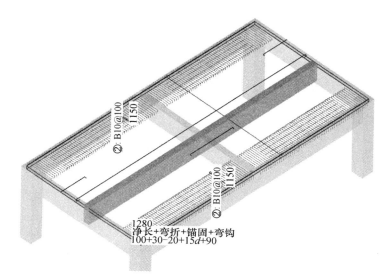

图 5-51　②号负筋三维图

②号负筋分布筋三维图如图 5-52 所示。

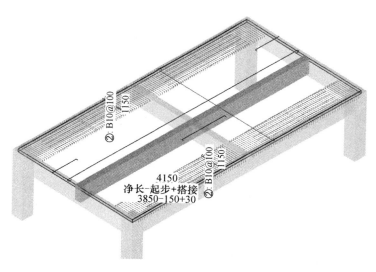

图 5-52　②号负筋分布筋三维图

②号负筋分布筋可参照①号负筋分布筋计算过程，其计算结果见钢筋抽样表。

③号负筋三维图如图 5-53 所示。

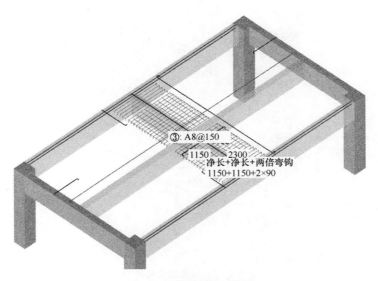

图 5-53　③号负筋三维图

③号负筋可参照①号负筋计算过程，其计算结果见钢筋抽样表。

X 向温度筋三维图如图 5-54 所示。

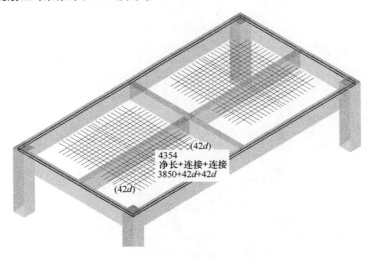

图 5-54　X 向温度筋三维图

X 向温度筋长度＝净长＋与负筋搭接＋与负筋搭接＝3850＋42d＋42d＝4354mm；

①～②轴钢筋根数＝Ceil[（板净长－2×负筋净长－温度筋间距×2－梁宽－温度筋间距×2）/板筋间距]＝Ceil[（6000－1000×2－200×2－300－200×2）/200）]＝17 根；

②～③轴钢筋根数同上，也为 19 根，X 向温度筋总根数＝17×2＝34 根；

X 向温度筋总长度＝4354×34＝148 036mm；

X 向温度筋总重量＝总长度×ϕ6 理论重量＝148.036×0.222＝32.864kg。

Y 向温度筋三维图如图 5-55 所示。

Y 向温度筋参照 X 向温度筋计算过程，计算结果见板钢筋算量与翻样表 5-7。

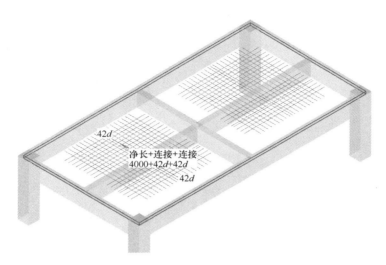

图 5-55 *Y* 向温度筋三维图

表 5-7 板钢筋算量与翻样表

板钢筋翻样   钢筋总重：406.143kg

筋号	级别	直径	钢筋图形	计算公式	根数	总根数	单长/m	总长/m	总重/kg
X 向温度筋	Φ	6	4354	3850＋42*d* ＋42*d*	34	34	4.354	148.04	32.864
Y 向温度筋	Φ	6	4504	4000＋42*d* ＋42*d*	38	38	4.504	171.15	37.996
①负筋	Φ	8	90⌐ 1240	1000＋30*d*＋ 90＋6.25*d*	38	38	1.38	52.44	20.714
①分布筋	Φ	6	1750	1700－100 ＋150	5	5	1.75	8.75	1.943
①分布筋	Φ	6	2050	2000－100 ＋150	5	5	2.05	10.25	2.276
①负筋	Φ	8	90⌐ 1240	1000＋30*d*＋ 90＋6.25*d*	38	38	1.38	52.44	20.714
①分布筋	Φ	6	2050	2000－100 ＋150	5	5	2.05	10.25	2.276
①分布筋	Φ	6	1750	1700－100 ＋150	5	5	1.75	8.75	1.943
②负筋	⊈	10	150⌐ 1280 ⌐90	1000＋300－ 20＋15*d*＋90	118	118	1.52	179.36	110.665

板钢筋翻样										钢筋总重：406.143kg
筋号	级别	直径	钢筋图形	计算公式	根数	总根数	单长/m	总长/m	总重/kg
②分布筋	Φ	6	4150	3850+150+150	10	10	4.15	41.5	9.213
②负筋	Φ	10	150　1280　90	1000+300-20+15d-90	118	118	1.52	179.36	110.665
②分布筋	Φ	6	4150	3850+150+150	10	10	4.15	41.5	9.213
③负筋	Φ	8	90　2300　90	1150+1150+90+90	38	38	2.48	94.24	37.225
③分布筋	Φ	6	1750	1700+100+150	10	10	1.75	17.5	3.885
③分布筋	Φ	6	2050	2000+100+150	10	10	2.05	20.5	4.551

三、延伸悬挑板钢筋计算

1. 延伸悬挑板的纵向受力钢筋

（1）纵向受力钢筋的尺寸计算。

上翻边钢筋的垂直段长度＝上翻高度标注值＋板端厚度－2×保护层厚度

上端水平段长度 b_1 ＝翻边宽度－2×保护层厚度

下端水平段长度 $b_2 = l_a - $（悬挑板端部厚度－保护层厚度）

（2）纵向受力钢筋的根数计算。

对于悬挑板来说，它的第一根纵筋距板边缘一个保护层开始设置。

2. 延伸悬挑板的横向钢筋

（1）横向钢筋的尺寸计算。

横向钢筋的长度＝悬挑板宽度－2×保护层厚度

（2）横向钢筋的根数计算。

在计算横向钢筋的根数时，把跨内部分与悬挑部分水平段长度的横向钢筋分别进行计算。

对于"跨内部分"，它的第一根纵筋距梁边半个板筋间距开始设置。另外，在扣筋的拐角处要布置一根钢筋。

对于"悬挑水平段部分"，它的第一根纵筋也是距梁边半个板筋间距开始设置。在扣筋拐角处布置一根钢筋，另外，在上翻钢筋与水平段的交叉点上要布置一根钢筋。此外，还要对"上翻边部分"的根数进行计算。

【例 5-7】某一延伸悬挑板上的集中标注为：YXB1　$h＝150/100$　T：XΦ8@150，如图 5-56 所示。试对悬挑板钢筋进行计算。

【解】从图 5-56 中我们可以得出如下信息。

在这根非贯通纵筋的上方注写为①Φ 10@100，跨内下方注写延伸长度为 2500mm，延伸悬挑板的端部翻边 FB1 为上翻边，翻边尺寸标注为 60×300（表示该翻边的宽度为 60mm，高度为 300mm），这块延伸悬挑板的宽度为 7200mm，悬挑净长度为 1000mm，支座梁宽度为 300mm。

图 5-56　延伸悬挑板平法集中标注

（1）延伸悬挑板的纵向受力钢筋。

1）纵向受力钢筋的尺寸计算。

这根钢筋的水平长度 L 由三部分构成：跨内延伸长度标注值为 2500mm，算至支座梁的中心线；悬挑的净长度 1000mm（需要扣减一个保护层）；这两段长度之间还有半个梁的宽度。

所以，

$$钢筋的水平长度 L = 2500 + (1000 - 15) + 300/2 = 3635mm$$

这根延伸悬挑板纵筋相当于一根扣筋，则，

$$跨内部分的腿长 h = 板厚 - 15$$
$$悬挑端部的腿长 h_1 = 板厚_1 - 15$$

所以，可得：

$$跨内部分的扣紧腿长度 h = (150 - 15)mm = 135mm$$
$$悬挑部分的扣紧腿长度 h_1 = (100 - 15)mm = 85mm$$

2）翻边钢筋的尺寸计算。

$$上翻边钢筋的垂直段长度 h_2 = 上翻高度标注值 + 板端厚度 - 2 \times 保护层厚度$$
$$= (300 + 100 - 2 \times 15)mm = 370mm$$

$$翻边上端水平段长度 b_1 = 翻边宽度 - 2 \times 保护层厚度$$
$$= (60 - 2 \times 15)mm = 30mm$$

$$翻边下端水平段长度 b_2 = l_a - (悬挑板端部厚度 - 保护层厚度)$$
$$= l_a - (100 - 15) = (30 \times 12 - 85)mm = 275mm$$

$$上翻边钢筋的每根长度 = h_2 + b_1 + b_2$$
$$= (370 + 30 + 275)mm = 675mm$$

3）纵向受力钢筋的根数计算。

$$纵向受力钢筋的根数 = [(7200 + 60 - 15 \times 2)/100 + 1]根 \approx 74 根$$

（2）延伸悬挑板的横向钢筋。

1）横向钢筋的尺寸计算。

$$横向钢筋的长度 = 悬挑板宽度 - 2 \times 保护层厚度$$
$$= (7200 - 2 \times 15)mm = 7170mm$$

2）横向钢筋的根数计算。

$$跨内部分钢筋根数 = [(2500 - 300/2 - 150/2)/150 + 1]根 = 17 根$$
$$悬挑水平段部分钢筋根数 = [(1000 - 150/2 - 15)/150 + 2]根 \approx 8 根$$

上翻边部分的上端和中部钢筋根数是 2 根。

所以，横向钢筋的根数＝跨内部分钢筋根数＋悬挑水平段部分钢筋根数＋上翻边部分的上端和中部钢筋根数

$$=（17＋8＋2）根＝27 根$$

现浇板第四集

扫码观看本视频

四、纯悬挑板钢筋计算

1. 纯悬挑板上部钢筋计算

（1）上部受力钢筋长度。

1）当为直锚情况时：

$$上部受力钢筋长度＝悬挑板净跨＋\max\{锚固长度 l_a,250\}＋$$
$$（h－保护层厚度×2）＋弯钩$$

2）当为弯锚情况时：

$$上部受力钢筋长度＝悬挑板净跨＋（支座宽－保护层厚度＋15d）＋$$
$$（h_1－保护层厚度×2）＋15d＋弯钩$$

注：上面的计算，当为二级钢筋时，均不加弯钩。

（2）上部受力钢筋根数。

纯悬挑板上部受力钢筋根数＝(悬挑板长度 l－保护层厚度×2)/上部受力钢筋间距＋1

（3）上部分布筋长度。

纯悬挑板上部分布筋长度＝(悬挑板长度 l－保护层厚度×2)＋弯钩×2

（4）上部分布筋根数。

纯悬挑板上部分布筋根数＝(悬挑板净跨－保护层厚度)/分布筋间距

2. 纯悬挑板下部钢筋计算

（1）下部构造钢筋长度。

$$纯悬挑板下部构造钢筋长度＝(悬挑板净跨－保护层厚度)＋\max\{支座宽/2,12d\}＋$$
$$弯钩×2(二级钢筋不加)$$

（2）下部构造钢筋根数。

纯悬挑板下部构造钢筋根数＝(悬挑板长度 l－保护层厚度×2)/下部构造钢筋间距＋1

（3）下部分布筋长度。

纯悬挑板下部分布筋长度＝(悬挑板长度 l－保护层厚度×2)＋弯钩×2

（4）下部分布筋根数。

纯悬挑板下部分布筋根数＝(悬挑板净跨－保护层厚度)/分布筋间距

【例 5-8】 某一纯悬挑板平面图和下部钢筋剖面图如图 5-57、图 5-58 所示。悬挑板净宽为 1400mm，下部构造钢筋间距为 200mm，保护层厚度为 15mm，混凝土强度等级为 C30，非抗震等级。试计算悬挑板下部的钢筋量。

【解】（1）下部构造钢筋长度。

$$弯钩长度＝6.25d$$
$$下部构造钢筋长度＝(悬挑板净跨－保护层厚度)＋\max\{支座宽/2,12d\}＋$$
$$弯钩×2(二级钢筋不加)$$
$$=[(1400－15)＋\max\{300/2,12×10\}＋6.25×10×2]mm$$
$$=1660mm$$

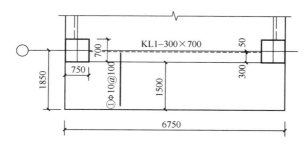

图 5-57　纯悬挑板平面图

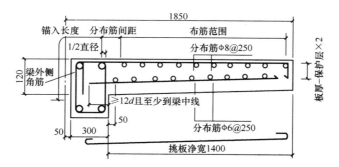

图 5-58　纯悬挑板下部钢筋剖面图

（2）下部构造钢筋根数。

下部构造钢筋根数＝［悬挑板长度 l－保护层厚度×2－（1/2）×10×2］/下部构造钢筋
　　　　　间距＋1

　　　　　＝［(6750－15×2－1/2×10×2)/200＋1］根≈35 根

（3）下部分布筋长度。

纯悬挑板下部分布筋长度＝(悬挑板长度 l－保护层厚度×2)＋弯钩×2

　　　　　　　　＝［(6750－15×2)＋6.25×10×2］mm＝6845mm

（4）下部分布筋根数。

纯悬挑板下部分布筋根数＝(悬挑板净跨－50)/分布筋间距＋1

　　　　　　　　＝［(1400－50)/250＋1］根≈7 根

第六章
剪力墙构件平法识图与钢筋算量

第一节 剪力墙构件平法施工图识图规则

一、剪力墙构件平法施工图的表示方法

（1）在平法施工图中，通常会将剪力墙分为剪力墙柱（简称墙柱）、剪力墙身（简称墙身）和剪力墙梁（简称墙梁）。

（2）剪力墙平法施工图是在剪力墙平面布置图上采用列表注写方式或截面注写方式进行表达。

墙及门窗

扫码观看本视频

列表注写方式是指分别在剪力墙柱表、剪力墙身表和剪力墙梁表中，对应于剪力墙平面布置图上的编号，用绘制截面配筋图并注写几何尺寸与配筋具体数值的方式，来表达剪力墙平法施工图。

截面注写方式是在分标准层绘制的剪力墙平面布置图上，以直接在墙柱、墙身、墙梁上注写截面尺寸和配筋具体数值的方式，来表达剪力墙平法施工图。

（3）在剪力墙平法施工图中，应注明各结构层的楼面标高、结构层高及相应的结构层号，还应注明上部结构嵌固部位位置。

（4）对于轴线未居中的剪力墙（包括端柱），应标注其偏心定位尺寸。

（5）剪力墙平面布置图可采用适当比例单独绘制，也可与柱或梁平面布置图合并绘制。当剪力墙较复杂或采用截面注写方式时，应按标准层分别绘制剪力墙平面布置图。

二、剪力墙柱平法施工图识图规则

1. 剪力墙柱编号

墙柱编号，由墙柱类型、代号和序号等组成，其具体应符合表 6-1 的规定。

表 6-1　墙柱的编号

墙柱类型	代号	序号
约束边缘构件	YBZ	××
构造边缘构件	GBZ	××

墙柱类型	代号	序号
非边缘暗柱	AZ	××
扶壁柱	FBZ	××

注：约束边缘构件包括约束边缘暗柱、约束边缘端柱、约束边缘翼墙、约束边缘转角墙四种。构造边缘构件包括构造边缘暗柱、构造边缘端柱、构造边缘翼墙、构造边缘转角墙四种。

2. 剪力墙柱列表注写方式

（1）注写墙柱编号，绘制该柱的截面配筋图，标注墙柱几何尺寸。

1）约束边缘构件需注明阴影部分尺寸，如图 6-1 所示。

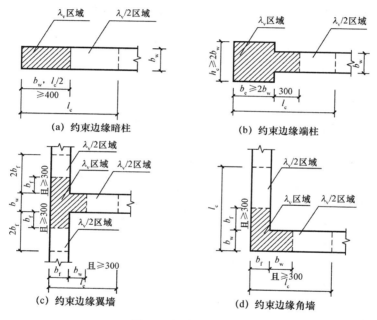

(a) 约束边缘暗柱　　　　(b) 约束边缘端柱

(c) 约束边缘翼墙　　　　(d) 约束边缘角墙

图 6-1　约束边缘构件

2）构造边缘构件需注明阴影部分尺寸，如图 6-2 所示。

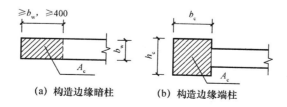

(a) 构造边缘暗柱　　　(b) 构造边缘端柱

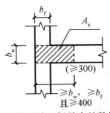 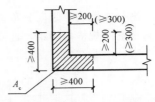

(c) 构造边缘翼墙（括号中的数值用于高层建筑） (d) 构造边缘转角墙（括号中的数值用于高层建筑）

图 6-2 构造边缘构件

3）扶壁柱及非边缘暗柱需注明标注几何尺寸。

（2）注写各段墙柱的起止标高，自墙柱根部往上以变截面位置或截面未变但配筋改变处为界分段注写。墙柱根部标高一般指基础顶面标高（部分框支剪力墙结构则为框支梁顶面标高）。

（3）注写各段墙柱的纵向钢筋和箍筋，注写值应与在表中绘制的截面配筋图对应一致。纵向钢筋注写总配筋值；墙柱箍筋的注写方式与柱箍筋相同。

3. 剪力墙柱截面注写方式

在剪力墙柱截面注写方式中，应从相同编号的墙柱中选择一个截面，注明几何尺寸，标注全部纵筋及箍筋的具体数值。

约束边缘构件除了需注明阴影部分具体尺寸外，还需注明约束边缘构件沿墙肢长度 l_c，约束边缘翼墙中沿墙肢长度尺寸为 $2b_f$ 时可不注。

三、剪力墙身平法施工图识图规则

1. 剪力墙身编号

墙身编号，由墙身代号、序号以及墙身所配置的水平与竖向分布钢筋的排数组成，其中，排数注写在括号内，具体表达形式为：

$$Q \times \times (\times 排)$$

在编号中，如若干墙柱的截面尺寸与配筋均相同，仅截面与轴线的关系不同时，可将其编为同一墙柱号；又如若干墙身的厚度尺寸和配筋均相同，仅墙厚与轴线的关系不同或墙身长度不同时，也可将其编为同一墙身号，但应在图中注明与轴线的几何关系。

当墙身所设置的水平与竖向分布钢筋的排数为 2 时可不注。

对于分布钢筋网的排数规定：当剪力墙厚度不大于 400mm 时，应设置双排；当剪力墙厚度大于 400mm 时，但不大于 700mm 时，宜配置三排；当剪力墙厚度大于 700mm 时，宜配置四排。

各排水平分布钢筋和竖向分布钢筋的直径与间距宜保持一致。

当剪力墙配置的分布钢筋多于两排时，剪力墙拉筋两端应同时勾住外排水平纵筋和竖向纵筋，还应与剪力墙内排水平纵筋和竖向纵筋绑扎在一起。

2. 剪力墙身列表注写方式

（1）注写墙身编号（含水平与竖向分布钢筋的排数）。

（2）注写各段墙身起止标高，自墙身根部往上以变截面位置或截面未变但配筋改变处为界分段注写。墙身根部标高一般指基础顶面标高（部分框支剪力墙结构则为框支梁的顶

217

面标高）。

（3）注写水平分布钢筋、竖向分布钢筋和拉筋的具体数值。注写数值为一排水平分布钢筋和竖向分布钢筋的规格与间距，具体设置几排已在墙身编号后面表达。拉筋应注明布置方式"双向"或"梅花双向"，如图 6-3 所示。

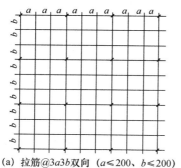 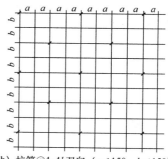

(a) 拉筋@3a3b双向（$a \leqslant 200$、$b \leqslant 200$）　　(b) 拉筋@4a4b双向（$a \leqslant 150$、$b \leqslant 150$）

图 6-3　拉筋设置示意图

3. 剪力墙身截面注写方式

在剪力墙身的截面注写方式中，可从相同编号的墙身中选择一道墙身，按顺序引注的内容为：墙身编号（应包括注写在括号内墙身所配置的水平与竖向分布钢筋的排数）、墙身尺寸、水平分布钢筋、竖向分布钢筋和拉筋的具体数值。

四、剪力墙梁平法施工图识图规则

1. 剪力墙梁编号

墙梁的编号，主要由墙梁类型、代号和序号等组成，其具体表达形式见表 6-2 的规定。

表 6-2　墙梁编号

墙梁类型	代号	序号
连梁	LL	××
连梁（对角暗撑配筋）	LL（JC）	××
连梁（交叉斜筋配筋）	LL（JX）	××
连梁（集中对角斜筋配筋）	LL（DX）	××
连梁（跨高比不小于 5）	LLk	××
暗梁	AL	××
边框梁	BKL	××

注：1. 在具体工程中，当某些墙身需设置暗梁或边框梁时，宜在剪力墙平法施工图中绘制暗梁或边缘梁的平面布置图并编号，以明确其具体位置。
　　2. 跨高比不小于 5 的连梁按框架梁设计时，代号为 LLk。

2. 剪力墙梁列表注写方式

（1）注写墙梁编号。

（2）注写墙梁所在楼层号。

（3）注写墙梁顶面标高高差，是指相对于墙梁所在结构层楼面标高的高差值。高于者为正值，低于者为负值，当无高差时不注。

（4）注写墙梁截面尺寸 $b \times h$，上部纵筋、下部纵筋和箍筋的具体数值。

（5）当连梁设有对角暗撑时［代号为 LL（JC）××］，注写暗撑的截面尺寸（箍筋外皮尺寸）；注写一根暗撑的全部纵筋，并标注×2 表明有两根暗撑相互交叉；注写暗撑箍筋的具体数值。

（6）当连梁设有交叉斜筋时［代号为 LL（JX）××］，注写连梁一侧对角斜筋的配筋值，并标注×2 表明对称设置；注写对角斜筋在连梁端部设置的拉筋根数、规格及直径，并标注×4 表示四个角都设置；注写连梁一侧折线筋配筋值，并标注×2 表明对称设置。

（7）当连梁设有集中对角斜筋时［代号为 LL（DX）××］，注写一条对角线上的对角斜筋，并标注×2 表明对称设置。

跨高比不小于 5 的连梁，按框架梁设计（代号为 LLk××），采用平面注写方式，注写规则与框架梁相同，可采用适当比例单独绘制，也可与剪力墙平法施工图合并绘制。

墙梁侧面纵筋的配置，当墙身水平分布钢筋满足连梁、暗梁及边框梁的梁侧面纵向构造钢筋的要求时，该筋配置同墙身水平分布钢筋，表中不注，施工按标准构造详图的要求即可。当墙身水平分布钢筋不满足连梁、暗梁及边框梁的梁侧面纵向构造钢筋的要求时，应在表中补充注明梁侧面纵筋的具体数值；当为 LLk 时，平面注写方式以大写字母"N"打头。梁侧面纵向钢筋在支座内的锚固要求同连梁中的受力钢筋。

3. 剪力墙梁截面注写方式

在剪力墙梁的截面注写方式中，可从相同编号的墙梁中选择一道墙梁，按顺序引注的内容包括以下几个方面。

（1）注写墙梁编号、墙梁截面尺寸 $b \times h$、墙梁箍筋、上部纵筋、下部纵筋和墙梁顶面标高高差的具体数值。

（2）当连梁设有对角暗撑时［代号为 LL（JC）××］，注写暗撑的截面尺寸（箍筋外皮尺寸）；注写一根暗撑的全部纵筋，并标注×2 表明有两根暗撑相互交叉；注写暗撑箍筋的具体数值。

（3）当连梁设有交叉斜筋时［代号为 LL（JX）××］，注写连梁一侧对角斜筋的配筋值，并标注×2 表明对称设置；注写对角斜筋在连梁端部设置的拉筋根数、规格及直径，并标注×4 表示四个角都设置；注写连梁一侧折线筋配筋值，并标注×2 表明对称设置。

（4）当连梁设有集中对角斜筋时［代号为 LL（DX）××］，注写一条对角线上的对角斜筋，并标注×2 表明对称设置。

（5）跨高比不小于 5 的连梁，按框架梁设计（代号为 LLk××），采用平面注写方式，注写规则与框架梁相同，可采用适当比例单独绘制，也可与剪力墙平法施工图合并绘制。

当墙身水平分布钢筋不能满足连梁、暗梁及边框梁的梁侧面纵向构造钢筋的要求时，应补充注明梁侧面纵筋的具体数值；注写时，以大写字母 N 打头，接续注写直径与间距。其在支座内的锚固要求同连梁中的受力钢筋。

五、平法设计中剪力墙洞口的表示方法

（1）无论采用列表注写方式还是截面注写方式，剪力墙上的洞口均可在剪力墙平面布置图上原位表达。

（2）在剪力墙平面布置图上绘制洞口示意，并标注洞口中心的平面定位尺寸。

（3）在洞口中心位置引注共四项内容。

1）洞口编号：矩形洞口为 JD×× （××为序号），圆形洞口为 YD×× （××为序号）。

2）洞口几何尺寸：矩形洞口为洞宽×洞高（$b×h$），圆形洞口为洞口直径 D。

3）洞口中心相对标高，是相对于结构层楼（地）面标高的洞口中心高度。当其高于结构层楼面时为正值，低于结构层楼面时为负值。

4）洞口每边补强钢筋，分以下几种不同情况。

①当矩形洞口的洞宽、洞高均不大于 800mm 时，此项注写为洞口每边补强钢筋的具体数值。当洞宽、洞高方向补强钢筋不一致时，分别注写洞宽方向、洞高方向补强钢筋，以"/"分隔。

②当矩形或圆形洞口的洞宽或直径大于 800mm 时，在洞口的上、下需设置补强暗梁，此项注写为洞口上、下每边暗梁的纵筋与箍筋的具体数值（在标准构造详图中，补强暗梁梁高一律定为 400mm，施工时按标准构造详图取值，设计不注。当设计者采用与该构造详图不同的做法时，应另行注明），圆形洞口时还需注明环向加强钢筋的具体数值；当洞口上、下边为剪力墙连梁时，此项免注；洞口竖向两侧设置边缘构件时，亦不在此项表达（当洞口两侧不设置边缘构件时，设计者应给出具体做法）。

③当圆形洞口设置在连梁中部 1/3 范围（且圆洞直径不应大于 1/3 梁高）时，需注写在圆洞上下水平设置的每边补强纵筋与箍筋。

④当圆形洞口设置在墙身或暗梁、边框梁位置，且洞口直径不大于 300mm 时，此项注写为洞口上下左右每边布置的补强纵筋的具体数值。

⑤当圆形洞口直径大于 300mm，但不大于 800mm 时，此项注写为洞口上下左右每边布置的补强纵筋的具体数值，以及环向加强钢筋的具体数值。

六、平法设计中地下室外墙的表示方法

1. 地下室外墙的表示方法

（1）地下室外墙编号，由墙身代号、序号组成。表达为：DWQ××。

（2）地下室外墙平面注写方式，包括集中标注墙体编号、厚度、贯通筋、拉筋等和原位标注附加非贯通筋等两部分内容。当仅设置贯通筋，未设置附加非贯通筋时，则仅做集中标注。

（3）地下室外墙的集中标注，规定如下。

1）注写地下室外墙编号，包括代号、序号、墙身长度（注为××～××轴）。

2）注写地下室外墙厚度 b_w＝×××。

3）注写地下室外墙的外侧、内侧贯通筋和拉筋。

①以 OS 代表外墙外侧贯通筋。其中，外侧水平贯通筋以 H 打头注写，外侧竖向贯通筋以 V 打头注写。

②以 IS 代表外墙内侧贯通筋。其中，内侧水平贯通筋以 H 打头注写，内侧竖向贯通筋以 V 打头注写。

③以 tb 打头注写拉筋直径、强度等级及间距，并注明"双向"或"梅花双向"。

（4）地下室外墙的原位标注，主要表示在外墙外侧配置的水平非贯通筋或竖向非贯通筋。

当配置水平非贯通筋时，在地下室墙体平面图上原位标注。在地下室外墙外侧绘制粗实线段代表水平非贯通筋，在其上注写钢筋编号并以 H 打头注写钢筋强度等级、直径、分布间距，以及自支座中线向两边跨内的伸出长度值。当自支座中线向两侧对称伸出时，可仅在单侧标注跨内伸出长度，另一侧不注，此种情况下非贯通筋总长度为标注长度的 2 倍。边支座处非贯通钢筋的伸出长度值从支座外边缘算起。

地下室外墙外侧非贯通筋通常采用"隔一布一"的方式与集中标注的贯通筋间隔布置，其标注间距应与贯通筋相同，两者组合后的实际分布间距为各自标注间距的 1/2。

当在地下室外墙外侧底部、顶部、中层楼板位置配置竖向非贯通筋时，应补充绘制地下室外墙竖向截面轮廓图并在其上原位标注。表示方法为在地下室外墙竖向截面轮廓图外侧绘制粗实线段代表竖向非贯通筋，在其上注写钢筋编号并以 V 打头注写钢筋强度等级、直径、分布间距，以及向上（下）层的伸出长度值，并在外墙竖向截面图名下注明分布范围（××～××轴）。

竖向非贯通筋向层内的伸出长度值注写方式如下。

1）地下室外墙底部非贯通钢筋向层内的伸出长度值从基础底板顶面算起。

2）地下室外墙顶部非贯通钢筋向层内的伸出长度值从板底面算起。

3）中层楼板处非贯通钢筋向层内的伸出长度值从板中间算起，当上下两侧伸出长度值相同时可仅注写一侧。

地下室外墙外侧水平、竖向非贯通筋配置相同者，可仅选择一处注写，其他可仅注写编号。当在地下室外墙顶部设置通长加强钢筋时应注明。

2. 地下室外墙平法施工图

地下室外墙平法施工图平面注写方式示例如图 6-4 所示。

七、平法设计中剪力墙的其他规定

（1）剪力墙列表注写方式示例如图 6-5 所示。

（2）剪力墙截面注写方式示例如图 6-6 所示。

（3）在剪力墙平法施工图中应注明底部加强部位的高度范围，以便施工人员明确在该范围内应按照加强部位的构造要求进行施工。

（4）当剪力墙中有偏心受拉墙肢时，无论采用何种直径的竖向钢筋，均应采用机械连接或焊接接长，设计者应在剪力墙平法施工图中加以注明。

（5）抗震等级为一级的剪力墙，水平施工缝处需设置附加竖向插筋时，设计应注明构件位置，并注写附加竖向插筋规格、数量及间距。竖向插筋沿墙身均匀布置。

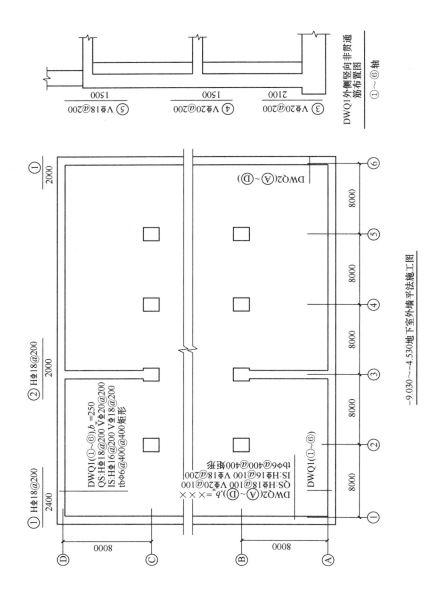

图 6-4 地下室外墙平法施工图平面注写方式示例

		层高/m
屋面2	65.670	3.30
塔层2	62.370	3.30
屋面1(塔层1)	59.070	3.60
16	55.470	3.60
15	51.870	3.60
14	48.270	3.60
13	44.670	3.60
12	41.070	3.60
11	37.470	3.60
10	33.870	3.60
9	30.270	3.60
8	26.670	3.60
7	23.070	3.60
6	19.470	3.60
5	15.870	3.60
4	12.270	3.60
3	8.670	3.60
2	4.470	4.20
1	-0.030	4.50
-1	-4.530	4.50
-2	-9.030	4.50
层号	标高/m	层高/m

结构层楼面标高
结构层高

上部结构嵌固部位：
-0.030

剪力墙梁表

编号	所在楼层号	梁顶相对标高高差	梁截面 $b \times h$	上部纵筋	下部纵筋	箍筋
LL1	2~9	0.800	300×2000	4⊕25	4⊕25	Φ10@100(2)
LL1	10~16	0.800	250×2000	4⊕22	4⊕22	Φ10@100(2)
LL1	屋面1		250×1200	4⊕20	4⊕20	Φ10@100(2)
LL2	3	-1.200	300×2520	4⊕25	4⊕25	Φ10@150(2)
LL2	4	-0.900	300×2070	4⊕25	4⊕25	Φ10@150(2)
LL2	5~9	-0.900	300×1770	4⊕25	4⊕25	Φ10@150(2)
LL2	10~屋面1	-0.900	250×1770	4⊕22	4⊕22	Φ10@150(2)
LL3	2		300×2070	4⊕25	4⊕25	Φ10@100(2)
LL3	3		300×1770	4⊕25	4⊕25	Φ10@100(2)
LL3	4~9		300×1170	4⊕25	4⊕25	Φ10@100(2)
LL3	10~屋面1		250×1170	4⊕22	4⊕22	Φ10@100(2)
LL4	2		250×2070	4⊕20	4⊕20	Φ10@120(2)
LL4	3		250×1770	4⊕20	4⊕20	Φ10@120(2)
LL4	4~屋面1		250×1170	4⊕20	4⊕20	Φ10@120(2)
AL1	2~9		300×600	3⊕20	3⊕20	Φ8@150(2)
BKL1	屋面1		500×750	4⊕22	4⊕22	Φ10@150(2)

剪力墙身表

编号	标高	墙厚	水平分布筋	垂直分布筋	拉筋(矩形)
Q1	-0.030~30.270	300	⊕12@200	⊕12@200	Φ6@600@600
Q1	30.270~59.070	250	⊕10@200	⊕10@200	Φ6@600@600
Q2	-0.030~30.270	250	⊕10@200	⊕10@200	Φ6@600@600
Q2	30.270~59.070	200	⊕10@200	⊕10@200	Φ6@600@600

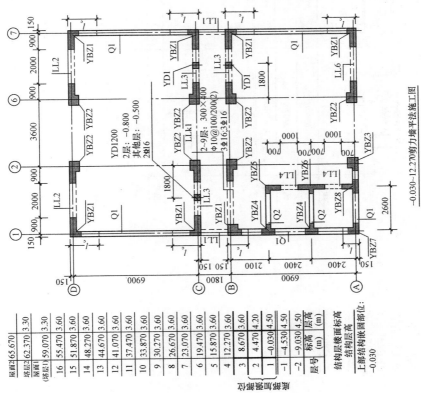

-0.030~12.270剪力墙平法施工图

(a)

层号	标高(m)	层高(m)
塔层2	65.670	
塔层1	62.370	3.30
屋面1(塔层1)	59.070	3.30
16	55.470	3.60
15	51.870	3.60
14	48.270	3.60
13	44.670	3.60
12	41.070	3.60
11	37.470	3.60
10	33.870	3.60
9	30.270	3.60
8	26.670	3.60
7	23.070	3.60
6	19.470	3.60
5	15.870	3.60
4	12.270	3.60
3	8.670	3.60
2	4.470	4.20
1	-0.030	4.50
-1	-4.530	4.50
-2	-9.030	4.50

结构层楼面标高
结构层高

上部结构嵌固部位:
-0.030

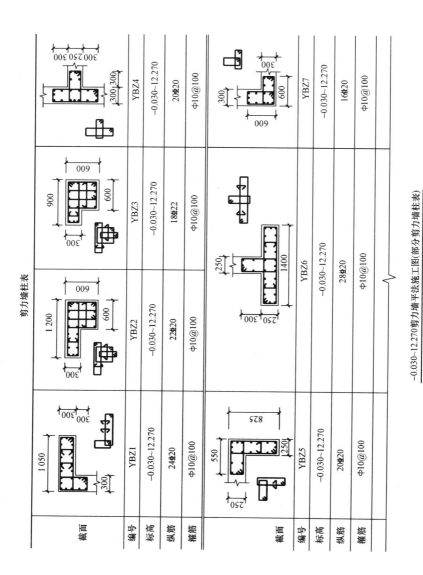

剪力墙柱表

截面			
编号	YBZ1	YBZ2	YBZ3	YBZ4
标高	-0.030~-12.270	-0.030~-12.270	-0.030~-12.270	-0.030~-12.270
纵筋	24Φ20	22Φ20	18Φ22	20Φ20
箍筋	Φ10@100	Φ10@100	Φ10@100	Φ10@100

截面			
编号	YBZ5	YBZ6	YBZ7
标高	-0.030~-12.270	-0.030~-12.270	-0.030~-12.270
纵筋	20Φ20	28Φ20	16Φ20
箍筋	Φ10@100	Φ10@100	Φ10@100

-0.030~-12.270剪力墙平法施工图(部分剪力墙柱表)

(b)

图6-5 剪力墙列表注写方式示例

层号	标高/m	层高/m
屋面2(塔层2)	65.670	3.30
16	62.370	3.30
屋面1(塔层1)	59.070	3.60
16	55.470	3.60
15	51.870	3.60
14	48.270	3.60
13	44.670	3.60
12	41.070	3.60
11	37.470	3.60
10	33.870	3.60
9	30.270	3.60
8	26.670	3.60
7	23.070	3.60
6	19.470	3.60
5	15.870	3.60
4	12.270	3.60
3	8.670	4.20
2	4.470	4.20
1	-0.030	4.50
-1	-4.530	4.50
-2	-9.030	4.50
层号	标高/m	层高/m

结构层楼面标高
结构层高
上部结构嵌固部位:
-0.030

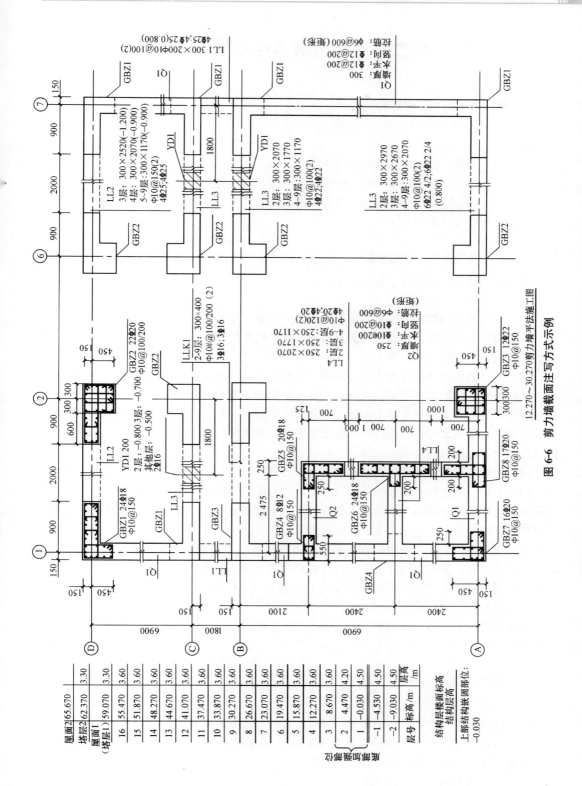

图 6-6　剪力墙截面注写方式示例

第二节 剪力墙构件平法识图

一、剪力墙平法施工图的内容

剪力墙平法施工图主要包括以下内容。

（1）图名和比例。

（2）定位轴线及其编号、间距和尺寸。

（3）剪力墙柱、剪力墙身、剪力墙梁的编号及平面布置。

（4）每一种编号剪力墙柱、剪力墙身、剪力墙梁的标高、断面尺寸、钢筋配置情况。

（5）必要的设计说明和详图。

二、剪力墙构件平法识图步骤

剪力墙构件平法识图的主要步骤如下。

（1）查看图名、比例。

（2）首先校核轴线编号及其间距尺寸，要求必须与建筑图、基础平面图保持一致。

（3）与建筑图配合，明确各段剪力墙的暗柱和端柱的编号、数量及位置，墙身的编号和长度，洞口的定位尺寸。

（4）阅读结构设计总说明或有关说明，明确剪力墙的混凝土强度等级。

（5）所有洞口的上方必须设置连梁，且连梁的编号应与剪力墙洞口编号对应。根据连梁的编号，查阅剪力墙梁表或图中标注，明确连梁的截面尺寸、标高和配筋情况。再根据抗震等级、设计要求和标注构造详图确定纵向钢筋和箍筋的构造要求，如纵向钢筋深入墙面的锚固长度、箍筋的位置要求等。

（6）根据各段剪力墙端柱、暗柱和小墙肢的编号，查阅剪力墙柱表或图中截面标注等，明确端柱、暗柱和小墙肢的截面尺寸、标高和配筋情况。再根据抗震等级、设计要求和标准构造详图确定纵向钢筋的箍筋构造要求，如箍筋加密区的范围、纵向钢筋的连接方式、位置和搭接长度、弯折要求、柱头锚固要求。

（7）根据各段剪力墙身的编号，查阅剪力墙身表或图中标注，明确剪力墙身的厚度、标高和配筋情况。再根据抗震等级、设计要求和标准构造详图确定水平分布筋、竖向分布筋和拉筋的构造要求，如水平钢筋的锚固和搭接长度、弯折要求，竖向钢筋的连接方式、位置和搭接长度、弯折的锚固要求。

需要特别说明的是，不同楼层的剪力墙混凝土等级由下向上会有变化，同一楼层，墙和梁板的混凝土强度等级可能也有所不同，应格外注意。

三、剪力墙构件相关构造识图

1. 剪力墙墙身水平钢筋构造

（1）端部无暗柱时，剪力墙水平钢筋端部做法如图 6-7 所示。

（2）端部有暗柱时，剪力墙水平分布钢筋端部做法如图 6-8 所示。端部有 L 形暗柱时，剪力墙水平分布钢筋端部做法如图 6-9 所示。

（3）斜交转角墙构造如图 6-10 所示。

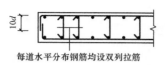

图 6-7 端部无暗柱时，剪力墙
水平分布钢筋端部做法

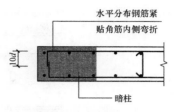

图 6-8 端部有暗柱时，剪力墙
水平分布钢筋端部做法

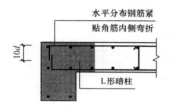

图 6-9 端部有 L 形暗柱时，剪力墙
水平分布钢筋端部做法

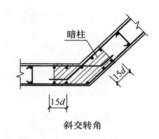

图 6-10 斜交转角墙构造

转角墙构造如图 6-11 所示。

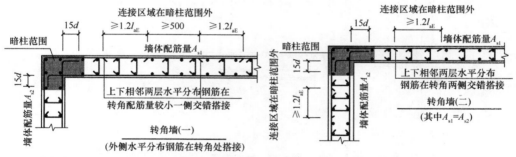

（a）转角墙（一）（外侧水平分布钢筋连续通过转弯，其中 $A_{s1} \leqslant A_{s2}$） （b）转角墙（二）（其中 $A_{s1} = A_{s2}$）

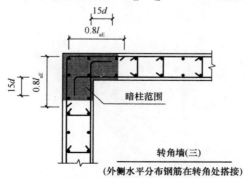

（c）转角墙（三）（外侧分布钢筋在转角处搭接）

图 6-11 转角墙构造

（4）剪力墙水平分布钢筋交错搭接如图 6-12 所示。

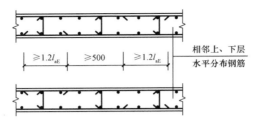

图 6-12　剪力墙水平分布钢筋交错搭接

剪力墙水平分布配筋构造如图 6-13 所示。

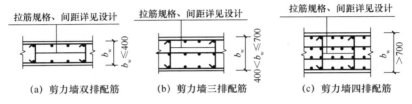

（a）剪力墙双排配筋　（b）剪力墙三排配筋　（c）剪力墙四排配筋

图 6-13　剪力墙水平分布配筋构造

注：1. 拉结筋应与剪力墙每排的竖向分布钢筋和水平分布钢筋绑扎。

2. 剪力墙分布钢筋配置若多余两排，中间排水平分布钢筋端部构造同内侧钢筋。水平分布筋宜均匀放置，竖向分布钢筋在保持相同配筋率条件下外排筋直径宜大于内排筋直径。

（5）翼墙构造如图 6-14 所示。斜翼墙构造如图 6-15 所示。

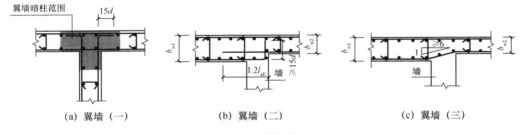

（a）翼墙（一）　（b）翼墙（二）　（c）翼墙（三）

图 6-14　翼墙构造

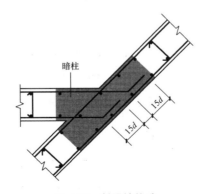

图 6-15　斜翼墙构造

（6）端柱转角墙构造如图 6-16 所示，端柱翼墙构造如图 6-17 所示，端柱端部墙构造如图 6-18 所示。

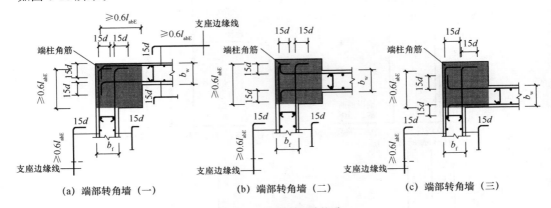

(a) 端部转角墙（一）　　(b) 端部转角墙（二）　　(c) 端部转角墙（三）

图 6-16　端部转角墙构造

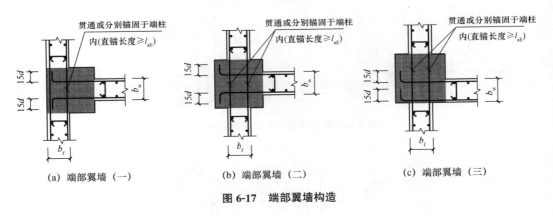

(a) 端部翼墙（一）　　(b) 端部翼墙（二）　　(c) 端部翼墙（三）

图 6-17　端部翼墙构造

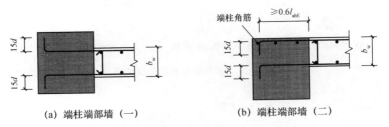

(a) 端柱端部墙（一）　　(b) 端柱端部墙（二）

图 6-18　端柱端部墙构造

2. 剪力墙身竖向钢筋构造

（1）剪力墙身竖向分布钢筋连接构造如图 6-19 所示。

（2）剪力墙身竖向配筋构造如图 6-20 所示。

（3）剪力墙身竖向钢筋顶部构造如图 6-21 所示。

（4）剪力墙身竖向分部钢筋锚入连梁构造如图 6-22 所示。

（5）剪力墙身变截面处竖向分布钢筋构造如图 6-23 所示。

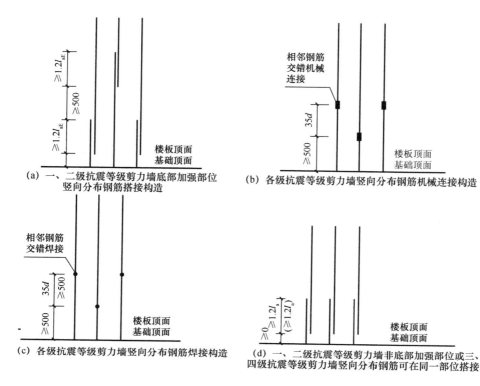

(a) 一、二级抗震等级剪力墙底部加强部位竖向分布钢筋搭接构造

(b) 各级抗震等级剪力墙竖向分布钢筋机械连接构造

(c) 各级抗震等级剪力墙竖向分布钢筋焊接构造

(d) 一、二级抗震等级剪力墙非底部加强部位或三、四级抗震等级剪力墙竖向分布钢筋可在同一部位搭接

图 6-19　剪力墙身竖向分布钢筋连接构造

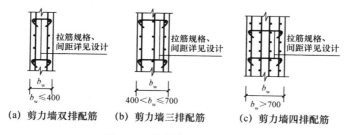

(a) 剪力墙双排配筋　(b) 剪力墙三排配筋　(c) 剪力墙四排配筋

图 6-20　剪力墙身竖向配筋构造

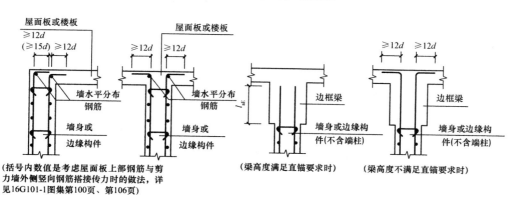

(括号内数值是考虑屋面板上部钢筋与剪力墙外侧竖向钢筋搭接传力时的做法，详见16G101-1图集第100页、第106页)

(梁高度满足直锚要求时)

(梁高度不满足直锚要求时)

图 6-21　剪力墙身竖向钢筋顶部构造

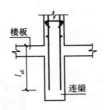

图6-22　剪力墙身竖向分部钢筋锚入连梁构造

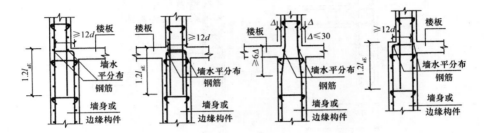

图6-23　剪力墙身变截面处竖向分布钢筋构造

3. 约束边缘构件构造

（1）约束边缘暗柱构造如图6-24所示。约束边缘端柱构造如图6-25所示。

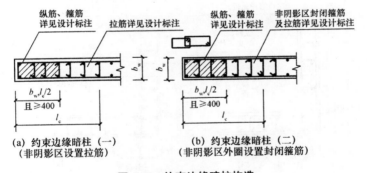

图6-24　约束边缘暗柱构造

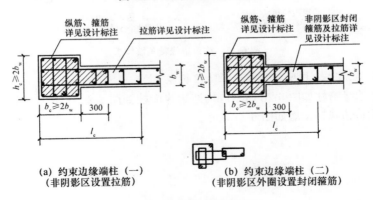

图6-25　约束边缘端柱构造

（2）约束边缘翼墙构造如图 6-26 所示。

（3）约束边缘转角墙构造如图 6-27 所示。

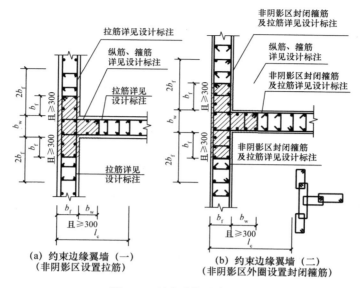

图 6-26　约束边缘翼墙构造

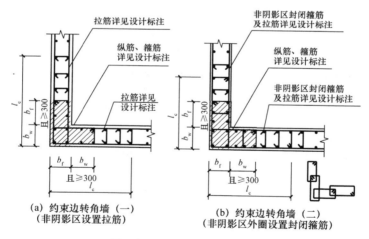

图 6-27　约束边缘转角墙构造

4. 构造边缘构件、扶壁柱、非边缘暗柱构造

（1）构造边缘暗柱如图 6-28 所示。构造边缘端柱如图 6-29 所示。构造边缘翼墙如图 6-30 所示。构造边缘转角墙如图 6-31 所示。

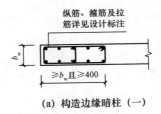

(a) 构造边缘暗柱（一）

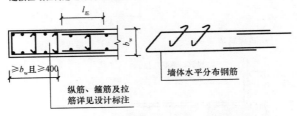

(b) 构造边缘暗柱（二）

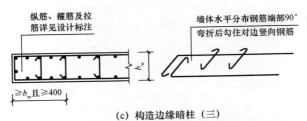

(c) 构造边缘暗柱（三）

图 6-28 构造边缘暗柱

注：1. 构造边缘暗柱（二）中墙体水平分布筋宜在构造边缘构件范围外错开搭接。

2. 构造边缘构件（二）（三）用于非底部加强部位，当构造边缘构件内箍筋、拉筋位置（标高）与墙体水平分布筋相同时采用，此构造做法由设计者指定后使用。

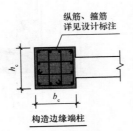

图 6-29 构造边缘端柱

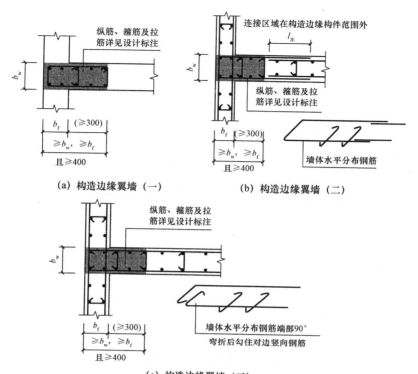

(a) 构造边缘翼墙（一）

(b) 构造边缘翼墙（二）

(c) 构造边缘翼墙（三）

图 6-30　构造边缘翼墙（括号内数字用于高层建筑）

注：1. 构造边缘翼墙（二）中墙体水平分布筋宜在构造边缘构件范围外错开搭接。

　　2. 构造边缘构件（二）（三）用于非底部加强部位，当构造边缘构件内箍筋、拉筋位置（标高）与墙体水平分布筋相同时采用，此构造做法由设计者指定后使用。

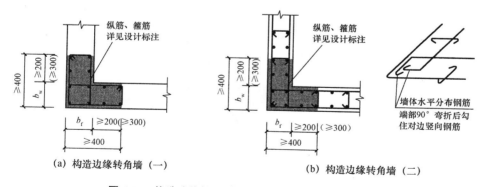

(a) 构造边缘转角墙（一）

(b) 构造边缘转角墙（二）

图 6-31　构造边缘转角墙（括号内数字用于高层建筑）

注：构造边缘构件（二）用于非底部加强部位，当构造边缘构件内箍筋、拉筋位置（标高）与墙体水平分布筋相同时采用，此构造做法由设计者指定后使用。

（2）扶壁柱构造如图 6-32 所示。非边缘暗柱构造如图 6-33 所示。

5. 剪力墙连梁、暗梁和边框梁构造

（1）连梁的配筋构造如图 6-34 所示。

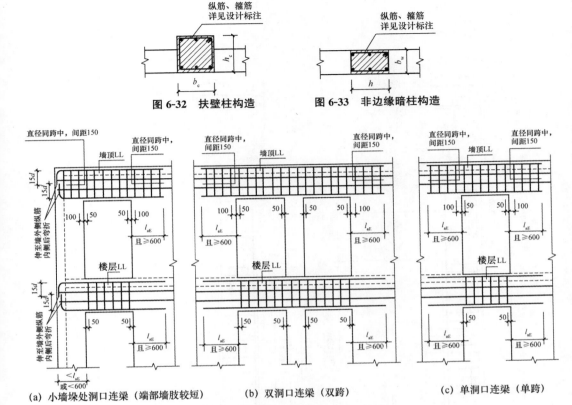

图 6-32　扶壁柱构造　　　　图 6-33　非边缘暗柱构造

(a) 小墙垛处洞口连梁（端部墙肢较短）　　(b) 双洞口连梁（双跨）　　(c) 单洞口连梁（单跨）

图 6-34　连梁配筋构造

注：1. 当端部洞口连梁的纵向钢筋在端支座的直锚长度不小于 l_{aE} 且不小于 600mm，可不必往上（下）弯折。
　　2. 洞口范围内的连梁箍筋详见具体工程设计。

（2）连梁、暗梁和边框梁侧面纵筋和拉筋的构造如图 6-35 所示。

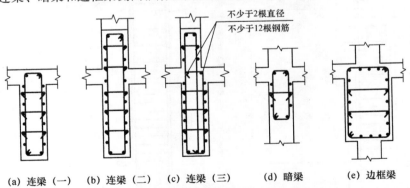

(a) 连梁（一）　(b) 连梁（二）　(c) 连梁（三）　(d) 暗梁　(e) 边框梁

图 6-35　连梁、暗梁和边框梁侧面纵筋和拉筋构造

注：1. 连梁、暗梁及边框梁拉筋直径：当梁宽不大于 350mm 时为 6mm，梁宽大于 350mm 时为 8mm，拉筋间距为 2 倍箍筋间距，竖向沿侧面水平筋隔一拉一。
　　2. 剪力墙的竖向钢筋连续贯穿边框梁和暗梁。

（3）剪力墙边框梁或暗梁与连梁重叠时的配筋构造如图 6-36 所示。

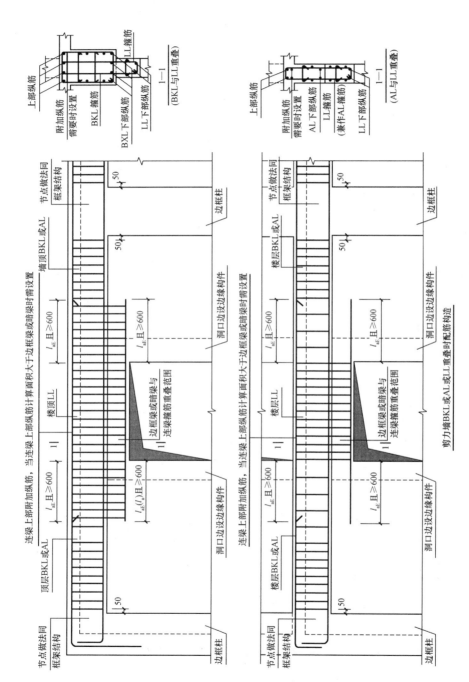

剪力墙边框梁或暗梁与连梁重叠时的配筋构造

图 6-36　剪力墙边框梁或暗梁或LL重叠时的配筋构造

（4）连梁交叉斜筋配筋、连梁集中对角斜筋配筋、连梁对角暗撑配筋构造分别如图 6-37～图 6-39 所示。

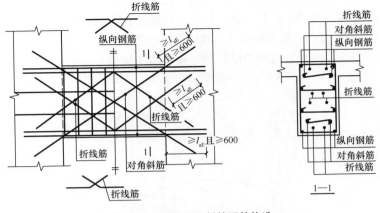

图 6-37　连梁交叉斜筋配筋构造

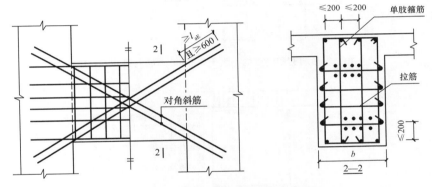

图 6-38　连梁集中对角斜筋配筋构造

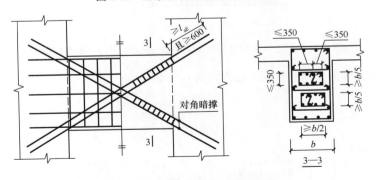

图 6-39　连梁对角暗撑配筋构造

1）当洞口连梁截面宽度不小于 250mm 时，可采用交叉斜筋配筋；当连梁截面宽度不小于 400mm 时，可采用集中对角斜筋配筋或对角暗撑配筋。交叉斜筋配筋连梁、对角暗撑配筋连梁的水平钢筋及箍筋形成的钢筋网之间应采用拉筋拉结，拉筋直径不宜小于 6mm，间距不宜大于 400mm。

2）交叉斜筋配筋连梁的对角斜筋在梁端部位应设置拉筋，具体值见设计标注。

3）集中对角斜筋配筋连梁应在梁截面内沿水平方向及竖向方向设置双向拉筋，拉筋应勾住外侧纵筋钢筋，间距不应大于 200mm，直径不应大于 8mm。

4）对角暗撑配筋连梁中暗撑箍筋的外缘沿梁截面宽度方向不宜小于梁宽的 1/2，另一方向不宜小于梁宽的 1/5；对角暗撑约束箍筋肢距不应大于 350mm。

5）交叉斜筋配筋连梁、对角暗撑配筋连梁的水平钢筋及箍筋形成的钢筋网之间应采用拉筋拉结，拉筋直径不宜小于 6，间距不宜大于 400mm。

6. 剪力墙洞口补强构造

（1）矩形洞宽和洞高均不大于 800mm 时，洞口补强纵筋构造如图 6-40 所示。矩形洞宽和洞高均大于 800mm 时，洞口补强暗梁构造如图 6-41 所示。

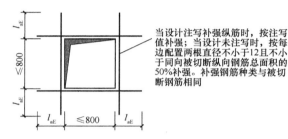

图 6-40　矩形洞宽和洞高均不大于 800mm 时的洞口补强纵筋构造

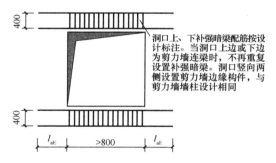

图 6-41　矩形洞宽和洞高均大于 800mm 时的洞口补强暗梁构造

（2）剪力墙圆形洞口补强纵筋构造如图 6-42 所示。

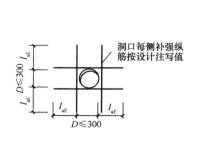

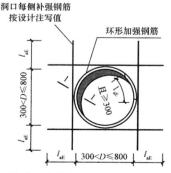

（a）洞口直径不大于300mm时　　　　（b）洞口直径大于300mm但不大于800mm时

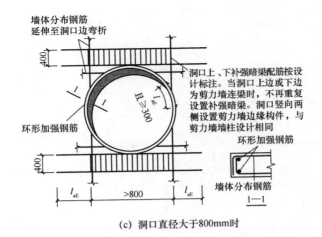

（c）洞口直径大于800mm时

图 6-42　剪力墙圆形洞口补强纵筋构造

（3）连梁中部圆形洞口补强钢筋构造如图 6-43 所示。

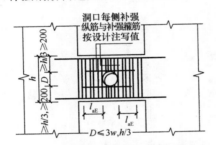

图 6-43　连梁中部圆形洞口补强钢筋构造

（圆形洞口预埋钢套管）

7. 地下室外墙钢筋构造

（1）地下室外墙水平钢筋构造如图 6-44 所示。

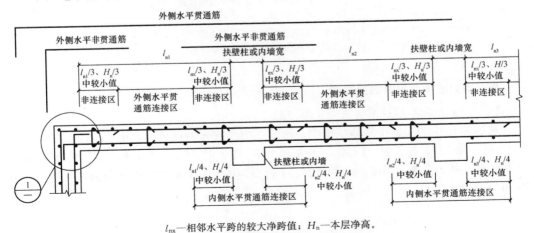

l_{nx}—相邻水平跨的较大净跨值；H_n—本层净高。

图 6-44　地下室外墙水平钢筋构造

（2）地下室外墙竖向钢筋构造如图 6-45 所示。

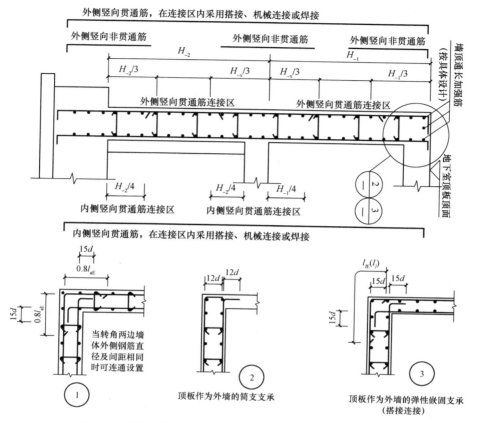

图 6-45　地下室外墙竖向钢筋构造（H_{-x} 为 H_{-1} 和 H_{-2} 的较大值）

注：1. 当具体工程的钢筋的排布与本图不同时（如将水平筋设置在外层），应按设计要求进行施工。

2. 扶壁柱、内墙是否作为地下室外墙的平面外支承应由设计人员根据工程具体情况确定，并在设计文件中明确。

3. 是否设置水平非贯通筋由设计人员根据计算确定，非贯通筋的直径、间距及长度由设计人员在设计图纸中标注。

4. 当扶壁柱、内墙不作为地下室外墙的平面外支承时，水平贯通筋的连接区域不受限制。

5. 外墙和顶板的连接节点做法②、③的选用由设计人员在图纸中注明。

四、剪力墙构件平法识图实例

【例 6-1】某标准层顶梁平法施工图如图 6-46 所示。

从图 6-46 中的顶梁平法施工图中，可知图中共有 8 种连梁，其中 LL-1 和 LL-8 各 1 根，LL-2 和 LL-5 各 2 根，LL-3、LL-6 和 LL-7 各 3 根，LL-4 共 6 根。各个编号连梁的梁底标高、截面宽度和高度、连梁跨度、上部纵向钢筋、下部纵向钢筋及箍筋可由连梁表得知。

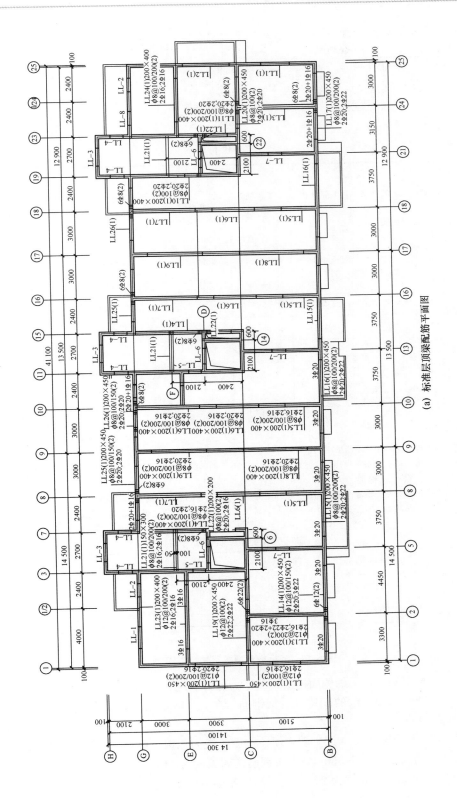

（a）标准层顶梁配筋平面图

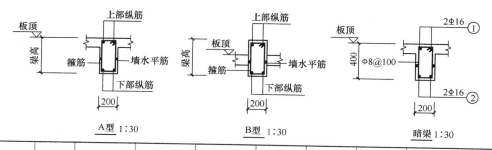

A型 1:30　　　　　　　　B型 1:30　　　　　　　　暗梁 1:30

梁号	类型	上部纵筋	下部纵筋	梁箍筋	梁宽/mm	梁高/mm	跨度/mm	梁底标高/mm（相对本层顶板结构标高、下沉为正）
LL-1	B	2Φ25	2Φ25	Φ8@100	200	1500	1400	450
LL-2	A	2Φ18	2Φ18	Φ8@100	200	900	450	450
LL-3	B	2Φ25	2Φ25	Φ8@100	200	1200	1300	1800
LL-4	A	4Φ20	4Φ20	Φ8@100	200	800	1800	0
LL-5	A	2Φ18	2Φ18	Φ8@100	200	900	750	750
LL-6	A	2Φ18	2Φ18	Φ8@100	200	1100	580	580
LL-7	A	2Φ18	2Φ18	Φ8@100	200	900	750	750
LL-8	B	2Φ25	2Φ25	Φ8@100	200	900	1800	1350

(b) 标准层顶梁配筋平面图图纸说明

设计说明：

1. 混凝土强度等级为 C30，钢筋采用 HPB300（Φ）、HRB335（Φ）。
2. 所有混凝土剪力墙上楼层板顶标高（建筑标高 -0.05）处均设暗梁。
3. 未注明墙均为 Q1，呈轴线分布。
4. 未注明主次梁相交处的次梁两侧各加设 3 根间距为 50mm、直径同主梁箍筋直径的箍筋。
5. 未注明处梁配筋及墙梁配筋见 16G101-1 图集，施工人员必须阅读图集说明，理解各种规定，严格按设计要求施工。

(c) 标准层顶梁配筋平面图图纸说明

墙号	水平分布钢筋	垂直分布钢筋	拉筋	备注
Q1	Φ12@250	Φ12@250	Φ8@500	3、4 层
Q2	Φ10@250	Φ10@250	Φ8@500	5~16 层

(d) 剪力墙身表

图 6-46　某标准层顶梁平法施工图

从图 6-46 中可知，连梁的侧面构造钢筋即为剪力墙配置的水平分布筋，其在 3、4 层为直径 12mm、间距 250mm 的 HRB335 级钢筋，在 5~16 层为直径 10mm、间距 250mm 的 HPB300 级钢筋。

因转换层以上两层（3、4 层）剪力墙，抗震等级为三级，以上各层抗震等级为四级，知 3、4 层（标高 6.950~12.550m）纵向钢筋锚固长度为 31d，5~16 层（标高 12.550~49.120m）纵向钢筋锚固长度为 29d。顶层洞口连梁纵向钢筋伸入墙内的长度范围内，应设置间距为 150mm 的箍筋，箍筋直径与连梁跨内箍筋直径相同。

图 6-46 中剪力墙身的编号只有一种，墙厚 200mm。由图 6-46（d）知，剪力墙水平分布钢筋和垂直分布钢筋均相同，在 3、4 层设直径为 12mm、间距为 250mm 的 HRB335 级钢筋，在 5～16 层设直径为 10mm、间距为 250mm 的 HPB300 级钢筋。拉筋直径为 8mm 的 HPB300 级钢筋，间距为 500mm。

根据图纸说明，所有混凝土剪力墙上楼层板顶标高处均设暗梁，梁高 400mm，上部纵向钢筋和下部纵向钢筋同为 2 根直径 16mm 的 HRB335 级钢筋，箍筋直径为 8mm、间距为 100mm 的 HPB300 级钢筋，梁侧面构造钢筋即为剪力墙配置的水平分布筋，在 3、4 层设直径为 12mm、间距为 250mm 的 HRB335 级钢筋，在 5～16 层设直径为 10mm、间距为 250mm 的 HPB300 级钢筋。

第三节　剪力墙构件钢筋算量

一、顶层暗柱钢筋计算

剪力墙暗柱纵筋顶部构造如图 6-47 所示。

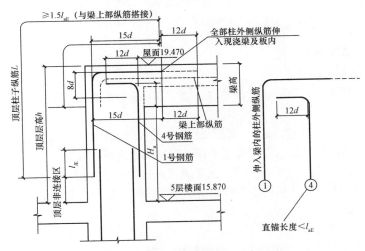

图 6-47　剪力墙暗柱纵筋顶部构造

从图中我们可以得出顶层墙柱纵筋长度的计算公式。

$$顶层墙柱纵筋长度＝顶层净高－板厚＋顶层锚固长度$$

如果是端柱，顶层锚固要区分边、中、角柱，要区分外侧钢筋和内侧钢筋。因为端柱可以看作是框架柱，所以其锚固也和框架柱相同。

【例 6-2】顶层 AZ1 纵筋 12Φ18，采用 HPB300 级钢筋，混凝土强度等级为 C25，非抗震等级钢筋。其构造如图 6-48 所示，其中层高为 3000mm，板厚为 120mm，下层非连接区为 500mm。试计算顶层墙柱纵筋长度。

【解】顶层净高＝层高－下层非连接区

$$＝（3000－500）mm＝2500mm$$

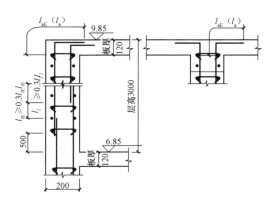

图 6-48　顶层 AZ1 纵筋长度构造

从已知条件"采用 HPB300 级钢筋，混凝土强度等级为 C25，非抗震等级钢筋"中可以得出，

顶层锚固长度 $=34d$

$$=(34\times18)\text{mm}=612\text{mm}$$

顶层墙柱纵筋长度 $=$ 顶层净高$-$板厚$+$顶层锚固长度

$$=(2500-120+612)\text{mm}=2992\text{mm}$$

二、基础层暗柱插筋计算

1. 基础层插筋长度计算

剪力墙暗柱插筋是剪力墙暗柱钢筋与基础梁或基础板的锚固钢筋，包括锚固长度和垂直长度两部分。

基础层暗柱插筋长度 $=$ 弯折长度 $a+$ 锚固竖直长度 h_1+ 搭接长度

当采用机械连接时，钢筋搭接长度不计，暗柱基础插筋长度为：

基础层暗柱插筋长度 $=$ 弯折长度 $a+$ 锚固竖直长度 h_1+ 钢筋基础长度（500mm）

通常在工程预算中计算钢筋重量时，一般不考虑钢筋错层搭接问题，因为错层搭接对钢筋总重量没有影响。

2. 插筋根数计算

基础层暗柱插筋布置范围在剪力墙暗柱内，如图 6-49 所示。每个基础层剪力墙插筋根数可以直接从图纸上面数出，总根数 $=$ 暗柱的数量 $\times$ 每根暗柱插筋的根数。

【例 6-3】基础层 AZ1 插筋为 $\oplus 20$，如图 6-50 所示。底板厚度 $h=1000\text{mm}$，基础保护层为 40mm，钢筋直径 $d=20\text{mm}$，混凝土强度等级为 C30，二级抗震等级。试计算基础层 AZ1 插筋长度（机械连接）。

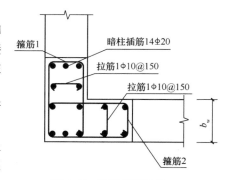

图 6-49　暗柱插筋构造

【解】（1）锚固竖直长度 h_1 的计算。

因为弯折长度 a 的取值必由 h_1 来判断，所以先计算锚固竖直长度 h_1。

$$h_1 = 底板厚度\,h - 基础保护层$$
$$= (1000 - 40)mm = 960mm$$

（2）弯折长度 a 的判断。

由 16G101-1 图集可得：

锚固长度 $l_{aE} = 33d = (33 \times 20)mm = 66mm$

由于 h_1（1000mm）$> l_{aE}$（660mm），因此，

$$弯折长度\,a = \max\{6d, 150mm\}$$
$$= \max\{(6 \times 20)mm, 150mm\}$$
$$= 150mm$$

$$基础层暗柱插筋长度 = 弯折长度\,a + 锚固竖直长度\,h_1 +$$
$$钢筋基础长度（500mm）$$
$$= (150 + 960 + 500)mm = 1610mm$$

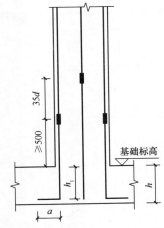

图 6-50　基础层 AZ1 插筋示意图

【例 6-4】某五层建筑物，抗震设防类别为丙类，抗震等级为三级，基础为筏板基础 500mm 厚，混凝土强度等级为 C30，剪力墙、剪力墙柱、连梁混凝土强度等级为 C35。其余数据见表 6-3、表 6-4 和图 6-51 所示，图 6-51 为其楼梯间部分平面图。试计算 AZ1 中各层钢筋工程量，并进行钢筋翻样。

表 6-3　层高　　　　　　　　　　　　　（单位：m）

第 5 层	3.9
第 4 层	3.9
第 3 层	3.9
第 2 层	4.5
首层	4.8
第 -1 层	3.3
基础层	0.5

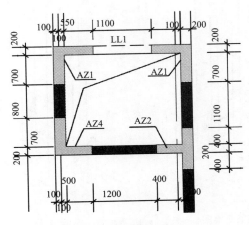

图 6-51　楼梯间部分平面图

表 6-4　剪力墙柱表

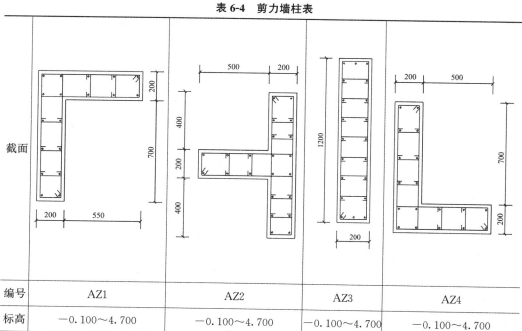

编号	AZ1	AZ2	AZ3	AZ4
标高	−0.100~4.700	−0.100~4.700	−0.100~4.700	−0.100~4.700
纵筋	18⊈18	22⊈18	20⊈18	18⊈18

备注：未注明时暗柱箍筋为⊈8@150。

【解】（1）基础层。

AZ1 钢筋三维图如图 6-52 所示。

AZ1 较短插筋三维图如图 6-53 所示。

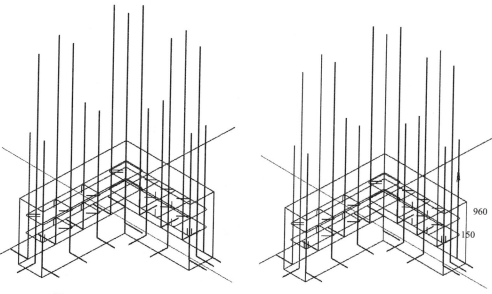

图 6-52　AZ1 钢筋三维图　　　　**图 6-53　AZ1 较短插筋三维图**

AZ1 较长插筋三维图如图 6-54 所示。

1 号箍筋三维图如图 6-55 所示。

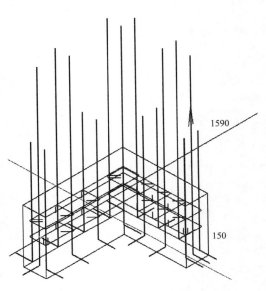

图 6-54　AZ1 较长插筋三维图

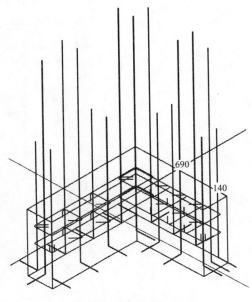

图 6-55　1 号箍筋三维图

2 号箍筋三维图如图 6-56 所示。

拉结筋三维图如图 6-57 所示。

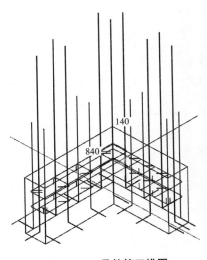

图 6-56　2 号箍筋三维图

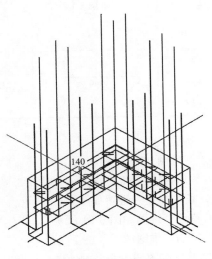

图 6-57　拉结筋三维图

AZ1 基础层钢筋翻样见表 6-5。

表 6-5 **AZ1 基础层钢筋翻样表**

AZ1 基础层钢筋翻样							钢筋总重：55.928kg		
筋号	级别	直径	钢筋图形	计算公式	根数	总根数	单长/m	总长/m	总重/kg
全部纵筋插筋1	⊕	18	150 ⌐ 1590	$500+1\times\max(35d，500)+500-40+\max(8d，150)$	9	9	1.74	15.66	31.32
全部纵筋插筋2	⊕	18	150 ⌐ 960	$500+500-40+\max(8d，150)$	9	9	1.11	9.99	19.98
箍筋1	⊕	8	140 690	$2\times(200+550-2\times30+200-2\times30)+2\times11.9d+8d$	2	2	1.914	3.828	1.512
拉筋1	⊕	8	140	$200-2\times30+2\times11.9d+2d$	6	6	0.346	2.076	0.82
箍筋2	⊕	8	140 840	$2\times(200+700-2\times30+200-2\times30)+2\times11.9d+8d$	2	2	2.214	4.428	1.749
拉筋2	⊕	8	140	$200-2\times30+2\times11.9d+2d$	4	4	0.346	1.384	0.547

（2）顶层。

AZ1 三维图如图 6-58 所示。

AZ1 短向纵筋三维图如图 6-59 所示。

AZ1 长向纵筋三维图如图 6-60 所示。

1 号箍筋三维图如图 6-61 所示。

2 号箍筋三维图如图 6-62 所示。

拉结筋三维图如图 6-63 所示。

AZ1 顶层钢筋算量与翻样见表 6-6。

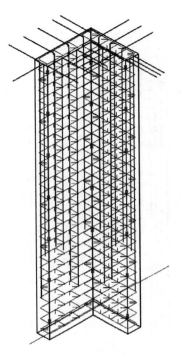

图 6-58 AZ1 三维图

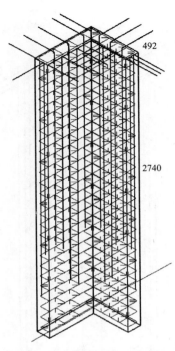

图 6-59 AZ1 短向纵筋三维图

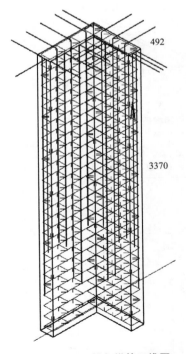

图 6-60 AZ1 长向纵筋三维图

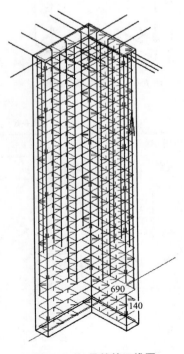

图 6-61 1 号箍筋三维图

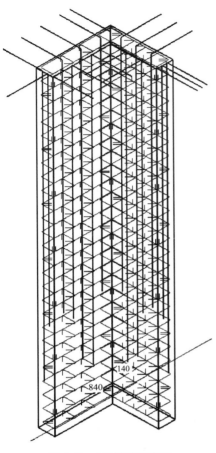

图6-62　2号箍筋三维图

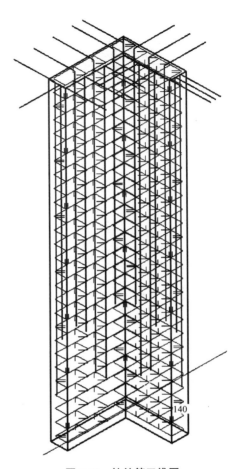

图6-63　拉结筋三维图

表6-6　AZ1顶层钢筋算量与翻样表

AZ1顶层钢筋翻样							钢筋总重：190.168kg		
筋号	级别	直径	钢筋图形	计算公式	根数	总根数	单长/m	总长/m	总重/kg
全部纵筋1	⊕	18	492 ⌐ 2740	3900－1130－150+34d	9	9	3.232	29.088	58.176
全部纵筋2	⊕	18	492 ⌐ 3370	3900－500－150+34d	9	9	3.862	34.758	69.516
箍筋1	Φ	8	140 ⌐690⌐	2×(200+550－2×30+200－2×30)+2×11.9d+8d	27	27	1.914	51.678	20.413

续表

AZ1 顶层钢筋翻样							钢筋总重：190.168kg		
筋号	级别	直径	钢筋图形	计算公式	根数	总根数	单长/m	总长/m	总重/kg
拉筋1	Φ	8	140	$200-2\times30+2\times11.9d+2d$	81	81	0.346	28.026	11.07
箍筋2	Φ	8	140 840	$2\times(200+700-2\times30+200-2\times30)+2\times11.9d+8d$	27	27	2.214	59.778	23.612
拉筋2	Φ	8	140	$200-2\times30+2\times11.9d+2d$	54	54	0.346	18.684	7.38

三、剪力墙补强纵筋计算

1. 圆形洞口

（1）洞口直径不大于 300mm 时，钢筋构造如图 6-64 所示。

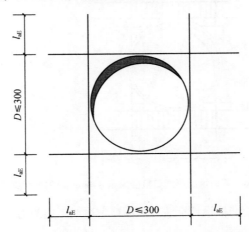

图 6-64　剪力墙圆形洞口直径不大于 300mm 时的补强纵筋构造

从图 6-64 中可以看出，一共有两个对边，即 4 边，补强钢筋每边伸过洞口 l_{aE}。

所以，

补强纵筋的长度＝洞口直径＋$2\times l_{aE}$（l_{aE} 根据抗震要求计算）

（2）洞口直径大于 300mm 但不大于 800mm 时，钢筋构造如图 6-65 所示。

从图 6-65 中可以看出，一共有三个"对边"，即 6 边，补强钢筋每边直锚长度 l_{aE}。

通过解特殊直角三角形来计算补强纵筋的长度。根据特殊直角三角形的特性"短直角

边：斜边：长直角边＝1：2：$\sqrt{3}$"可以得出，

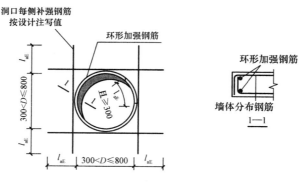

图 6-65 剪力墙圆形洞口直径大于 300mm 且不大于 800mm 时的补强纵筋构造

$$（正六边形边长/2）：（圆洞口半径＋保护层厚度）＝1：\sqrt{3}$$

则，

$$正六边形边长＝2×（圆洞口半径＋保护层厚度）/\sqrt{3}$$

从而得出：

补强纵筋的长度＝正六边形边长＋$2×l_{aE}$

$$＝2×（圆洞口半径＋保护层厚度）/\sqrt{3}＋2×l_{aE}（l_{aE}根据抗震要求计算）$$

（3）洞口直径大于 800mm 时，钢筋构造如图 6-66 所示。

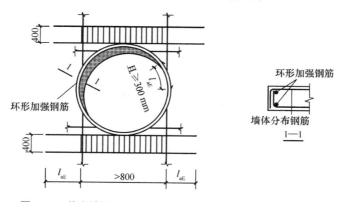

图 6-66 剪力墙圆形洞口直径大于 800mm 时的补强钢筋构造

洞口上下补强暗梁配筋按设计标注。当洞口上边或下边为剪力墙连梁时，不再重复设置补强暗梁。

2. **矩形洞口**

（1）洞宽、洞高均不大于 800mm 时，钢筋构造如图 6-67 所示。

从图 6-67 中可以看出补强纵筋长度计算的公式，即：

水平方向补强纵筋的长度＝洞口宽度＋$2×l_{aE}$（l_{aE}根据抗震要求计算）

垂直方向补强纵筋的长度＝洞口高度＋$2×l_{aE}$（l_{aE}根据抗震要求计算）

（2）洞宽、洞高均大于 800mm 时，钢筋构造如图 6-68 所示。

从图 6-68 中可以看出补强暗梁纵筋长度计算的公式，即：

补强暗梁的长度＝洞口宽度＋$2×l_{aE}$（l_{aE}根据抗震要求计算）

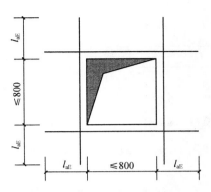

图 6-67　矩形洞口和洞高均不大于
800mm 时洞口的补强纵筋构造

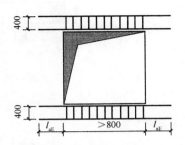

图 6-68　矩形洞口和洞高均大于
800mm 时洞口的补强纵筋构造

四、墙端部洞口连梁计算

端部洞口连梁是设置在剪力墙端部洞口上的连梁，如图 6-69 所示。

（1）连梁纵筋计算。

当端部小墙肢的长度满足直锚时，纵筋可以直锚。当端部小墙肢的长度不满足直锚时，须将纵筋伸至小墙肢纵筋内侧再弯折，弯折长度为 $15d$。

1）当剪力墙连梁端部小墙肢的长度满足直锚时：

梁纵筋长度＝洞口宽度＋
左右两边锚固 max $\{l_{aE}，600mm\}$

2）当剪力墙连梁端部小墙肢的长度不满足直锚时：

连梁纵筋长度＝洞口宽度＋右边锚固 max $\{l_{aE}，600mm\}$ ＋
左支座锚固墙肢宽度－
保护层厚度＋$15d$

纵筋根数根据图纸标注根数计算。

（2）连梁箍筋计算。

箍筋长度＝（梁宽 b＋梁高 h－4×保护层厚度）×
$2+1.9d×2+$ max$\{10d，75mm\}$

中间层连梁
箍筋根数 ＝（洞口宽度－50×2）/箍筋配置间距＋1

顶层连梁
箍筋根数 ＝（洞口宽度－50×2）/箍筋配置间距＋1＋

（左端连梁锚固直段长－100）/150＋
1＋（右端连梁锚固直段长－100）/150＋1

【例 6-5】端部洞口连梁 LL5 施工图如图 6-70 所

示。混凝土强度为 C25，抗震等级为一级，采用 HRB335 级钢筋。试计算连梁 LL5 中间层的各种钢筋。

【解】（1）上、下部纵筋。

右端直锚固长度＝max$\{l_{aE}，600mm\}$

直径同跨中，间距150

直径同跨中，间距150

墙顶LL

伸至墙外侧纵筋内侧后弯折

$15d$
$15d$

100　50　　50　100

l_{aE}
≥600

LL

$15d$
$15d$

伸至墙外侧纵筋内侧后弯折

50　　50

l_{aE}
且≥600

≤$l_{aE}(l_a)$
或≤600

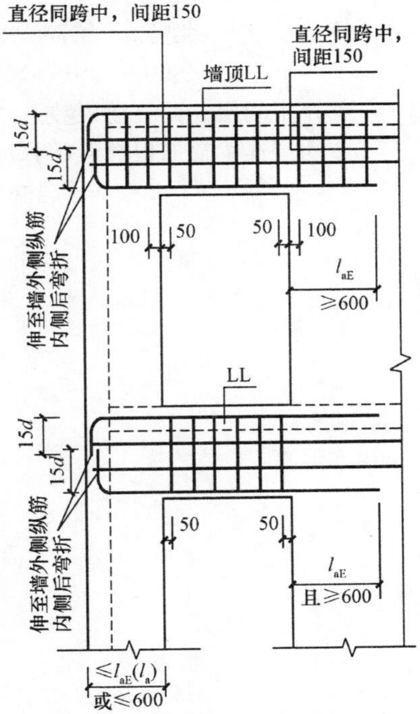

洞口连梁(端部墙肢较短)

图 6-69　墙端部洞口连梁

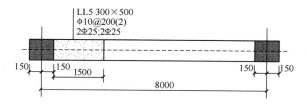

图 6-70 端部洞口连梁 LL5 施工图

由"混凝土强度为 C25，抗震等级为一级，采用 HRB335 级钢筋"，可以得出，
顶层锚固长度＝38d

$$=(38×20)mm=760mm$$

故右端直锚固长度＝760mm
左端支座锚固长度＝$(300-15+15×20)mm=585mm$
总长度＝净长＋右端直锚固长度＋左端支座锚固

$$=(1500+760+585)mm=2845mm$$

（2）箍筋长度。

箍筋长度＝（梁宽 b＋梁高 h－4×保护层厚度）×2＋$1.9d_1$×2＋max｛$10d_1$，75mm｝

$$=[(300+500-4×15)×2+1.9×10×2+max\{10×10，75\}]mm=1618mm$$

（3）中间层连梁箍筋根数。

中间层连梁箍筋根数＝（洞口宽度－50×2）/箍筋配置间距＋1

$$=[(1500-50×2)/200+1]根=8 根$$

第七章
楼梯平法识图与钢筋算量

第一节　楼梯平法施工图识图规则

一、楼梯概述

1. 楼梯的类型

（1）16G101-2图集中共包含12种类型的楼梯，具体见表7-1。各梯板截面形状与支座位置如图7-1～图7-9所示。

楼梯钢筋

扫码观看本视频

表 7-1　楼梯类型

梯板代号	适用范围		是否参与结构整体抗震计算
	抗震构造措施	适用结构	
AT	无	剪力墙、砌体结构	不参与
BT			
CT	无	剪力墙、砌体结构	不参与
DT			
ET	无	剪力墙、砌体结构	不参与
FT			
GT	无	剪力墙、砌体结构	不参与
ATa	有	框架结构、框剪结构中框架部分	不参与
ATb			不参与
ATc			参与
CTa	有	框架结构、框剪结构中框架部分	不参与
CTb			不参与

注：ATa、CTa低端设滑动支座支承在梯梁上；ATb、CTb低端设滑动支座支承在挑板上。

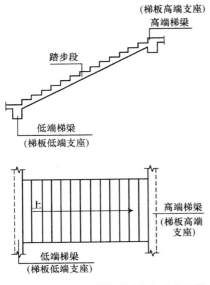

图 7-1　AT 型楼梯截面形状与支座位置

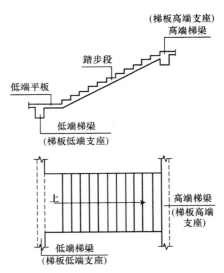

图 7-2　BT 型楼梯截面形状与支座位置

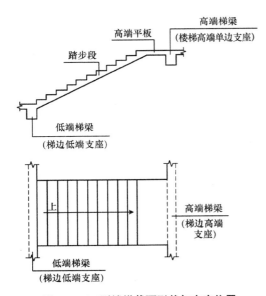

图 7-3　CT 型楼梯截面形状与支座位置

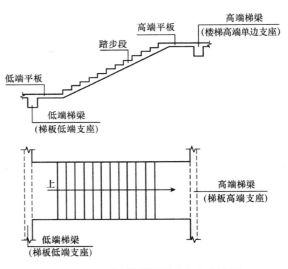

图 7-4　DT 型楼梯截面形状与支座位置

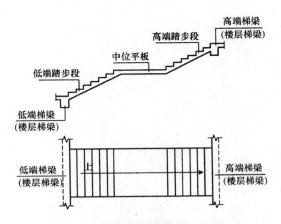

图 7-5　ET 型楼梯截面形状与支座位置

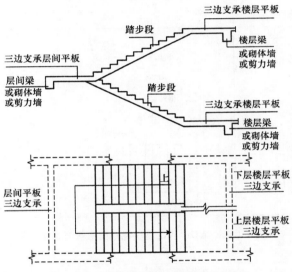

图 7-6　FT 型楼梯截面形状与支座位置

（有层间和楼层平台板的双跑楼梯）

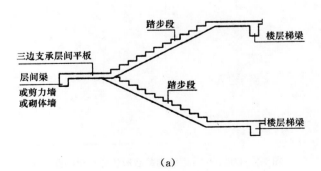

（a）

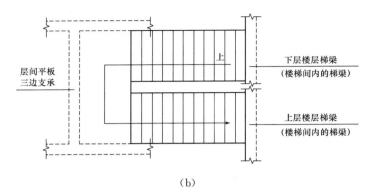

（b）

图 7-7　GT 型楼梯截面形状与支座位置

（有层间平台板的双跑楼梯）

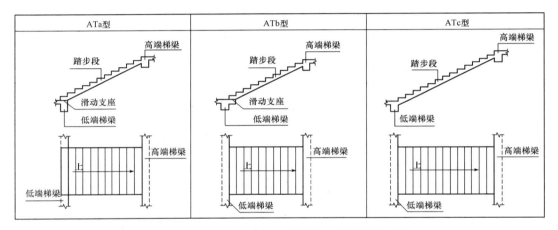

图 7-8　Ata、ATb、ATc 型楼梯截面形状与支座位置

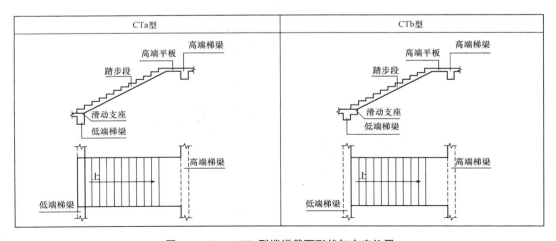

图 7-9　CTa、CTb 型楼梯截面形状与支座位置

（2）各类楼梯的特征见表 7-2。

表 7-2　楼梯的特征

楼梯类型	特征
AT～ET 型板式楼梯	（1）AT～ET 型板式楼梯代号代表一段带上、下支座的梯板。梯板的主体为踏步段，除踏步段之外，梯板还可包括低端平板、高端平板及中位平板。 （2）AT～ET 各型梯板的截面形状如下。 AT 型梯板全部由踏步段构成； BT 型梯板由低端平板和踏步段构成； CT 型梯板由踏步段和高端平板构成； DT 型梯板由低端平板、踏步板和高端平板构成； ET 型梯板由低端踏步段、中位平板和高端踏步段构成。 （3）AT～ET 型梯板的两端分别以（低端和高端）梯梁为支座。 （4）AT～ET 型梯板的型号、板厚和上、下部纵向钢筋以及分布钢筋等内容由设计者在平法施工图中注明。梯板上部纵向钢筋向跨内伸出的水平投影长度见相应的标准构造详图，设计不注，但设计者应予以校核；当标准构造详图规定的水平投影长度不满足具体工程要求时，应由设计者另行注明
FT、GT 型板式楼梯	（1）FT、GT 每个代号代表两跑踏步段和连接它们的楼层平板及层间平板。 （2）FT、GT 型梯板的构成分两类：第一类，FT 型，由层间平板、踏步段和楼层平板构成；第二类，GT 型，由层间平板和踏步段构成。 （3）FT、GT 型梯板的支承方式如下。 FT 型：梯板一端的层间平板采用三边支承，另一端的楼层平板也采用三边支承； GT 型：梯板一端的层间平板采用三边支承，另一端的梯板段采用单边支承（在梯梁上）； FT、GT 型梯板的支承方式见表 7-3。 （4）FT、GT 型梯板的型号、板厚和上、下部纵向钢筋以及分布钢筋等内容由设计者在平法施工图中注明。FT、GT 型平台上部横向钢筋及其外伸长度，在平面图中原位标注。梯板上部纵向钢筋向跨内伸出的水平投影长度见相应的标准构造详图，设计不注，但设计者应予以校核；当标准构造详图规定的水平投影长度不满足具体工程要求时，应由设计者另行注明
ATa、ATb 型板式楼梯	（1）ATa、ATb 型为带滑动支座的板式楼梯，梯板全部由踏步段构成，其支承方式为梯板高端均支承在梯梁上，ATa 型梯板低端带滑动支座支承在梯梁上，ATb 型梯板低端带滑动支座支承在梯梁的挑板上。 （2）滑动支座采用何种做法应由设计指定。滑动支座垫板可选用聚四氟乙烯板、钢板和厚度大于或等于 0.5mm 的塑料片，也可选用其他保证有效滑动的材料，其连接方式由设计者另行处理。 （3）ATa、ATb 型梯板采用双层双向配筋

续表

楼梯类型	特征
ATc 型板式楼梯	（1）ATc 型梯板全部由踏步段构成，其支承方式为梯板两端均支承在梯梁上。 （2）ATc 楼梯休息平台与主体结构可连接，也可脱开。 （3）ATc 型楼梯梯板厚度应按计算确定，且不宜小于 140mm；梯板采用双层配筋。 （4）ATc 型梯板两侧设置边缘构件（暗梁），边缘构件的宽度取 1.5 倍板厚；边缘构件纵筋数量，当抗震等级为一、二级时不少于 6 根，当抗震等级为三、四级时不少于 4 根；纵筋直径为Φ 12 且不小于梯板纵向受力钢筋的直径；箍筋直径不小于Φ 6，间距不大于 200mm。平台板按双层双向配筋。 （5）ATc 型楼梯作为斜撑构件，钢筋均采用符合抗震性能要求的热轧钢筋，钢筋的抗拉强度实测值与屈服强度实测值的比值不应小于 1.25；钢筋的屈服强度实测值与屈服强度标准值的比值不应小于 1.3，且钢筋在最大拉力下的总伸长率实测值不应小于 9%
CTa、CTb 型板式楼梯	（1）CTa、CTb 型为带滑动支座的板式楼梯，梯板由踏步段和高端平板构成，其支承方式为梯板高端均支承在梯梁上。CTa 型梯板低端带滑动支座支承在梯梁上，CTb 型梯板低端带滑动支座支承在挑板上。 （2）滑动支座采用何种做法应由设计指定。滑动支座垫板可选用聚四氟乙烯板、钢板和厚度大于或等于 0.5mm 的塑料片，也可选用其他保证有效滑动的材料，其连接方式由设计者另行处理。 （3）CTa、CTb 型梯板采用双层双向配筋

表 7-3　FT～HT 型梯板支承方式

梯板类型	层间平板端	踏步段端（楼层处）	楼层平板端
FT	三边支承	—	三边支承
GT	三边支承	单边支承（梯梁上）	—

2. 现浇混凝土板式楼梯平法施工图的表示方法

（1）现浇混凝土板式楼梯平法施工图有平面注写、剖面注写和列表注写三种表达方式，设计者可根据工程具体情况任选一种。

梯板表达方式及与楼梯相关的平台板、梯梁、梯柱的注写方式参见 16G101-1 图集。

（2）楼梯平面布置图，应按照楼梯标准层，采用适当比例集中绘制，需要时绘制其剖面图。

（3）为方便施工，在集中绘制的板式楼梯平法施工图中，宜注明各结构层的楼面标高、结构层高及相应的结构层号。

二、平面注写方式

（1）平面注写方式，是在楼梯平面布置图上注写截面尺寸和配筋具体数值来表达楼梯施工图的方式。

平面注写方式包括集中标注和外围标注。

（2）楼梯集中标注的内容有 5 项，具体规定如下。

1）梯板类型代号与序号，如 AT××。

2）梯板厚度，注写为 $h=×××$。当为带平板的梯板且梯段板厚度和平板厚度不同时，可在梯段板厚度后面括号内以字母 P 打头注写平板厚度。

3）踏步段总高度和踏步级数之间以"/"分隔。

4）梯板支座上部纵筋和下部纵筋之间以";"分隔。

5）梯板分布筋，以 F 打头注写分布钢筋具体值，该项也可在图中统一说明。

（3）楼梯外围标注的内容，包括楼梯间的平面尺寸、楼层结构标高、层间结构标高、楼梯的上下方向、梯板的平面几何尺寸、平台板配筋、梯梁及梯柱配筋等。

各类型梯板的平面注写要求见表 7-4。

表 7-4　各类型梯板的平面注写要求

楼梯类型	适用条件	注写要求
AT 型楼梯	两梯梁之间的矩形梯板全部由踏步段构成，即踏步段两端均以梯梁为支座。凡是满足该条件的楼梯均可为 AT 型	AT 型楼梯平面注写方式如图 7-10 所示。其中，集中注写的内容有 5 项：第 1 项为梯板类型代号与序号 AT××；第 2 项为梯板厚度 h；第 3 项为踏步段总高度 H_s/踏步级数 $(m+1)$；第 4 项为上部纵筋及下部纵筋；第 5 项为梯板分布筋
BT 型楼梯	两梯梁之间的矩形梯板由低端平板和踏步段构成，两部分的一端各自以梯梁为支座。凡是满足该条件的楼梯均可为 BT 型	BT 型楼梯平面注写方式如图 7-11 所示。其中，集中注写的内容有 5 项：第 1 项为梯板类型代号与序号 BT××；第 2 项为梯板厚度 h；第 3 项为踏步段总高度 H_s/踏步级数 $(m+1)$；第 4 项为上部纵筋及下部纵筋；第 5 项为梯板分布筋
CT 型楼梯	两梯梁之间的矩形梯板由踏步段和高端平板构成，两部分的一端各自以梯梁为支座。凡是满足该条件的楼梯均可为 CT 型	CT 型楼梯平面注写方式如图 7-12 所示。其中，集中注写的内容有 5 项：第 1 项为梯板类型代号与序号 CT××；第 2 项为梯板厚度 h；第 3 项为踏步段总高度 H_s/踏步级数 $(m+1)$；第 4 项为上部纵筋及下部纵筋；第 5 项为梯板分布筋
DT 型楼梯	两梯梁之间的矩形梯板由低端平板、踏步段和高端平板构成，高、低端平板的一端各自以梯梁为支座。凡是满足该条件的楼梯均可为 DT 型	DT 型楼梯平面注写方式如图 7-13 所示。其中，集中注写的内容有 5 项：第 1 项为梯板类型代号与序号 DT××；第 2 项为梯板厚度 h；第 3 项为踏步段总高度 H_s/踏步级数 $(m+1)$；第 4 项为上部纵筋及下部纵筋；第 5 项为梯板分布筋

楼梯类型	适用条件	注写要求
ET 型楼梯	两梯梁之间的矩形梯板由低端踏步段、中位平板和高端踏步段构成，高、低端踏步段的一端各自以梯梁为支座。凡是满足该条件的楼梯均可为 ET 型	ET 型楼梯平面注写方式如图 7-14 所示。其中，集中注写的内容有 5 项：第 1 项为梯板类型代号与序号 ET××；第 2 项为梯板厚度 h；第 3 项为踏步段总高度 H_s/踏步级数（$m_l + m_h + 2$）；第 4 项为上部纵筋及下部纵筋；第 5 项为梯板分布筋
FT 型楼梯	矩形梯板由楼层平板、两跑踏步段与层间平板三部分构成，楼梯间内不设置梯梁。 楼层平板及层间平板均采用三边支承，另一边与踏步段相连。 同一楼层内各踏步段的水平长相等，高度相等（即等分楼层高度）。 凡是满足以上条件的可为 FT 型	FT 型楼梯平面注写方式如图 7-15 所示。其中，集中注写的内容有 5 项：第 1 项梯板类型代号与序号 FT××；第 2 项梯板厚度 h；第 3 项踏步段总高度 H_s/踏步级数（$m+1$）；第 4 项梯板上部纵筋及下部纵筋；第 5 项梯板分布筋（梯板分布钢筋也可在平面图中注写或统一说明）。原位注写的内容为楼层与层间平板上、下部横向钢筋
GT 型楼梯	楼梯间设置楼层梯梁，但不设置层间梯梁；矩形梯板由两跑踏步段与层间平台板两部分构成。 层间平台板采用三边支承，另一边与踏步段的一端相连，踏步段的另一端以楼层梯梁为支座。 同一楼层内各踏步段的水平长度相等，高度相等（即等分楼层高度）。 凡是满足以上要求的可为 GT 型	GT 型楼梯平面注写方式如图 7-16 所示。其中，集中注写的内容有 5 项：第 1 项梯板类型代号与序号 GT××；第 2 项梯板厚度 h；第 3 项踏步段总高度 H_s/踏步级数（$m+1$）；第 4 项梯板上部纵筋及下部纵筋；第 5 项梯板分布筋（梯板分布钢筋也可在平面图中注写或统一说明）。原位注写的内容为楼层与层间平板上部纵向与横向配筋
ATa、ATb 型楼梯	两梯梁之间的矩形梯板全部由踏步段构成，即踏步段两端均以梯梁为支座，ATa 型楼梯滑动支座直接落在梯梁上，ATb 型楼梯滑动支座落在挑板上。框架结构中，楼梯中间平台通常设梯柱、梁，中间平台可与框架柱连接	ATa、ATb 型楼梯平面注写方式如图 7-17、图 7-18 所示。其中，集中注写的内容有 5 项：第 1 项为梯板类型代号与序号 ATa××（ATb ××）；第 2 项为梯板厚度 h；第 3 项为踏步段总高度 H_s/踏步级数（$m+1$）；第 4 项为上部纵筋及下部纵筋；第 5 项为梯板分布筋
ATc 型楼梯	两梯梁之间的矩形梯板全部由踏步段构成，即踏步段两端均以梯梁为支座。框架结构中，楼梯中间平台通常设梯柱、梯梁，中间平台可与框架柱连接（2 个梯柱形式）或脱开（4 个梯柱形式）	ATc 型楼梯平面注写方式如图 7-19 所示。其中，集中注写的内容有 6 项：第 1 项为梯板类型代号与序号 ATc××；第 2 项为梯板厚度 h；第 3 项为踏步段总高度 H_s/踏步级数（$m+1$）；第 4 项为上部纵筋及下部纵筋；第 5 项为梯板分布筋；第 6 项为边缘构件纵筋及箍筋

续表

楼梯类型	适用条件	注写要求
CTa、CTb 型楼梯	两梯梁之间的矩形梯板由踏步段和高端平板构成，高端平板宽应不大于 3 个踏步宽，两部分的一端各自以梯梁为支座，且楼板低端支承处做成滑动支座，CTa 型楼梯滑动支座直接落在梯梁上，CTb 型楼梯滑动支座落在挑板上。框架结构中，楼梯之间的平台通常设梯柱、梁，中间平台可与框架柱连接	CTa、CTb 型楼梯平面注写方式如图 7-20、图 7-21 所示。其中，集中注写的内容有 6 项：第 1 项为梯板类型代号与序号 CTa××、CTb ××；第 2 项为梯板厚度 h；第 3 项为梯板水平段厚度 h_l；第 4 项为踏步段总高度 H_s/踏步级数（$m+1$）；第 5 项为上部纵筋及下部纵筋；第 6 项为梯板分布筋

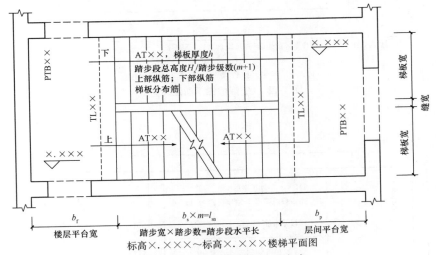

图 7-10　AT 型楼梯平面注写方式

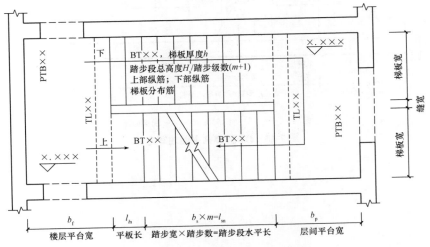

标高×.×××～标高×.×××楼梯平面图

图 7-11　BT 型楼梯平面注写方式

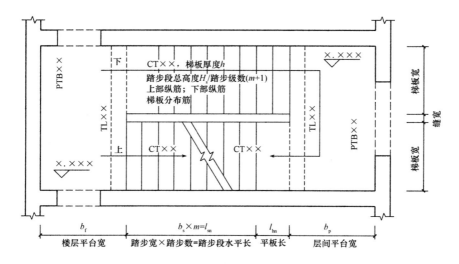

标高×.××××～标高×.××××楼梯平面图

图 7-12 CT 型楼梯平面注写方式

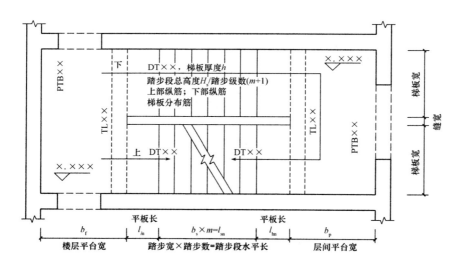

标高×.××××～标高×.××××楼梯平面图

图 7-13 DT 型楼梯平面注写方式

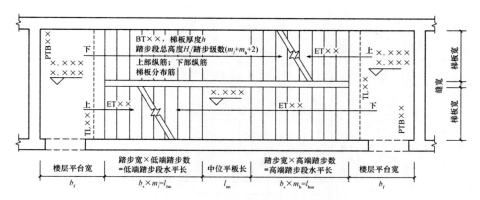

图 7-14 ET 型楼梯平面注写方式

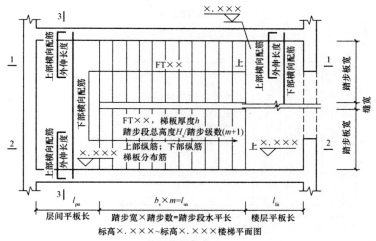

(a) 注写方式一

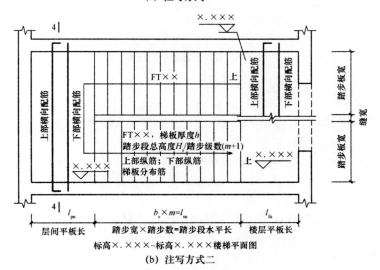

(b) 注写方式二

图 7-15 FT 型楼梯平面注写方式

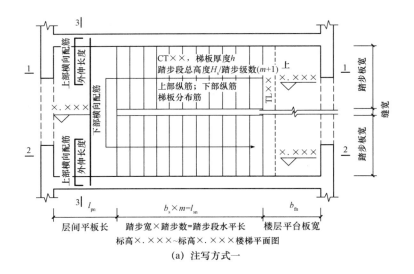

(a) 注写方式一

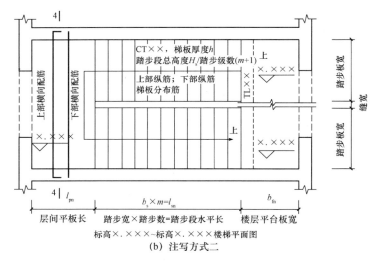

(b) 注写方式二

图 7-16 GT 型楼梯平面注写方式

三、剖面注写方式

（1）剖面注写方式需在楼梯平法施工图中绘制楼梯平面布置图和楼梯剖面图，注写方式分平面注写、剖面注写两部分。

（2）楼梯平面布置图注写内容，包括楼梯间的平面尺寸、楼层结构标高、层间结构标高、楼梯的上下方向、梯板的平面几何尺寸、梯板类型及编号、平台板配筋、梯梁及梯柱配筋等。

（3）楼梯剖面图注写内容，包括梯板集中标注、梯梁梯柱编号、梯板水平及竖向尺寸、楼层结构标高、层间结构标高等。

（4）梯板集中标注的内容有四项，具体规定如下。

1）梯板类型及编号，如 AT××。

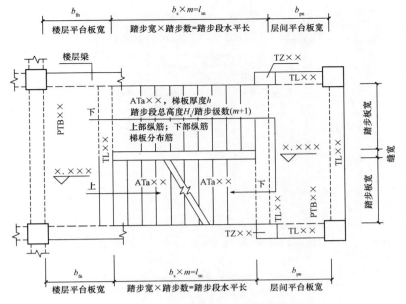

图 7-17　ATa 型楼梯平面注写方式

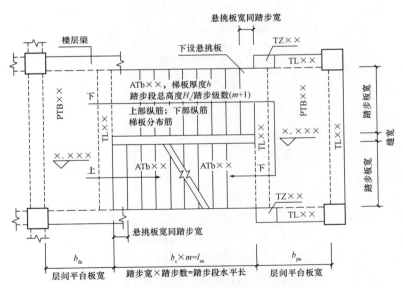

图 7-18　ATb 型楼梯平面注写方式

2）梯板厚度，注写为 $h=\times\times\times$。当梯板由踏步段和平板构成，且踏步段梯板厚度和平板厚度不同时，可在梯板厚度后面括号内以字母 P 打头注写平板厚度。

3）梯板配筋。注明梯板上部纵筋和梯板下部纵筋，用"；"将上部与下部纵筋的配筋值分隔开来。

4）梯板分布筋，以 F 打头注写分布钢筋具体值，该项也可在图中统一说明。

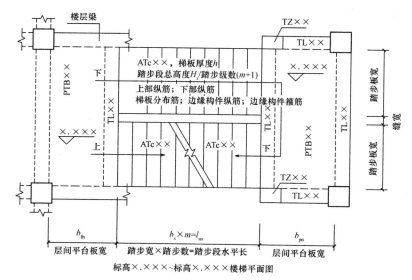

(a) 注写方式一

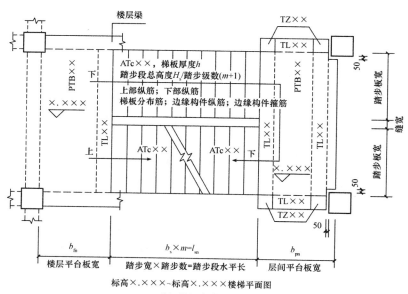

(b) 注写方式二

图 7-19 ATc 型楼梯平面注写方式

四、列表注写方式

（1）列表注写方式，是用列表方式注写梯板截面尺寸和配筋具体数值来表达楼梯施工图的方式。

（2）列表注写方式的具体要求同剖面注写方式。

梯板列表格式见表 7-5。

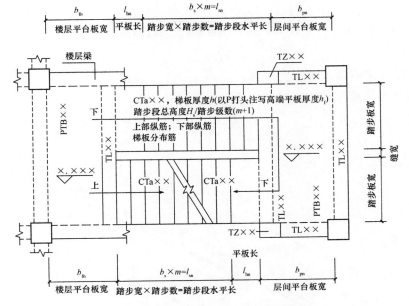

标高×.××××～标高×.××××楼梯平面图

图7-20 CTa型楼梯平面注写方式

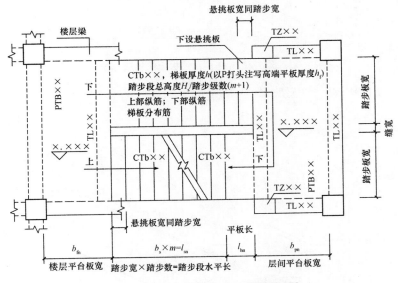

标高×.××××～标高×.××××楼梯平面图

图7-21 CTb型楼梯平面注写方式

表7-5 梯板几何尺寸和配筋

梯板编号	踏步段总高度/踏步级数	板厚 h	上部纵向钢筋	下部纵向钢筋	分布筋

注：对于ATc型楼梯还应注明梯板两侧边缘构件、纵向钢筋及箍筋。

第二节 楼梯平法识图

一、楼梯相关构造识图

（1）AT 型楼梯板配筋构造如图 7-22 所示。

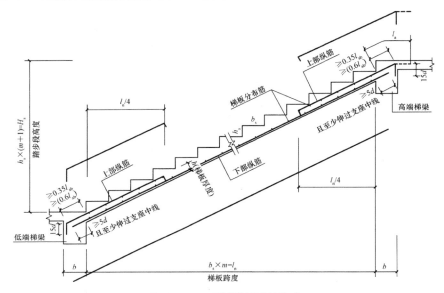

图 7-22 AT 型楼梯板配筋构造

（2）BT 型楼梯板配筋构造如图 7-23 所示。

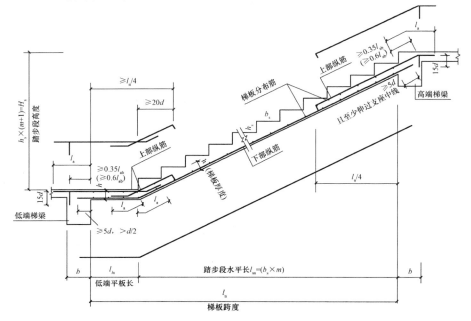

图 7-23 BT 型楼梯板配筋构造

（3）CT 型楼梯板配筋构造如图 7-24 所示。

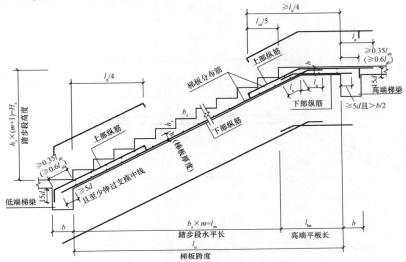

图 7-24 CT 型楼梯板配筋构造

（4）DT 型楼梯板配筋构造如图 7-25 所示。

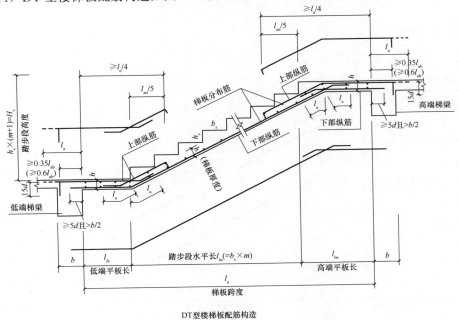

DT型楼梯板配筋构造

图 7-25 DT 型楼梯板配筋构造

注：1. 图中上部纵筋锚固长度 $0.35l_{ab}$ 用于按铰接设计的情况，括号内数据 $0.6l_{ab}$ 用于设计考虑充分发挥钢筋抗拉强度的情况，具体工程中设计应指明采用何种情况。
2. 上部纵筋需伸至支座对边再向下弯折。
3. 上部纵筋有条件时可直接伸入平台板内锚固，从支座内边算起总锚固长度不小于 l_a，如图中虚线所示。
4. 踏步两头高度调整见 16G101-2 图集第 50 页。

（5）ET 型楼梯板配筋构造如图 7-26 所示。

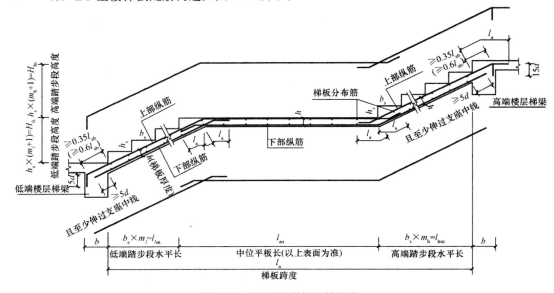

图 7-26　ET 型楼梯板配筋构造

（6）FT 型楼梯板配筋构造如图 7-27 所示。

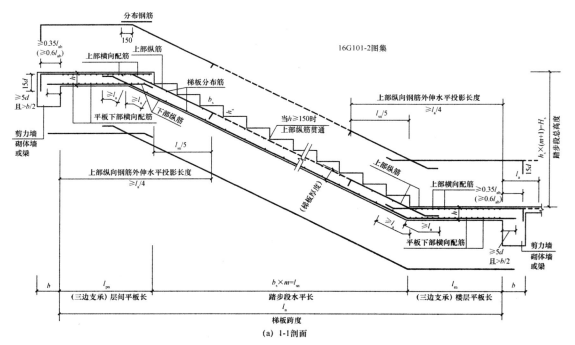

（a）1-1 剖面

注：1. 图中上部纵筋锚固长度 $0.35l_{ab}$ 用于设计按铰接的情况，括号内数据 $0.6l_{ab}$ 用于设计考虑充分发挥钢筋抗拉强度的情况，具体工程中设计应指明采用何种情况。

2. 上部纵筋需伸至支座对边再向下弯折。

3. 上部纵筋有条件时可直接伸入平台板内锚固，从支座内边算起总锚固长度不小于图中虚线所示。

4. 踏步两头正式高度调整见 16G101-2 图集第 50 页。

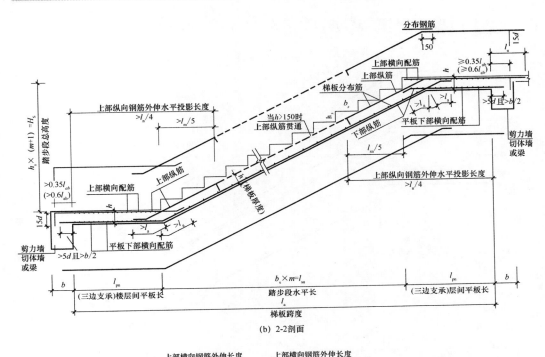

(b) 2-2剖面

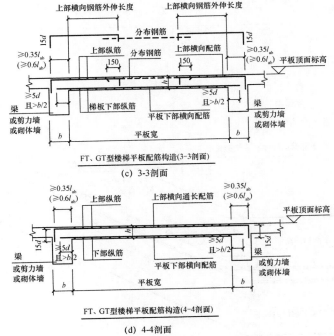

FT、GT型楼梯平板配筋构造(3-3剖面)

(c) 3-3剖面

FT、GT型楼梯平板配筋构造(4-4剖面)

(d) 4-4剖面

图7-27　FT型楼梯板配筋构造

注：1. 3-3、4-4剖面位置见16G101-2图集第33页、第36页。

2. 图中上部纵筋锚固长度$0.35l_{ab}$用于设计按铰接的情况，括号内数据$0.6l_{ab}$用于设计考虑充分发挥钢筋抗拉强度的情况，具体工程中设计应指明采用何种情况。

3. 3-3剖面上部钢筋外伸长度由设计计算确定，其上部横向钢筋可配通长筋。

（7）GT 型楼梯板配筋构造如图 7-28 所示（图 7-16 的剖面图）。

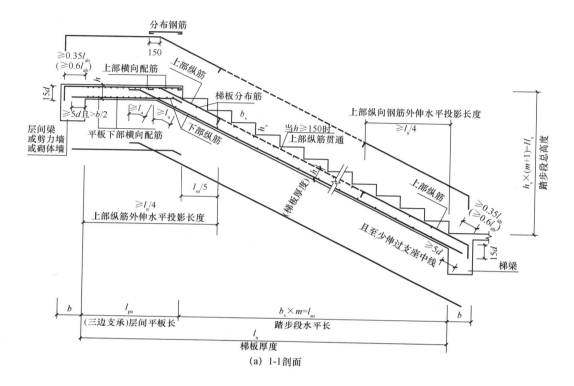

(a) 1-1 剖面

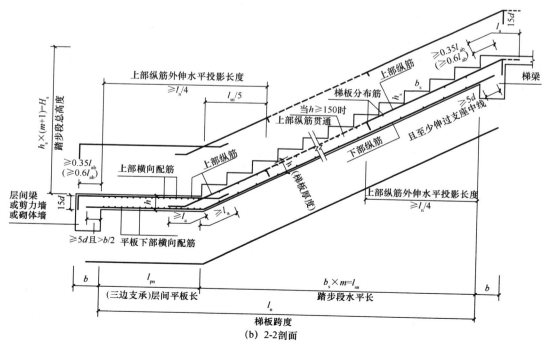

(b) 2-2 剖面

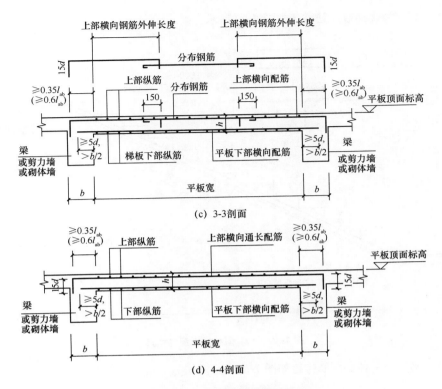

(c) 3-3剖面

(d) 4-4剖面

图7-28 GT型楼梯板配筋构造

（8）ATa型楼梯板配筋构造如图7-29所示。

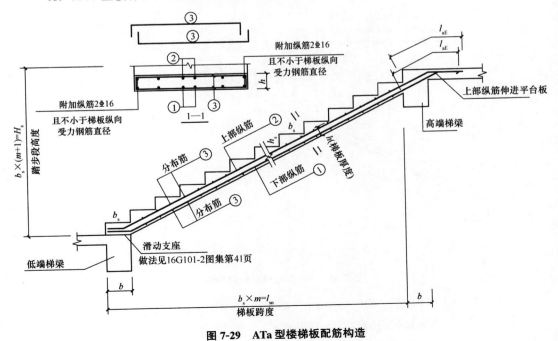

图7-29 ATa型楼梯板配筋构造

（9）ATb 型楼梯板配筋构造如图 7-30 所示。

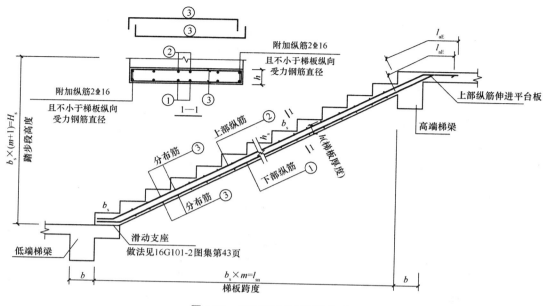

图 7-30　ATb 型楼梯板配筋构造

（10）ATc 型楼梯板配筋构造如图 7-31 所示。

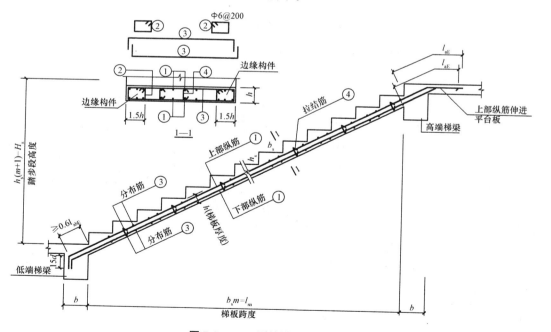

图 7-31　ATc 型楼梯板配筋构造

（11）CTa 型楼梯板配筋构造如图 7-32 所示。

（12）CTb 型楼梯板配筋构造如图 7-33 所示。

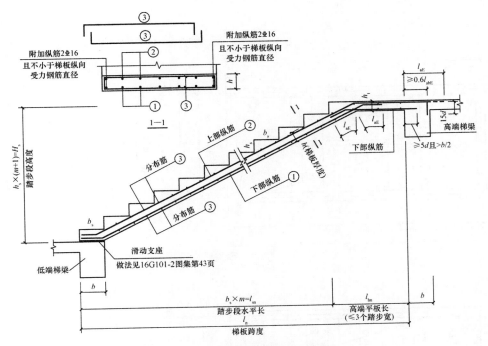

图 7-32　CTa 型楼梯板配筋构造

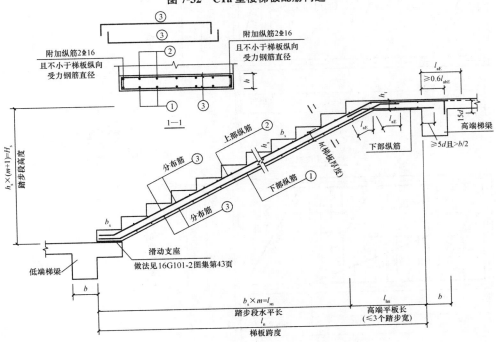

图 7-33　CTb 型楼梯板配筋构造

二、楼梯平法识图实例

【例 7-1】某楼梯平法施工图如图 7-34 所示。

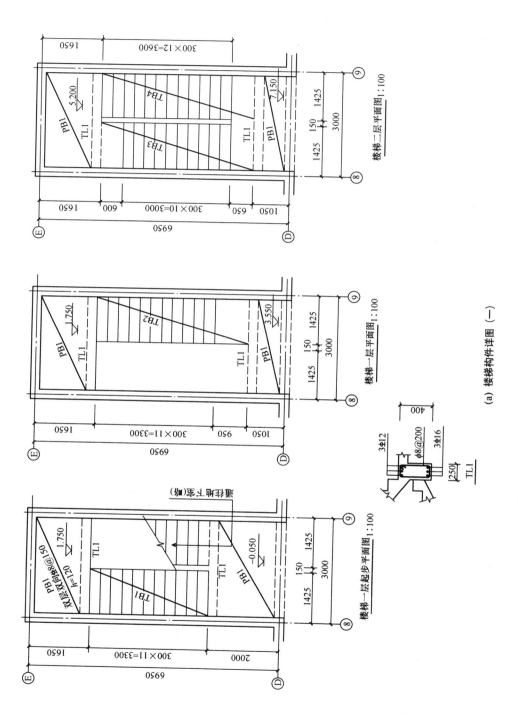

(a) 楼梯构件详图（一）

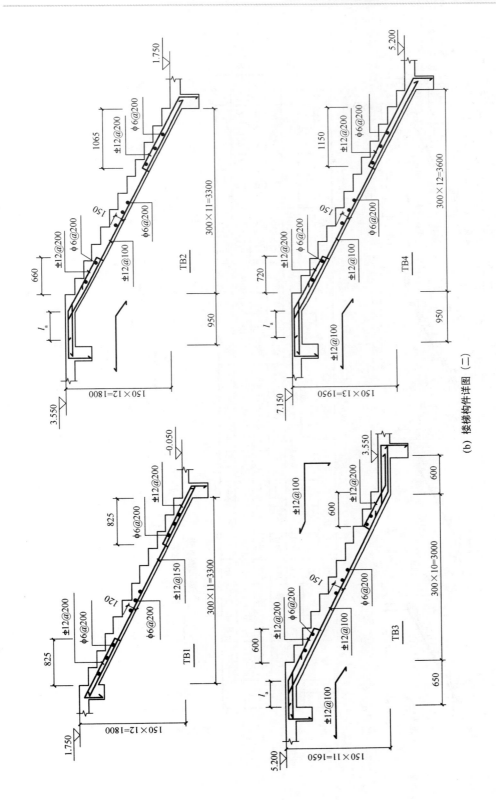

（b）楼梯构件详图（二）

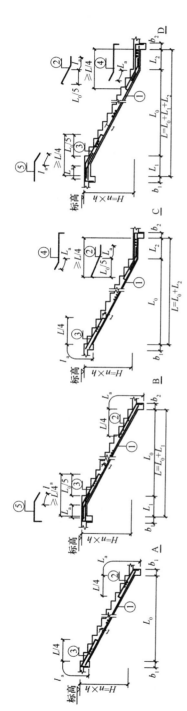

楼梯板配筋表

楼梯号	编号	类型	板厚 t	尺寸				高 H	级数 n	踏步 宽 b	踏步 高 h	梯板配筋				
				L	L₀	L₁	L₂					①	②	③	④	⑤
楼梯 A	TB1	A	120	3300	2600	—	—	1800	12	300	150	Φ12@150	Φ12@200	Φ12@200	—	—
	TB2	B	150	4250	3300	950	—	1800	12	300	150	Φ12@100	Φ12@200	Φ12@200	—	—
	TB3	D	150	4250	3000	650	600	1650	11	300	150	Φ12@100	Φ12@100	Φ12@200	Φ12@200	Φ12@100
	TB4	B	150	4250	3300	950	—	1950	13	300	150	Φ12@100	Φ12@100	Φ12@200	—	Φ12@100
	PB1	E	120									Φ8@150	Φ8@150	Φ8@150	—	—

楼梯梁配筋表

楼梯号	梁号	尺寸		梁底筋 ①	梁顶筋 ②	梁箍筋 ③
		b	h			
楼梯 A	TL1	250	400	3Φ12	3Φ16	φ8@200

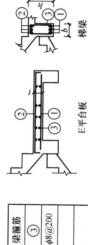

E平台板

梯梁

说明:
1. 楼梯混凝土强度等级:C25。
2. 位于半平台处的梯梁,若端部无支承,应设梯梁立柱(另详落于楼面梁上)。
3. 钢筋长度尚应现场放样确定。

(c) 楼梯构件详图

图7-34 楼梯平法施工图 (三)

从图 7-34 中可以了解以下内容。

（1）图 7-34 中的楼梯为板式楼梯，由梯段板、梯梁和平台板组成，混凝土强度等级为 C25。

（2）梯梁：从图 7-34 中得知梯梁的上表面为建筑标高减去 50mm，断面形式均为矩形断面。如 TL1，矩形断面 250mm×400mm，下部纵向受力钢筋为 3Φ16，伸入墙内长度不小于 15d；上部纵向受力钢筋为 3Φ12，伸入墙内应满足锚固长度 l_a 要求；箍筋Φ8@200。

（3）平台板：从图 7-34 中得知平台板上表面为建筑标高减去 50mm，与梯梁同标高，两端支承在剪力墙和梯梁上。由图知，该工程平台板厚度 120mm，配筋双层双向Φ8@150，下部钢筋伸入墙内长度不小于 15d；上部钢筋伸入墙内应满足锚固长度 l_a 要求。

（4）楼梯板：楼梯板两端支承在梯梁上，从剖面图和平面图中得知，根据型式、跨度和高差的不同，梯板分成 4 种，即 TB1～TB4。

1）类型 A：下部受力筋①通长，伸入梯梁内的长度不小于 5d；下部分布筋为Φ6@200；上部筋②③伸出梯梁的水平投影长度为 0.25 倍净跨，末端作 90°直钩顶在模板上，另一端进入梯梁内不小于锚固长度 l_a，并沿梁侧边弯下。

2）类型 B：板倾斜段下部受力筋①通长，至板水平段板顶弯成水平，从板底弯折处起算，钢筋水平投影长度为锚固长度 l_a；下部分布筋为Φ6@200；上部筋②伸出梯梁的水平投影长度为 0.25 倍净跨，末端作 90°直钩顶在模板上，另一端进入梯梁内不小于锚固长度 l_a，并沿梁侧边弯下；上部筋③中部弯曲，既是倾斜段也是水平段的上部钢筋，其倾斜部分长度为斜梯板净跨（L_0）的 0.2 倍，且总长的水平投影长度不小于 0.25 倍总净跨（L），末端作 90°直钩顶在模板上，另一端进入梯梁内不小于锚固长度 l_a，并沿梁侧边弯下。

3）类型 D：下部受力筋①通长，在两水平段转折处弯折，分别伸入梯梁内，长度不小于 5d；板上水平段上部受力筋③至倾斜段上部板顶弯折，既是倾斜段也是上水平段的上部钢筋，其倾斜部分长度为斜梯板净跨（L_0）的 0.2 倍，且总长的水平投影长度不小于 0.25 倍总净跨（L），末端作 90°直钩顶在模板上，另一端进入梯梁内不小于锚固长度 l_a，并沿梁侧边弯下；板上水平段下部筋⑤在靠近斜板处弯折成斜板上部筋，延伸至满足锚固长度后截断；下部分布筋为Φ6@200；板下水平段下部筋②至倾斜段上部板顶弯折，既是倾斜段也是下水平段的上部钢筋，其倾斜部分长度为斜梯板净跨（L_0）的 0.2 倍，且总长水平投影长度不小于 0.25 倍总净跨（L），末端作 90°直钩顶在模板上，另一端进入下水平段板底弯折，延伸至满足锚固长度后截断；板下水平段上部筋④至斜板底面处弯折，另一端进入梯梁内不小于锚固长度 l_a，并沿梁侧边弯下。

第三节 楼梯钢筋算量

一、AT 型楼梯钢筋算量

1. AT 型楼梯板的基本尺寸数据

AT 型楼梯板的基本尺寸数据：梯板净跨度 l_n、梯板净宽度 b_n、梯板厚度 h、踏步宽度 b_s、踏步总高度 H_s 和踏步高度 h_s。

2. 楼梯板斜坡系数 k

在钢筋计算中，经常需要通过水平投影长度计算斜长。

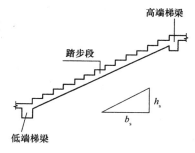

$$斜长＝水平投影长度×斜坡系数 k$$

其中，斜坡系数 k 可以通过踏步宽度和踏步高度来进行计算，如图 7-35 所示。

$$斜坡系数 k＝sqrt (b_s×b_s＋h_s×h_s) /b_s$$

式中的 sqrt () 为求平方根函数。

图 7-35 斜坡系数示意

3. 楼梯钢筋计算

（1）梯板下部纵筋。

梯板下部纵筋位于 AT 踏步段斜板的下部，其计算依据为梯板净跨度 l_n 梯板下部纵筋两端分别锚入高端梯梁和低端梯梁。其锚固长度为满足不小于 $5d$ 且至少伸过支座中线。

在具体计算中，可以取锚固长度 $a＝\max \{5d, b/2\}$（b 为支座宽度）。

根据上述分析，梯板下部纵筋的计算过程如下。

1）下部纵筋以及分布筋长度的计算。

$$梯板下部纵筋的长度 l＝l_n×k＋2a$$

其中 $a＝\max \{5d, b/2\}$。

$$分布筋的长度＝b_n － 2×保护层厚度$$

2）下部纵筋以及分布筋根数的计算。

$$梯板下部纵筋根数＝(b_n － 2×保护层厚度)/间距＋1$$

$$分布筋根数＝(l_n×k － 50×2)/间距＋1$$

（2）梯板低端扣筋。

梯板低端扣筋位于踏步段斜板的低端，扣筋的一端扣在踏步段斜板上，直钩长度为 h_1。扣筋的另一端伸至低端梯梁对边再向下弯折 $15d$，弯锚水平段长度不小于 $0.35l_{ab}$（或不小于 $0.6l_{ab}$）。扣筋的延伸长度水平投影长度为 $l_n/4$。

根据上述分析，梯板低端扣筋的计算过程为如下。

1）低端扣筋以及分布筋长度的计算。

$$l_1＝[l_n/4＋(b －保护层厚度)]×斜坡系数 k$$

$$l_2＝15d$$

$$h_1＝h －保护层厚度$$

$$分布筋＝b_n － 2×保护层厚度$$

2）低端扣筋以及分布筋根数的计算。

$$梯板低端扣筋的根数＝(b_n － 2×保护层厚度)/间距＋1$$

$$分布筋根数＝(l_n/4×k)/间距＋1$$

（3）梯板高端扣筋。

梯板高端扣筋位于踏步段斜板的高端，扣筋的一端扣在踏步段斜板上，直钩长度为 h_1，扣筋的另一端锚入高端梯梁内，锚入直段长度不小于 $0.4l_a$，直钩长度 l_2 为 $15d$。扣筋的延伸长度水平投影长度为 $l_n/4$。

根据上述分析，梯板高端扣筋的计算过程如下。

1）高端扣筋以及分布筋长度的计算。

$$h_1 = h - 保护层厚度$$
$$l_1 = [l_n/4 + (b - 保护层厚度)] \times 斜坡系数\ k$$
$$l_2 = 15d$$
$$分布筋 = b_n - 2 \times 保护层厚度$$

2）高端扣筋以及分布筋根数的计算：

$$梯板高端扣筋的根数 = (b_n - 2 \times 保护层厚度)/间距 + 1$$
$$分布筋的根数 = (l_n/4 \times k)/间距 + 1$$

注：梯板扣筋弯锚水平段"不小于 $0.35l_{ab}$（或不小于 $0.6l_{ab}$）"为验算"弯锚水平段（b —保护层厚度）$\times$斜坡系数 k"的条件。

【例 7-2】AT3 楼梯平面布置如图 7-36 所示。其中支座宽度为 200mm，保护层厚度为 15mm。试计算 AT3 楼梯钢筋量。

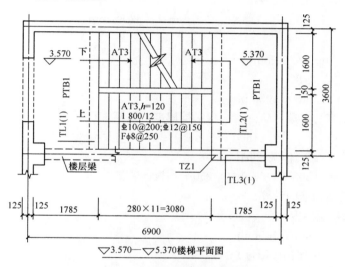

图 7-36 AT3 楼梯平面布置图

【解】（1）根据图 7-36，可知 AT3 楼梯板的基本尺寸数据。

梯板净跨度 $l_n = 3080$mm

梯板净宽度 $b_n = 1600$mm

梯板厚度 $h = 120$mm

踏步宽度 $b_s = 280$mm

踏步总高度 $H_s = 1800$mm

踏步高度 $h_s = (1800/12)$mm $= 150$mm

楼层平板和层间平板长度 $= (1600 \times 2 + 150)$mm $= 3350$mm

（2）斜坡系数 k 的计算。

$$
\begin{aligned}
斜坡系数\ k &= \mathrm{sqrt}(b_s \times b_s + h_s \times h_s)/b_s \\
&= \mathrm{sqrt}(280 \times 280 + 150 \times 150)/280 = 1.134
\end{aligned}
$$

（3）楼梯下部纵筋的计算。

下部纵筋以及分布筋长度的计算。

$$a = \max\ \{5d,\ b/2\}$$

$$=\max\{5\times12,200/2\}=100mm$$

梯板下部纵筋长度 $l=l_n\times k+2a$

$$=(3080\times1.134+2\times100)mm=3692.72mm$$

分布筋的长度 $=b_n-2\times$ 保护层厚度

$$=(1600-2\times15)mm=1570mm$$

梯板下部纵筋根数 $=(b_n-2\times$ 保护层厚度$)/$间距$+1$

$$=[(1600-2\times15)/150+1]根\approx12根$$

分布筋根数 $=(l_n\times k-50\times2)/$间距$+1$

$$=[(3080\times1.134-100)/250+1]根\approx15根$$

（4）梯板低端扣筋的计算。

$l_1=[l_n/4+(b-$保护层厚度$)]\times k$

$$=\{[3080/4+(200-15)]\times1.134\}mm=1082.97mm$$

$l_2=15d$

$$=(15\times10)mm=150mm$$

$h_1=h-$保护层厚度

$$=(120-15)mm=105mm$$

梯板低端扣筋的根数 $=(b_n-2\times$ 保护层厚度$)/$间距$+1$

$$=[(1600-2\times15)/200+1]根\approx9根$$

分布筋根数 $=(l_n)/4\times k/$间距$+1$

$$=[(3080/4\times1.134)/250+1]根\approx5根$$

（5）梯板高端扣筋的计算。

$h_1=h-$保护层厚度

$$=(120-15)mm=105mm$$

$l_1=[l_n/4+(b-$保护层厚度$)]\times k$

$$=\{[3080/4+(200-15)]\times1.134\}mm=1082.97mm$$

$l_2=15d$

$$=(15\times10)mm=150mm$$

分布筋 $=b_n-2\times$ 保护层厚度

$$=(1600-2\times15)mm=1570mm$$

梯板高端扣筋的根数 $=(b_n-2\times$ 保护层厚度$)/$间距$+1$

$$=[(1600-2\times15)/200+1]根\approx9根$$

分布筋根数 $=(l_n)/4\times k/$间距$+1$

$$=[(3080/4)\times1.134/250+1]根\approx5根$$

注：上面只计算了一跑 AT3 的钢筋，一个楼梯间有两跑 AT3，就把上述的钢筋数量乘以 2。

二、ATc 型楼梯钢筋算量

1．ATc 型楼梯板的基本尺寸数据

AT 型楼梯板的基本尺寸数据：梯板净跨度 l_n、梯板净宽度 b_n、梯板厚度 h、踏步宽度 b_s、踏步总高度 H_s 和踏步高度 h_s。

2. 楼梯板斜坡系数 k

楼梯板钢筋计算中用到的斜坡系数 k，计算方法同 ATc 型楼梯。

3. 楼梯钢筋计算

（1）ATc 型楼梯板下部纵筋和上部纵筋。

$$下部纵筋长度 \ l = 15d + (b - 保护层厚度 + l_{sn}) \times k + l_{aE}$$

$$下部纵筋范围 = b_n - 2 \times 1.5h$$

$$下部纵筋根数 = (b_n - 2 \times 1.5h)/间距$$

上部纵筋的计算方式同下部纵筋。

（2）梯板分布筋。

$$分布筋的水平段长度 = b_n - 2 \times 保护层厚度$$

$$分布筋的直钩长度 = h - 2 \times 保护层厚度$$

$$分布筋设置范围 = l_{sn} \times k$$

$$分布筋根数 = (l_{sn} \times k)/间距$$

（3）梯板拉结筋。

$$拉结筋长度 = h - 2 \times 保护层厚度 + 2 \times 拉筋直径$$

$$拉结筋根数 = (l_{sn} \times k)/间距$$

（4）梯板暗梁箍筋。

由 ATc 型板式楼梯的特征可知，梯板暗梁箍筋为 $\Phi 6@200$。

$$箍筋宽度 = 1.5h - 保护层厚度 - 2d$$

$$箍筋高度 = h - 2 \times 保护层厚度 - 2d$$

$$箍筋分布范围 = l_{sn} \times k$$

$$箍筋根数 = (l_{sn} \times k)/间距$$

【例 7-3】 ATc3 平面布置如图 7-37 所示。其中混凝土强度为 C30，抗震等级为一级，梯梁宽度为 200mm。试计算 ATc3 钢筋量。

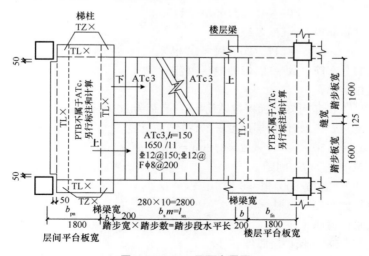

图 7-37 ATc3 平面布置图

【解】（1）ATc3 型楼梯板的基本尺寸数据。

梯板净跨度 $l_n=2800$mm

梯板净宽度 $b_n=1600$mm

梯板厚度 $h=120$mm

踏步宽度 $b_s=280$mm

踏步总高度 $H_s=1650$mm

踏步高度 $h_s=(1650/11)$mm$=150$mm

（2）斜坡系数 k 的计算。

斜坡系数 $k=\mathrm{sqrt}(b_s \times b_s + h_s \times h_s)/b_s$

$=\mathrm{sqrt}(280 \times 280 + 150 \times 150)/280 = 1.134$

（3）ATc 型楼梯板下部纵筋和上部纵筋。

下部纵筋长度 $l=15d+(b-$ 保护层厚度 $+l_{sn}) \times k + l_{aE}$

$=[15 \times 12 + (200-15+2800) \times 1.134 + 40 \times 12]mm=4045$mm

下部纵筋范围 $=b_n-2 \times 1.5h$

$=(1600-2 \times 1.5 \times 150)mm=1150$mm

下部纵筋根数 $=(b_n-2 \times 1.5h)/$间距

$=(1150/150)$根≈ 8 根

上部纵筋的计算方式同下部纵筋。

（4）梯板分布筋。

分布筋的水平段长度 $=b_n-2 \times$ 保护层厚度

$=(1600-2 \times 15)$mm$=1570$mm

分布筋的直钩长度 $=h-2 \times$ 保护层厚度

$=(150-2 \times 15)$mm$=120$mm

分布筋每根长度 $=(1570+2 \times 120)$mm$=1790$mm

分布筋设置范围 $=l_{sn} \times k$

$=(2800 \times 1.134)$mm$=3175$mm

上部纵筋分布筋根数 $=(l_{sn} \times k)/$间距

$=3175/200)$根≈ 16 根

上下纵筋的分布筋总数 $=(2 \times 16)$根$=32$ 根

（5）梯板拉结筋。

由 16G101-2 图集可知，梯板拉结筋 $\Phi 6$，间距为 600mm。

拉结筋长度 $=h-2 \times$ 保护层厚度 $+2 \times$ 拉结筋直径

$=(150-2 \times 15+2 \times 6)mm=132$mm

拉结筋根数 $=(l_{sn} \times k)/$间距

$=(3175/600)$根≈ 6 根

拉结筋总根数 $=(8 \times 6)$根$=48$ 根

（6）梯板暗梁箍筋。

箍筋宽度 $=1.5h-$ 保护层厚度 $-2d$

$=(1.5 \times 150-15-2 \times 6)mm=198$mm

箍筋高度 $=h-2 \times$ 保护层厚度 $-2d$

$=(150-2 \times 15-2 \times 6)mm=108$mm

箍筋每根长度＝[(198＋108)×2＋26×6]mm＝768mm

箍筋分布范围＝$l_{sn}×k$

$\quad\quad\quad\quad＝(2800×1.134)$mm＝3175mm

箍筋根数＝$(l_{sn}×k)$/间距

$\quad\quad\quad\quad＝(3175/200)$根≈16 根

两道暗梁的箍筋根数＝(2×16)根＝32 根

注：上面只计算了一跑 ATc3 的钢筋，一个楼梯间有两跑 ATc3，就把上述的钢筋数量乘以 2。

其他类型楼梯钢筋的计算与 AT 型楼梯、ATc 型楼梯类似，可参照其算法。

【**例 7-4**】楼梯平面图如图 7-38 所示，构造图如图 7-39 所示。试计算钢筋工程量，并进行钢筋翻样。

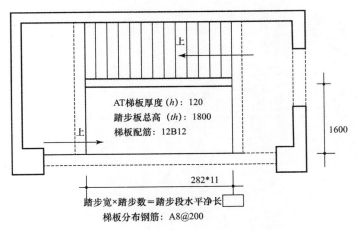

AT梯板厚度 (h)：120
踏步板总高 (th)：1800
梯板配筋：12B12

1600

282*11

踏步宽×踏步数＝踏步段水平净长
梯板分布钢筋：A8@200

图 7-38　楼梯平面图

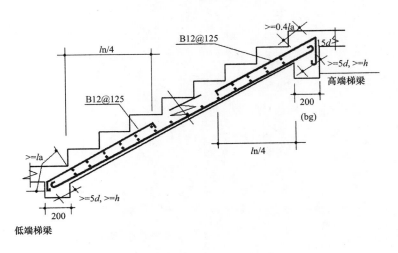

>=0.4la
15d
B12@125
>=5d, >=h
高端梯梁
200
(bg)
ln/4
ln/4
B12@125
>=la
>=5d, >=h
200
低端梯梁

图 7-39　楼梯构造图

【**解**】AT 钢筋算量与翻样见表 7-6。

表 7-6　**AT 钢筋算量与翻样**

筋号	级别	直径	钢筋图形	计算公式	根数	总根数	单长/m	总长/m	总重/kg
AT 钢筋翻样									钢筋总重：92.849kg
梯板下部纵筋	Φ	12	3733	$3080×1.134+2×100$	12	12	3.733	44.796	39.779
下梯梁端上部纵筋	Φ	12	198 ⌐1083⌐ 600 90	$3080/4×1.134+408+120-2×15$	14	14	1.371	19.194	17.044
上梯梁端上部纵筋	Φ	12	180 ⌐1083⌐ 450 90	$3080/4×1.134+343.2+90$	14	14	1.306	18.284	16.236
梯板分布钢筋	Φ	8	1570	$1570+12.5d$	30	30	1.67	50.1	19.79

第八章
某框架结构平法施工图识图实例

第一节　结构设计总说明

一、工程概况及结构设计控制参数

（1）本建筑物为现浇钢筋混凝土框架结构，地上3层。

（2）本建筑物结构使用年限50年，安全等级为二级，抗震设防烈度为8度（设计地震分组为第一组，设计地震基本加速度0.2g），场地类别为乙类，建筑抗震设防类别为乙类，抗震等级为一级，地基基础设计等级为三级。

（3）未经技术鉴定或设计许可，不得改变结构的用途和使用环境。

（4）±0.000相当于绝对标高为42.750m，场地标准冻深为0.8m。

（5）根据地质勘察报告，抗浮设计水位标高为32.330m。本工程基础底板在抗浮水位以上，不考虑抗浮。

（6）本设计图中，除标高单位为米（m）外，其余均以毫米（mm）为单位。

（7）本说明为总体设计说明，设计图另有要求的，按图纸要求执行。

广联达土建速算最新建工程

扫码观看本视频

二、设计依据

（1）《建筑结构可靠度设计统一标准》（GB 50068—2001）。

（2）《建筑结构荷载规范》（GB 50009—2012）。

（3）《北京地区建筑地基基础勘察设计规范》（DB J11—501—2009）。

（4）《建筑地基基础设计规范》（GB 50007—2011）。

（5）《建筑抗震设计规范》（GB 50011—2010）。

（6）《混凝土结构设计规范（2015年版）》（GB 50010—2010）。

（7）《地下工程防水技术规范》（GB 50108—2008）。

（8）《建筑工程抗震设防分类标准》（GB 50223—2008）。

三、设计荷载

（1）基本风压：$0.45kN/m^2$。

（2）基本雪压：$0.40kN/m^2$。

（3）办公室：$2.0kN/m^2$。

（4）诊断室：2.0kN/m²。

（5）卫生间：2.0kN/m²。

（6）阳台及平台：3.5kN/m²。

（7）楼梯：3.5kN/m²。

（8）不上人屋面：0.5kN/m²。

（9）上人屋面：2.0kN/m²。

注：使用过程中严禁超载；楼、地面使用荷载及施工堆载不得超过上述限值。

四、地基基础

（1）根据勘察设计院提供的本建筑物岩土工程勘察报告，本建筑物场地工程地质条件如下。本建筑物场地地基土主要由新近沉积和一般第四纪沉积土组成，自上而下分别为：

②₁砂质粉土：$f_{ak}=140kPa$，$E_s=12MPa$；

②粉砂：$f_{ak}=140kPa$，$E_s=18MPa$；

③₁粉质粘土：$f_{ak}=150kPa$，$E_s=7MPa$；

③粘质粉土：$f_{ak}=160kPa$，$E_s=9MPa$；

③₂粉质粘土：$f_{ak}=140kPa$，$E_s=6MPa$；

④细砂：$f_{ak}=200kPa$，$E_s=25MPa$。

本建筑物基础持力层为②粉砂层，地基承载力特征值为：$f_{ak}=140kPa$。

（2）基坑开挖采用机械开挖时，挖至基底设计标高以上300mm时即应停止，由人工挖掘整平。基础施工后，应及时回填土，回填土应分层回填压实。

（3）基坑开槽后应会同各有关单位验槽，确认地基实际情况与设计取值相符后方可继续施工。

（4）基础采用柱下独立基础。

五、主要材料

（1）本工程地面以下及地上外露构件环境类别为二b类，地面以上（外露构件除外）环境类别为一类，混凝土耐久性应满足相应规范要求。

（2）混凝土强度等级见表8-1。

表8-1 混凝土强度等级

楼层 构件	地上各层 强度等级	备注
框架柱	C30	
框架梁	C30	
楼梯及其他	C30	
基础及基础梁	C30	
垫层	C10	

（3）钢筋：钢筋采用HPB300（Φ）、HRB335（Φ）、HRB400（Φ）。

1）钢筋抗拉强度设计值分别为：HPB300—270 N/mm²；HRB335—300 N/mm²；HRB400—360 N/mm²。

2）钢筋抗压强度设计值分别为：HPB300—270 N/mm²；HRB335—300N/mm²；HRB400—360 N/mm²。

框架结构中纵向受力钢筋的选用，除符合以上两条外，其检验所得强度实测值尚应符合下列要求：钢筋的抗拉强度实测值与屈服强度实测值的比值不应小于1.25；钢筋的屈服强度实测值与钢筋的强度标准值的比值不应大于1.3；且钢筋在最大拉力下的总伸长率实测值不应小于9％。

钢筋的检验方法应符合国家现行标准《混凝土结构工程施工质量验收规范》（GB 50204—2002）的规定。

3）吊钩均采用 HPB300（中）钢筋，且严禁使用冷加工钢筋。

4）焊条：HPB300 钢筋之间焊接采用 E43 系列，HRB335、HRB400 钢筋之间焊接采用 E50 系列，钢板与钢筋之间采用 E43 系列，型钢与钢筋之间的焊接采用 E50 系列。

六、钢筋混凝土构造

钢筋混凝土构造如图 8-1 所示。

（1）钢筋混凝土保护层厚度见下表 8-2。

表 8-2　钢筋的混凝土保护层厚度　　　　　　　　　（单位：mm）

名称	厚度
基础下部钢筋	40
基础梁钢筋	35
框架柱	地面以下 35；地面以上 30
框架梁及楼、屋面梁	地面以下 35；地面以上 25
楼板及楼梯板钢筋	15
雨篷挑板上部钢筋	25

注：以上钢筋的混凝土保护层厚度同时应不小于该受力钢筋的公称直径。

（2）钢筋锚固及连接。

本工程中，钢筋直径大于 20mm 的钢筋应采用机械连接或焊接。钢筋直径为 20mm 时除注明者外可采用搭接，钢筋锚固及搭接长度见 16G101-1 图集第 53 页。

（3）柱下独立基础。

有关独立基础的构造要求，除图中注明者外，其余均见 16G101-3 图集。

（4）框架梁、柱。

1）框架梁、柱的构造要求除图中注明者外，均见 16G101-1 图集。

2）梁腹板预留孔洞时的加强做法，如图 8-1（一）所示。

3）屋面折梁在转折处的做法，如图 8-1（二）所示。

4）楼、屋面次梁与主梁连接处，除具体设计注明者外，其附加钢筋如图 8-1（三）所示。

（5）现浇楼板。

1）现浇楼板内钢筋搭接时，连接区段长度为 1.3 倍搭接长度；采用焊接连接或机械连接时，连接区段为 35d。板内钢筋连接时，下层钢筋连接在支座，上层钢筋连接在跨中，同一连接区段内钢筋接头数量不得超过该区段受拉钢筋总数的 25％，且相邻接头距离错开不得小于相应连接区段长度。

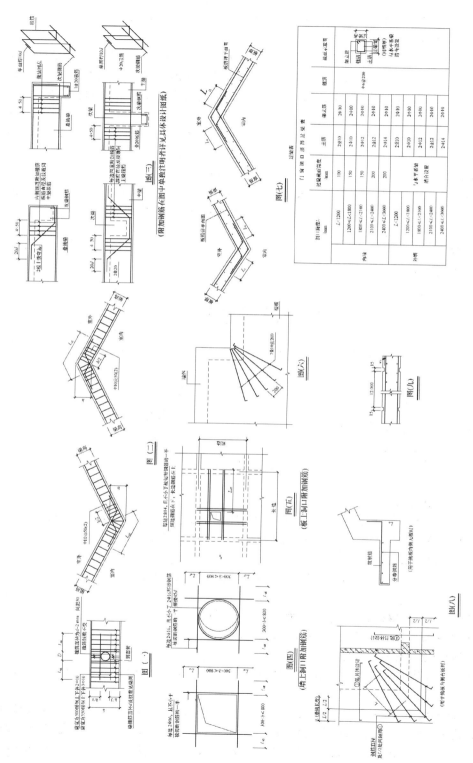

图 8-1 各部件做法详图

2）板内分布钢筋除图中注明者外均按表 8-3 选用。

表 8-3　板内分布钢筋选用　　　　　　　　　（单位：mm）

板厚 h	$h \leqslant 90$	$90 < h \leqslant 170$	$170 < h \leqslant 220$	$220 < h \leqslant 260$
分布钢筋	$\Phi 6@200$	$\Phi 8@200$	$\Phi 8@150$	$\Phi 10@200$

3）墙及楼板上的预留洞及预埋管件除图中注明者外，其余均应配合各专业图纸预留或预埋，不得后剔凿。预留洞口边长或直径不大于 300mm 时，板或墙内钢筋不得切断，可绕过洞口，预留洞口边长或直径 300mm $< b \leqslant$ 800mm 时，应按图 8-1（四）（五）及具体图纸中的做法在洞边附加钢筋。

4）管道井内局部楼板混凝土可后浇（钢筋不断），待管道安装完毕后，所有洞口均应用与本层同强度混凝土将洞口填实。

5）墙体阳角处的各层楼板（即墙体凸入楼板内的地方），应设置放射状上铁，如图 8-1（六）所示。

6）屋面折板在转折处的做法，如图 8-1（七）所示。

7）屋面挑檐板转角处的上部受力钢筋做法，如图 8-1（八）所示。

七、隔墙、填充墙

（1）砌体结构施工质量控制等级不应低于 B 级。

（2）建筑隔墙或填充墙所用砌块为大孔轻集料砌块，其容重应不大于 $10kN/m^3$。

（3）后砌隔墙或填充墙做法见图集《大孔轻集料砌块填充墙》（88JZ18）及《建筑物抗震构造详图》（11G329—1）。

（4）钢筋混凝土构造柱、芯柱应先砌墙后浇筑，构造柱、芯柱、水平系梁及过梁的混凝土强度等级不应低于 C20。

（5）隔墙或填充墙洞口上部设置过梁的做法见图集《大孔轻集料砌块填充墙》（88JZ18），内外墙过梁配筋见过梁表。

1）内隔墙或内填充墙洞口上部过梁与现浇的水平系梁结合设置。

2）外填充墙洞口上部如需设置过梁可与通长的水平系梁结合设置。

八、其他

（1）楼梯所需预埋件均详见建筑图。

（2）本建筑物防雷做法配合电气图纸施工。

（3）设备基础应待设备定货并与相关设计图纸核对无误后方可施工。未定设备的基础做法应待设备确定后另行补充设计图纸。

（4）现浇钢筋混凝土挑檐或女儿墙每隔 12m 设置温度缝，做法如图 8-1（九）所示。

第二节　基　础　图

基础平面布置图、基础拉梁配筋图及其讲解分别如图 8-2～图 8-8 所示。

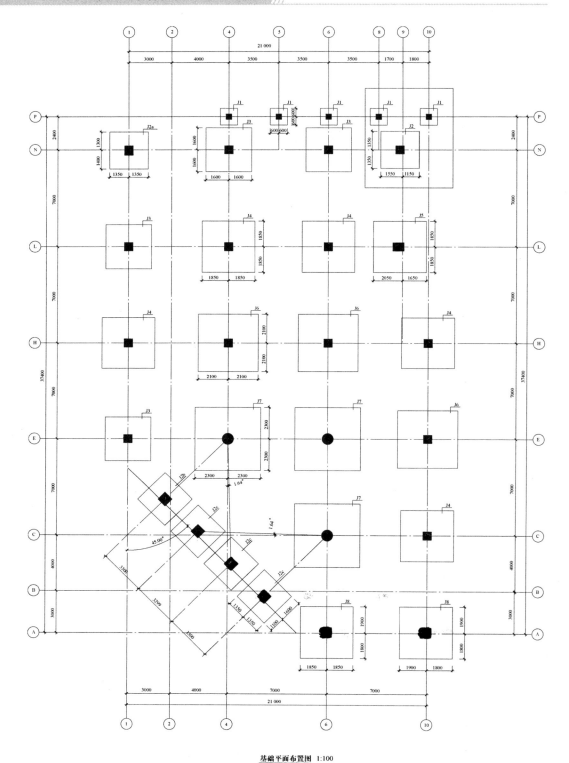

基础平面布置图 1:100

图 8-2 基础平面布置图

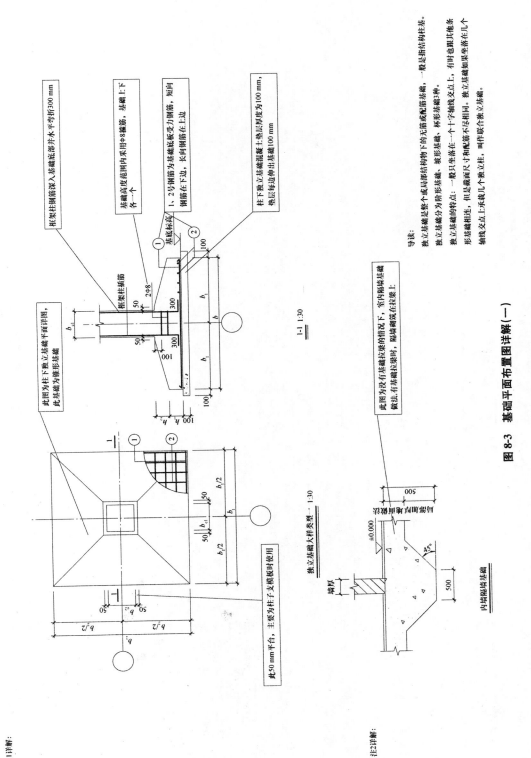

图 8-3　基础平面布置图详解（一）

注1详解：

注2详解：

注1详解：

注2详解：

框架柱纵筋深入基础底部并水平弯折300 mm。

基础高度范围内采用Φ8箍筋，基础上下各一个。

1、2号钢筋为基础底板受力钢筋，短向钢筋在下边，长向钢筋在基础上边。

柱下独立基础混凝土垫层厚度为100 mm，垫层每边伸出基础100 mm。

此图为柱下独立基础平面详图，此基础为锥形基础

1-1 1:30

独立基础大样类型一 1:30

此50 mm平台，主要为柱子支模板时使用

此图为没有基础拉梁的情况下，室内隔墙基础做法，有基础拉梁时，隔墙砌筑在拉梁上

内墙隔墙基础

导读：

独立基础是整个或局部结构物下的无底或配筋基础，一般是指框架结构柱基。

独立基础分为阶形基础、坡形基础、杯形基础3种。

独立基础的特点：一般只坐落在一个十字轴线交点上，有时也跟其他条形基础相连，但是横面尺寸和配筋不尽相同。独立基础如果坐落在几个轴线交点上承载几个独立柱，叫作联合独立柱。

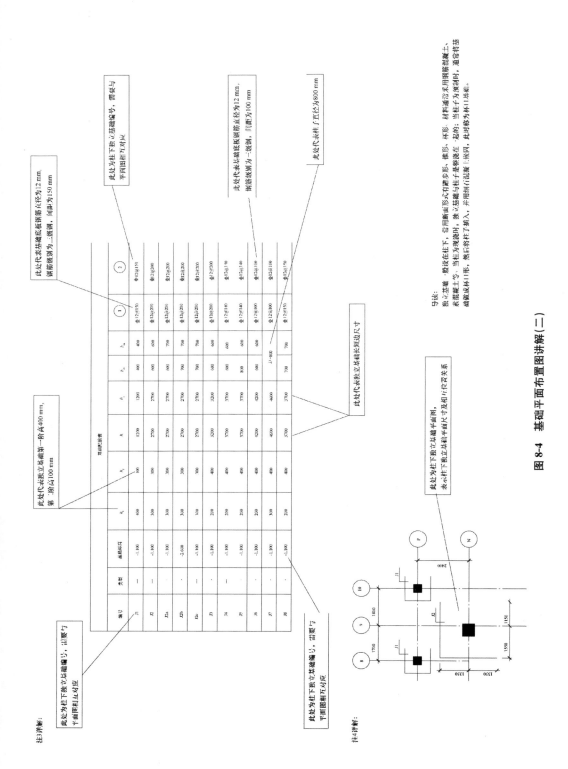

图 8-4 基础平面布置图讲解（二）

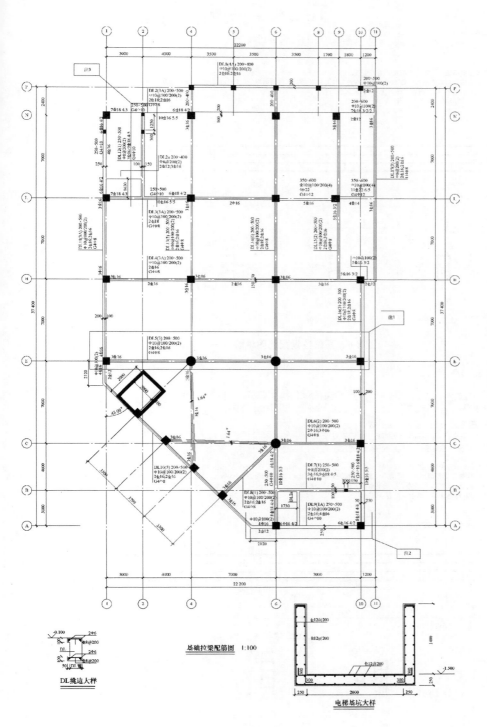

图 8-5 基础拉梁配筋图

注:1. 除特殊注明外,梁顶标高为-0.100。
    2. 图中未注明梁定位为轴线居中。

297

注1详解：

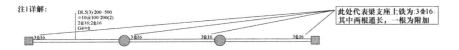

此处代表梁支座上铁为:3⊈16。
其中两根通长，一根为附加。

DL5(3) 200×500 代表基础拉梁为三跨。截面尺寸为：梁宽200 mm,梁高500 mm。其中DL代表基础拉梁。
Φ10@100/200(2)代表梁箍筋钢筋级别为一级钢筋，箍筋直径为10 mm。加密区箍筋间距为：100 mm。非加密区箍筋间距为：200 mm。箍筋肢数为双肢箍。
2⊈16;2⊈16:代表梁上铁为2⊈16，通长布置。梁下铁为2⊈16，通长布置。
G4Φ8:代表腰筋为4Φ8,每侧两根，其中Φ代表一级钢。

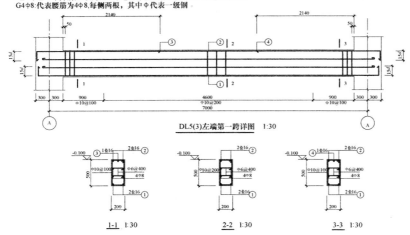

图8-6 基础拉梁配筋图讲解（一）

注2详解：

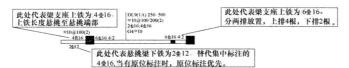

此处代表梁支座上铁为:4⊈16。
上铁长度悬挑至悬挑端部。

此处代表梁支座上铁为:6⊈16。
分两排放置，上排4根，下排2根。

此处代表悬挑梁下铁为2⊈12,替代集中标注的
4⊈16,当有原位标注时，原位标注优先。

DL9(1A) 250×500 代表基础拉梁为一跨且一端悬挑。截面尺寸为：梁宽250 mm,梁高500 mm。其中DL代表基础拉梁。
Φ10@100/200(2)代表梁箍筋钢筋级别为一级钢筋。箍筋直径为10 mm。加密区箍筋间距为：100 mm。非加密区箍筋间距为：200 mm。箍筋肢数为双肢箍。
2⊈16;4⊈16:代表梁上钢筋为2⊈16，通长布置。梁下钢筋为4⊈16，通长布置。
G4Φ10:代表腰筋为4Φ10,每侧 2 根，其中Φ代表一级钢。

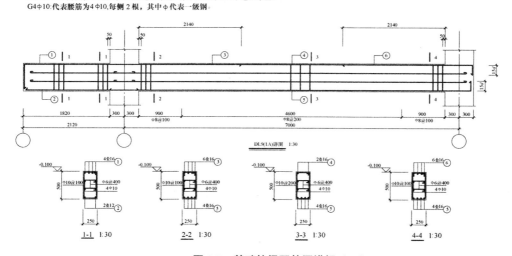

图8-7 基础拉梁配筋图讲解（二）

注3详解：

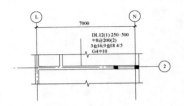

DL12(1) 250×500：代表基础拉梁为一跨。截面尺寸：梁宽250 mm，梁高500 mm。其中DL代表基础拉梁。

Φ8@200(2)：代表梁箍筋钢筋级别为一级钢筋。箍筋直径为8 mm。箍筋间距为200 mm。箍筋肢数为双肢箍。

3Φ16;9Φ18 4/5：代表梁上铁为3Φ16，通长布置。梁下钢筋为9Φ18，通长布置。

G4Φ10：代表腰筋为4Φ10，每侧2根，其中Φ代表一级钢。

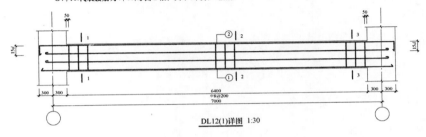

DL12(1)详图 1:30

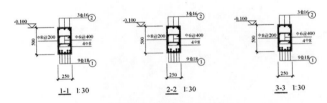

图 8-8　基础拉梁配筋图讲解（三）

第三节　各构件平法施工图

各构件平法施工图及其讲解如图 8-9～图 8-35 所示。

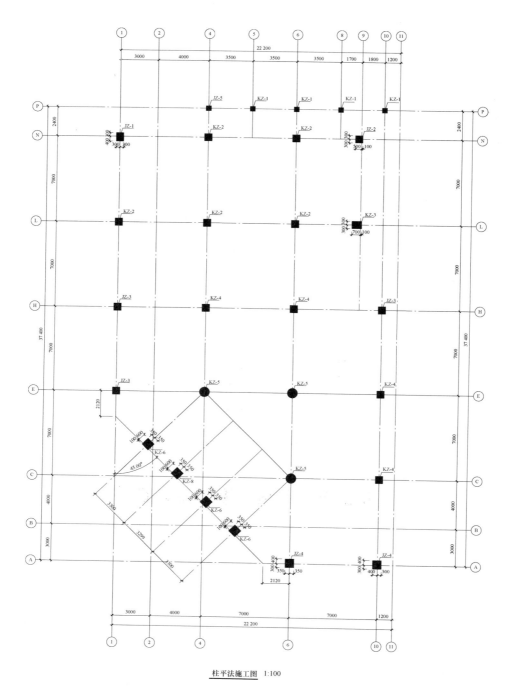

柱平法施工图 1:100

图 8-9 柱平法施工图 (一)

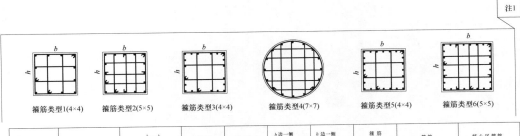

注1

柱号	标高	$b \times h$（圆柱直径D）	全部纵筋	角筋	b边一侧中部筋	h边一侧中部筋	箍筋类型号	箍筋	核心区箍筋
KZ1	基础顶~-4.400	400×400	12Φ22	4Φ22	2Φ22	2Φ22	1	Φ10@100/200	Φ10@100
KZ2	基础顶~-7.700	600×600	16Φ25	4Φ25	3Φ25	3Φ25	2	Φ10@100/200	Φ12@100
KZ3	基础顶~-7.700	800×600	20Φ25	4Φ25	4Φ25	4Φ25	3	Φ10@100/200	Φ14@100
KZ4	基础顶~-11.000	600×600	20Φ25	4Φ25	4Φ25	4Φ25	3	Φ10@100/200	Φ12@100
KZ5	基础顶~-11.000	D =800	16Φ25				4	Φ10@100/200	Φ12@100
KZ6	基础顶~-11.000	700×700	24Φ25	4Φ25	5Φ25	5Φ25	5	Φ10@100/200	Φ14@100
JZ1	基础顶~-7.700	600×700	16Φ25	4Φ25	3Φ25	3Φ25	2	Φ10@100	Φ10@100
JZ2	基础顶~-7.700	600×600	16Φ25	4Φ25	3Φ25	3Φ25	2	Φ10@100	Φ10@100
JZ3	基础顶~-11.000	600×600	20Φ25	4Φ25	4Φ25	4Φ25	3	Φ10@100	Φ10@100
JZ4	基础顶~-11.000	700×700	28Φ25	4Φ25	6Φ25	6Φ25	6	Φ10@100	Φ10@100
JZ5	基础顶~-4.400	400×400	12Φ22	4Φ22	2Φ22	2Φ22	1	Φ10@100	Φ10@100

注2

注：
1.除特殊注明外，框架柱定位为轴线居中；
2.框架柱构造做法详见16G101-1图集。

图8-10 柱平法施工图（二）

注1详解：

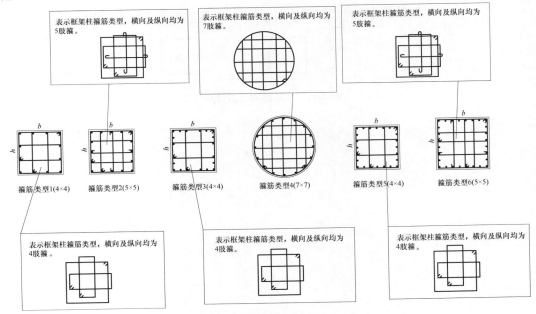

图8-11 柱平法施工图讲解（一）

注2详解:

此处为框架柱编号，需要与平面图相互对应

表示框架柱的高度为从基础顶面到4.4 m

表示框架柱的截面尺寸，宽度和高度均为400 mm

柱号	标高	b×h(圆柱直径D)	全部纵筋	角筋	h边一侧中部筋	b边一侧中部筋	箍筋类型号	箍筋	核心区箍筋
KZ1	基础顶 -4.400	400·400	12Φ22	4Φ22	2Φ22	2Φ22	1	Φ10@100/200	Φ10@100
KZ2	基础顶 -7.700	600·600	16Φ25	4Φ25	3Φ25	3Φ25	2	Φ10@100/200	Φ12@100
KZ3	基础顶 -7.700	800·600	20Φ25	4Φ25	4Φ25	4Φ25	3	Φ10@100/200	Φ14@100
KZ4	基础顶 -11.000	600·600	20Φ25	4Φ25	4Φ25	4Φ25	3	Φ10@100/200	Φ12@100
KZ5	基础顶 -11.000	D·800	16Φ25				4	Φ10@100/200	Φ12@100
KZ6	基础顶 -11.000	700·700	24Φ25	4Φ25	5Φ25	5Φ25		Φ10@100/200	Φ14@100
JZ1	基础顶 -7.700	600·700	16Φ25	4Φ25	3Φ25	3Φ25	2	Φ10@100	Φ10@100
JZ2	基础顶 -7.700	600·600	16Φ25	4Φ25	3Φ25	3Φ25	2	Φ10@100	Φ10@100
JZ3	基础顶 -11.000	600·600	20Φ25	4Φ25	4Φ25	4Φ25	3	Φ10@100	Φ10@100
JZ4	基础顶 -11.000	700·700	28Φ25	4Φ25	6Φ25	6Φ25	6	Φ10@100	Φ10@100
JZ5	基础顶 -4.400	400·400	12Φ22	4Φ22	2Φ22	2Φ22	1	Φ10@100	Φ10@100

表示框架柱的箍筋直径为10 mm。箍筋间距为100 mm

表示框架柱的全部纵向钢筋为12根直径为22 mm的三级钢。如下图所示：

表示框架柱的四角纵向钢筋为4根直径为22 mm的三级钢。如下图所示：

表示框架柱的b边一侧中部钢筋为2根直径为22 mm的三级钢。如下图所示：

表示框架柱的b边一侧中部钢筋为2根直径为22 mm的三级钢。如下图所示：

图8-12 柱平法施工图讲解（二）

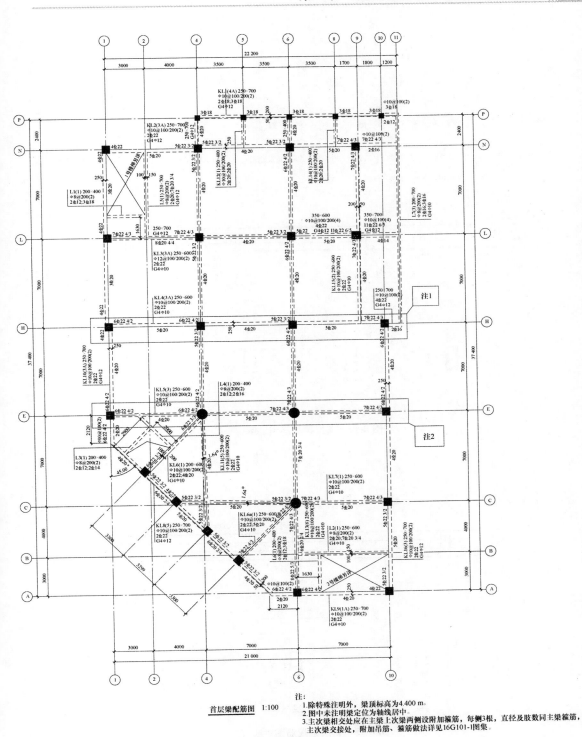

首层梁配筋图　1:100

注:
1.除特殊注明外,梁顶标高为4.400 m。
2.图中未注明梁定位为轴线居中。
3.主次梁相交处应在主梁上次梁两侧附设附加箍筋,每侧3根,直径及肢数同主梁箍筋,主次梁接处,附加吊筋、箍筋做法详见16G101-1图集。

图 8-13　首层梁配筋图

注1详解:

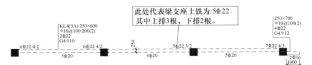

KL4(3A) 250×600:代表框架梁为三跨其中一端悬挑。截面尺寸为:梁宽250 mm,梁高600 mm。其中KL代表框架梁。

Φ10@100/200(2):代表梁箍筋钢筋级别为一级钢筋,箍筋直径为10 mm。加密区箍筋间距为:100 mm。非加密区箍筋间距为:200 mm。箍筋肢数为双肢箍。

2Φ22:代表梁上铁为2Φ22,通长布置。

G4Φ10:代表腰筋为4Φ10每侧两根,其中Φ代表一级钢。

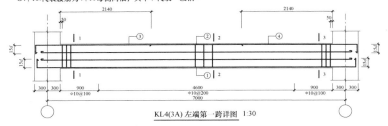

KL4(3A) 左端第一跨详图 1:30

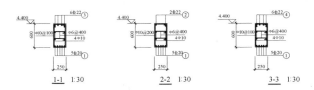

图 8-14 首层梁配筋图讲解 (一)

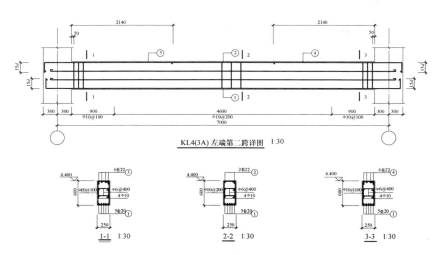

图 8-15 首层梁配筋图讲解 (二)

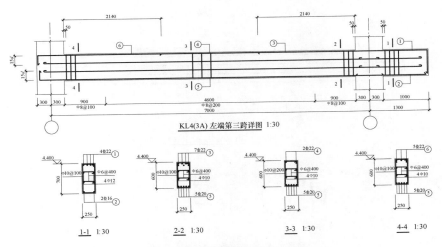

图 8-16　首层梁配筋图讲解（三）

注2详解：

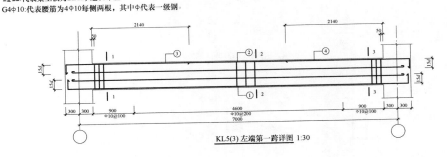

此处代表梁支座上铁为:7𝜱22。
其中上排4根，下排3根

KL5(3) 250×600 :代表框架梁为三跨。截面尺寸为：梁宽250 mm,梁高600 mm 其中KL代表框架梁。
𝜱10@100/200(2):代表梁箍筋钢筋级别为一级钢筋,箍筋直径为10 mm。加密区箍筋间距为：100 mm。非加密区箍筋间距为：200 mm。箍筋肢数为双肢箍。
2𝜱22:代表梁上铁为2𝜱22，通长布置。
G4𝜱10:代表腰筋为4𝜱10每侧两根，其中𝜱代表一级钢。

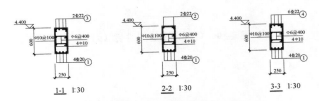

KL5(3) 左端第一跨详图 1:30

图 8-17　首层梁配筋图讲解（四）

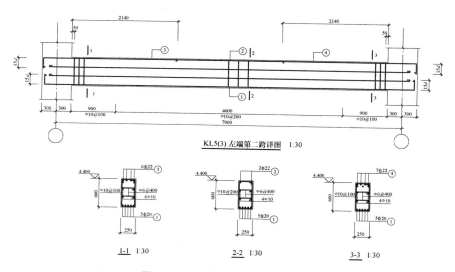

图 8-18　首层梁配筋图讲解（五）

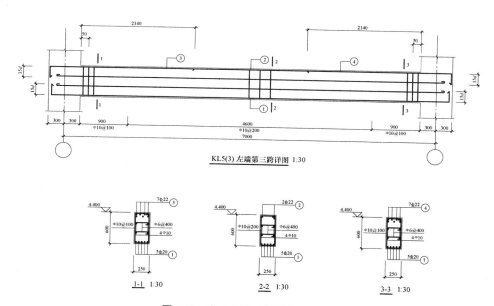

图 8-19　首层梁配筋图讲解（六）

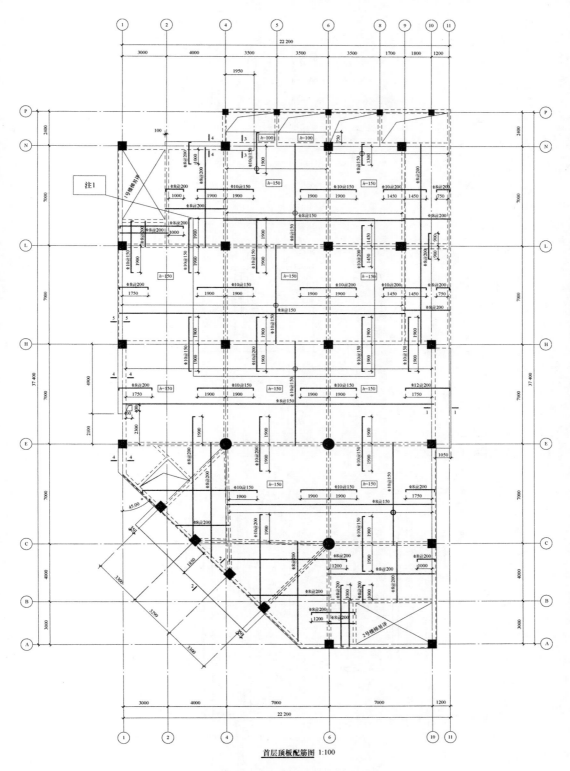

首层顶板配筋图 1:100

图 8-20 首层顶板配筋图（一）

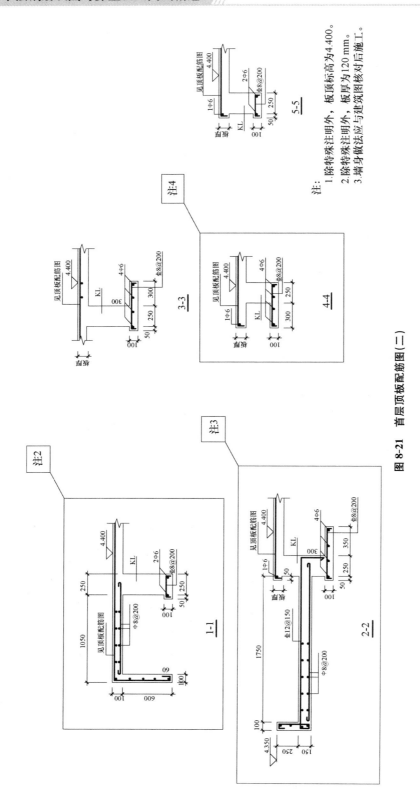

图 8-21 首层顶板配筋图(二)

注:
1. 除特殊注明外,板顶标高为4.400。
2. 除特殊注明外,板厚为120 mm。
3. 端身做法应与建筑图核对后施工。

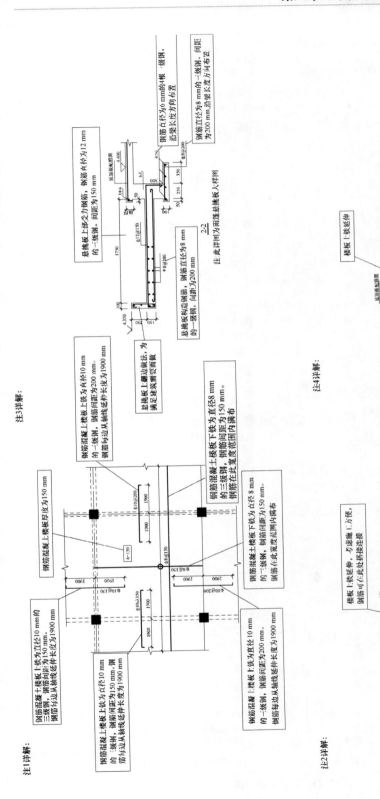

图 8-22　首层顶板配筋图讲解

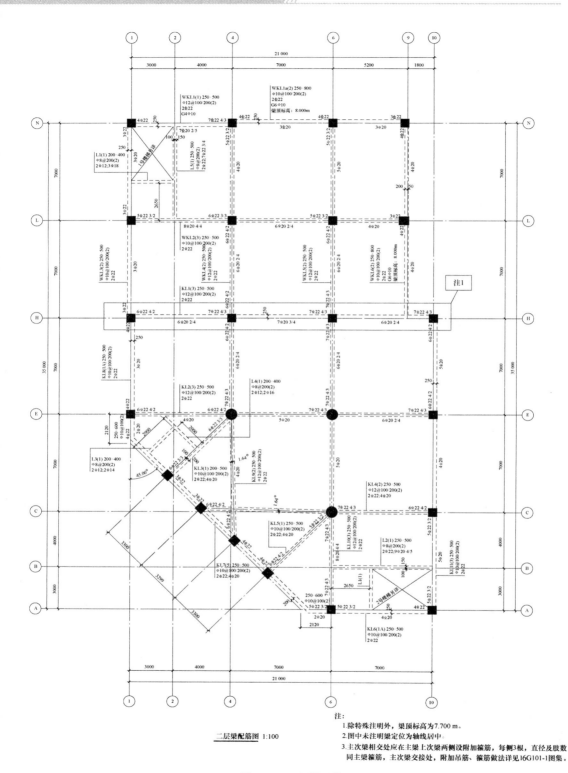

二层梁配筋图 1:100

注：
1.除特殊注明外，梁顶标高为7.700 m。
2.图中未注明梁定位为轴线居中。
3.主次梁相交处应在主梁上次梁两侧设附加箍筋，每侧3根，直径及肢数同主梁箍筋，主次梁交接处，附加吊筋、箍筋做法详见16G101-1图集。

图 8-23　二层梁配筋图

注1详解：

KL1(3) 250×500 :代表框架梁为三跨。截面尺寸为：梁宽250 mm，梁高500 mm。其中KL代表框架梁。

Φ12@100/200(2):代表梁箍筋钢筋级别为一级钢筋。箍筋直径为12 mm。加密区箍筋间距为：100 mm。非加密区箍筋间距为：200 mm。箍筋肢数为双肢箍。

2Φ22:代表梁上铁为2Φ22，通长布置。

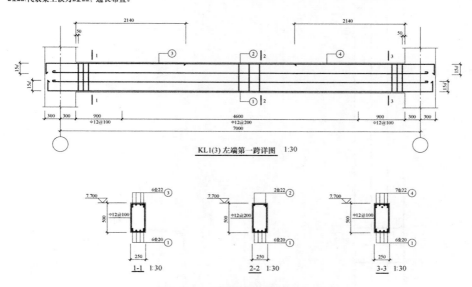

图 8-24　二层梁配筋图详解（一）

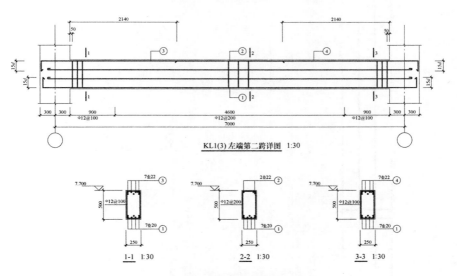

图 8-25　二层梁配筋图详解（二）

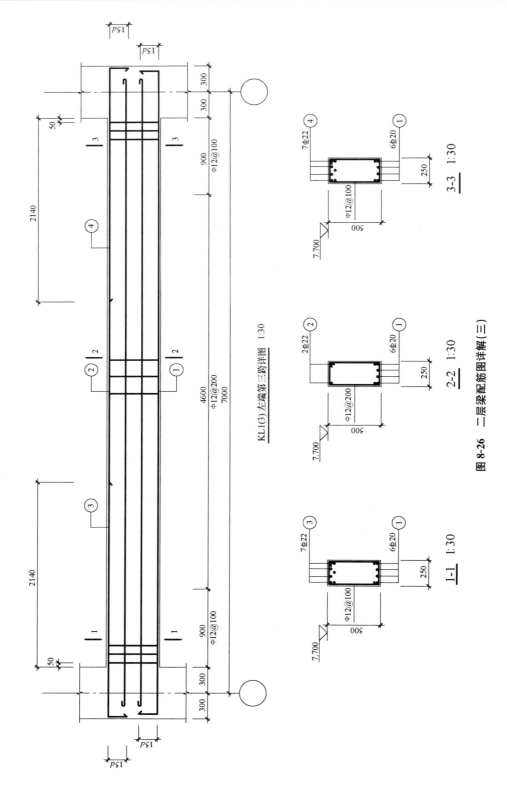

KL1(3)左端第三跨详图 1:30

3-3 1:30

2-2 1:30

1-1 1:30

图 8-26 二层梁配筋图详解（三）

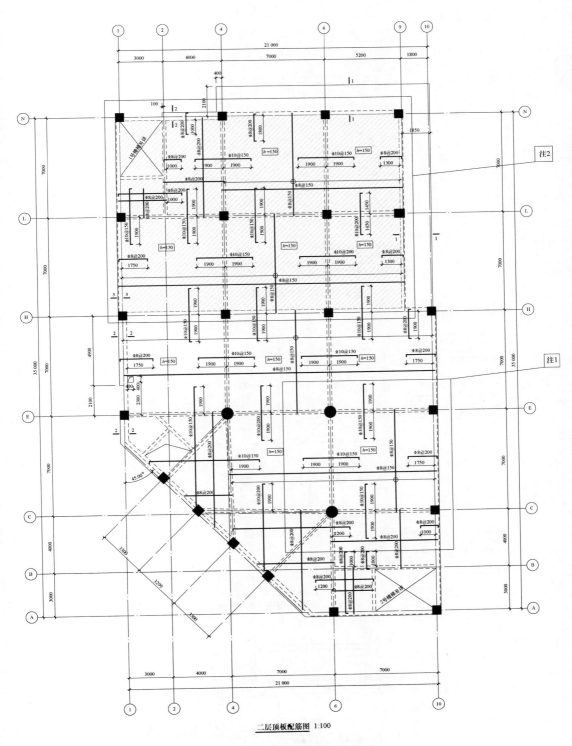

二层顶板配筋图 1:100

图8-27　二层顶板配筋图（一）

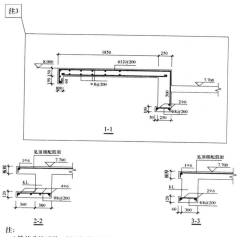

注：
1. 除特殊注明外，板顶标高为7.700 m。
2. 除特殊注明外，板厚为120 mm。
3. ▨▨部分为屋面板，板面无负筋处加配Φ8@200的温度钢筋，与板受力负筋搭接250 mm。
4. 墙身做法应与建筑图核对后施工。

图 8-28 二层顶板配筋图（二）

注1详解：

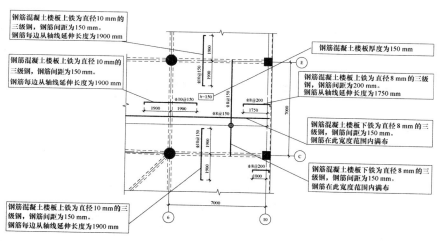

注3详解：

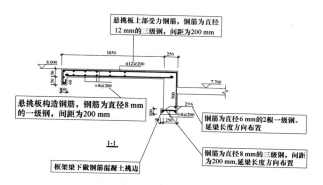

图 8-29 二层顶板配筋图讲解（一）

注2详解：

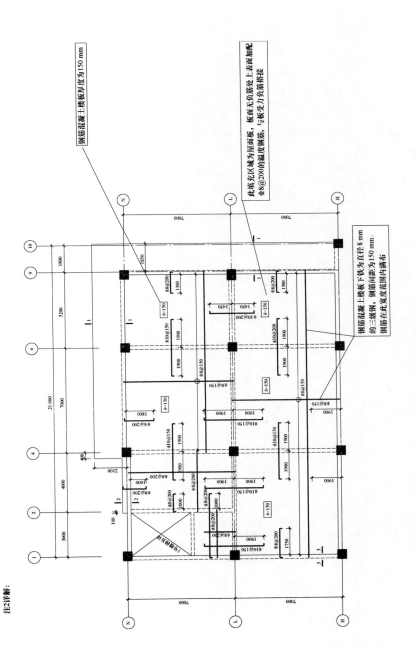

图8-30 二层顶板配筋图讲解（二）

导读：

在温度收缩应力较大的现浇板区域内，应在板表面双向配置防裂构造钢筋，配筋率不小于0.10%，间距也不宜大于200mm。防裂构造钢筋可利用原有钢筋贯通配置，也可另行设置钢筋并与原有钢筋按受拉钢筋的要求搭接或在周边构件中锚固。同时一般在双柱或者多柱之间表面也设置温度钢筋，是为了防止温差较大处设置的防裂措施。

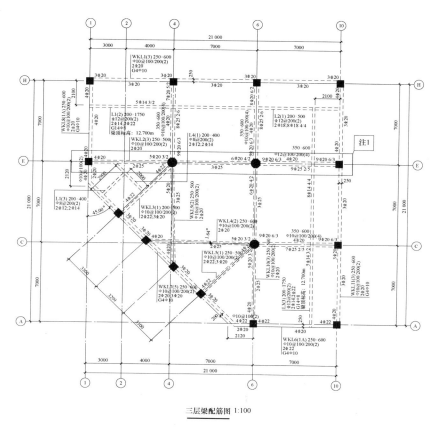

三层梁配筋图 1:100

注:
　　1.除特殊注明外，梁顶标高为11.100 m。
　　2.图中未注明梁定位为轴线居中。
　　3.主次梁相交处应在主梁上次梁两侧设附加箍筋，每侧3根，直径及肢数同主梁箍筋，
　　　主次梁交接处，附加吊筋、箍筋做法详见16G101-1图集。

图 8-31　三层梁配筋图

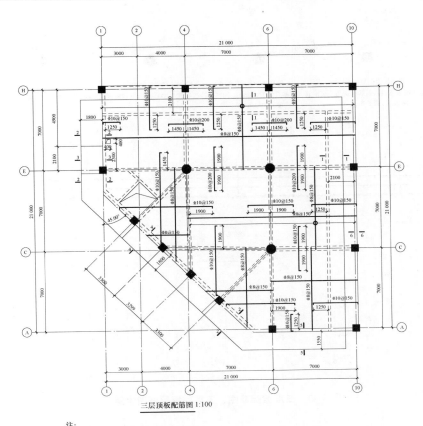

三层顶板配筋图 1:100

注：
1. 除特殊注明外，板顶标高为11.100 m。
2. 除特殊注明外，板厚为150 mm。
3. 板面无负筋处加配Φ8@200的温度钢筋，与板受力负筋搭接250 mm。
4. 墙身做法应与建筑图核对后施工。

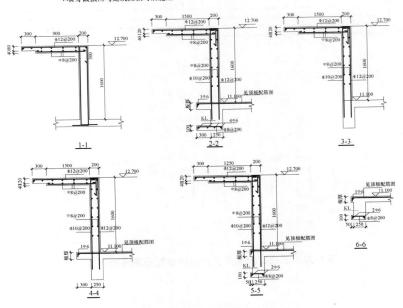

图 8-32　三层顶板配筋图

317

注1详解：

WKL2(3) 250×500:代表屋面框架梁为三跨。截面尺寸：梁宽250 mm,梁高500 mm。其中KL代表框架梁。

Φ10@100/200(2):代表梁箍筋钢筋级别为一级钢筋。箍筋直径为10 mm。加密区箍筋间距为100 mm。非加密区箍筋间距为200 mm。箍筋肢数为双肢箍。

2⊕20:代表梁上铁为2⊕20,通长布置。

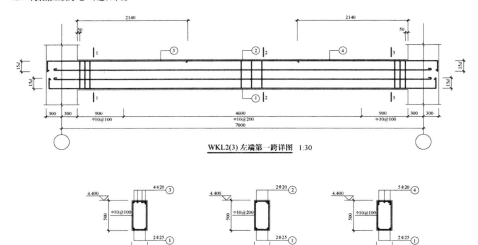

图 8-33　三层梁配筋图、三层顶板配筋图讲解（一）

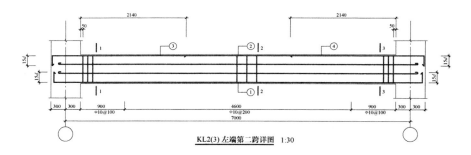

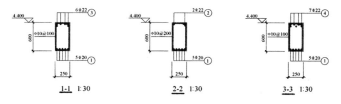

图 8-34　三层梁配筋图、三层顶板配筋图讲解（二）

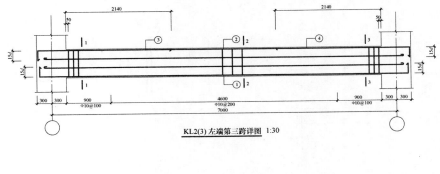

KL2(3)左端第三跨详图 1:30

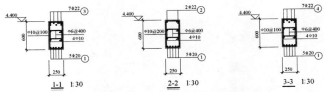

图 8-35　三层梁配筋图、三层顶板配筋图讲解（三）

第四节　楼　梯　详　图

楼梯详图及其讲解如图 8-36～图 8-39 所示。

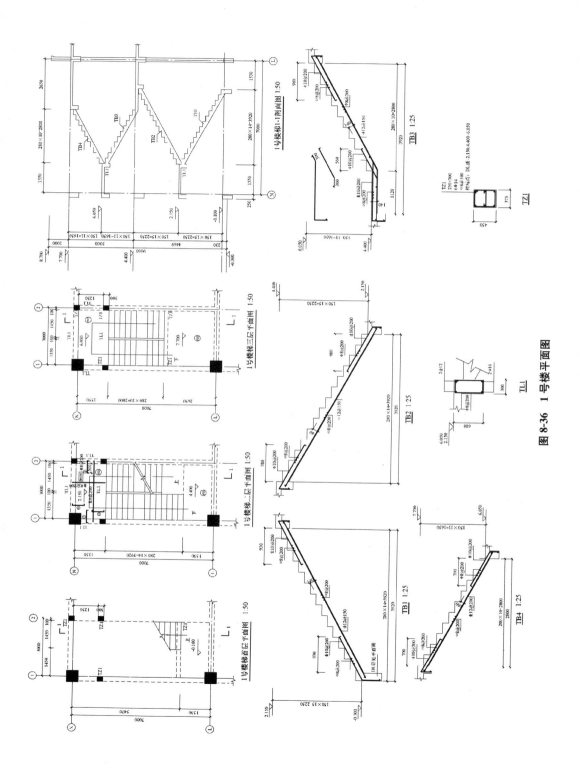

图 8-36　1 号楼平面图

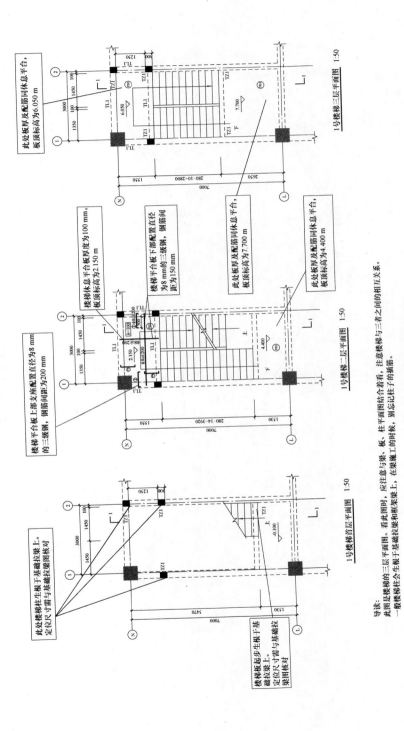

此处板厚及配筋同休息平台，板顶标高为6.050 m

此处板厚及配筋同休息平台，板顶标高为7.700 m

楼梯休息平台板厚度为100 mm。板顶标高为2.150 m

楼梯平台板下部配置直径为8 mm的三级钢，钢筋间距为150 mm

此处板厚及配筋同休息平台，板顶标高为4.400 m

楼梯平台板上部支座配置直径为8 mm的三级钢，钢筋间距为200 mm

此处是楼梯柱生根于基础拉梁上。定位尺寸需与基础拉梁图核对

楼梯板起步生根于基础拉梁上。定位尺寸需与基础拉梁图核对

1号楼梯三层平面图 1:50

1号楼梯二层平面图 1:50

1号楼梯首层平面图 1:50

导读：
此图是楼梯的三层平面图。看此图时，应注意与梁、板、柱平面图结合着看，注意楼梯与三者之间的相互关系。一般楼梯柱会生根于基础和框架梁上，在梁施工的时候，别忘记柱子的插筋。

图8-37　1号楼平面图讲解

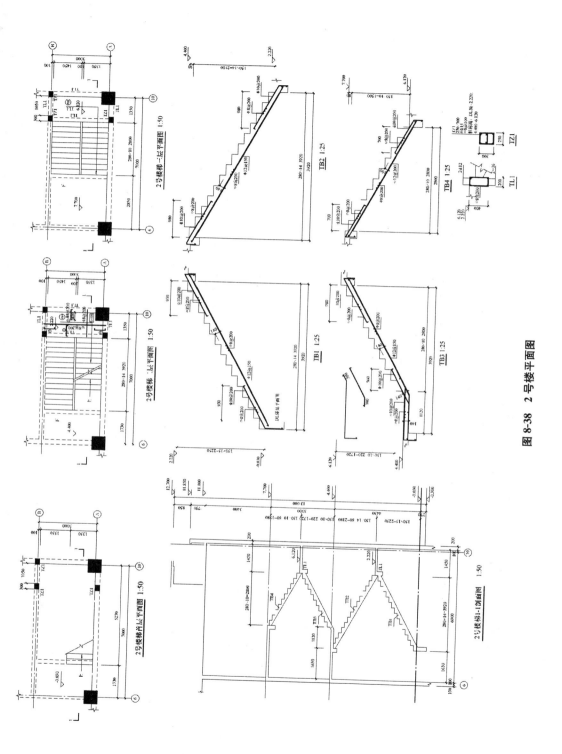

图 8-38　2 号楼平面图

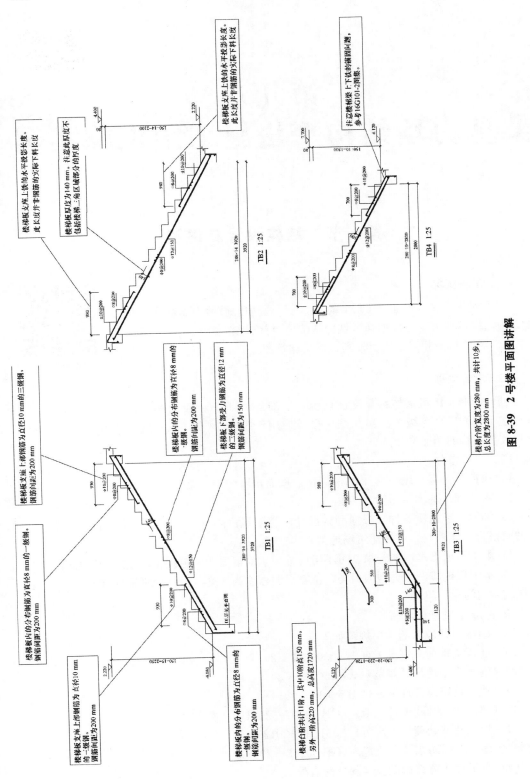

图 8-39　2 号楼平面图讲解

第九章
某剪力墙结构平法施工图识图实例

第一节　结构设计总说明

一、工程概况

本工程共 3 层，半地下 1 层，地上 2 层，采用短肢剪力墙结构，抗震等级为二级，剪力墙底部加强区域为基础顶至首层顶。

±0.000 标高相当于绝对标高，详见建筑图。

二、设计依据

（1）依据《建筑结构可靠度设计统一标准》（GB 50068—2001），本工程建筑结构安全等级为二级。结构设计使用年限为 50 年。未经技术鉴定或设计许可，不得改变结构的用途和使用环境。

（2）自然条件。

1）风荷载。基本风压为 0.45kN/m²，地面粗糙度为 B 类。

2）雪荷载。基本雪压为 0.40kN/m²。

3）场地工程地质条件。根据勘察设计研究院提供的《××××住宅项目工程岩土工程勘察报告（详勘）》，可知建筑场地类别为三类。

4）本工程地下水埋藏较深，可不考虑地下水对混凝土和混凝土中钢筋的腐蚀性。

5）本工程抗震设防类别为丙类，抗震设防烈度为 8 度，设计地震加速度为 0.20g，设计地震分组为第一组。

6）标准冻深为 0.80m。

（3）结构设计遵循的主要规范如下。

1）《建筑结构荷载规范》（GB 50009—2012）。

2）《混凝土结构设计规范》（GB 50010—2010）。

3）《建筑抗震设计规范》（GB 50011—2010）。

4）《建筑地基基础设计规范》（GB 50007—2011）。

5）《建筑地基处理技术规范》（JGJ 79—2012）。

6）《地下工程防水技术规范》（GB 50108—2008）。

（4）本工程活荷载标准值（除特殊者外）。

户内：2.0kN/m²。

露台、阳台：2.5kN/m²。

坡屋面：0.5kN/m²。

卫生间（设浴缸）：2.0（4.0）kN/m²。

清单定额计价第二集

扫码观看本视频

三、地基及基础

（1）根据勘察设计研究院提供的《××××住宅项目工程岩土工程勘察报告（详勘）》，基础持力层为新近沉积的粉质粘土层，综合承载力标准值为 90kPa。

（2）基础的形式选为筏板基础，基础设计等级为丙级。

（3）基础开挖后应进行普通钎探，并通知勘察和设计部门进行基槽检验，合格后方可进行基础施工。

四、主要材料

（1）钢筋：钢筋采用 HPB300（Φ）、HRB335（Φ）、HRB400（Φ）。

（2）框架结果纵向受力钢筋的抗拉强度实测值与屈服强度的比值不应小于 1.25，且钢筋的屈服轻度实测值与强度标准值的比值不应大于 1.3，钢筋在最大拉力下的总伸长率实测值不应小于 9%。

（3）预埋件的锚筋及吊环不得采用冷加工钢筋。

（4）钢板采用 Q235B。

（5）焊条。HPB300 钢筋之间的焊接采用 E43 系列，HRB335 钢筋焊接采用 E50 系列。

（6）地上隔墙采用陶粒空心砌块，强度要求见建筑图，容重应小于 10kN/m³。

地下与土接触的填充墙、室外平台外墙：MU10 页岩砖。

地上：M5 混合砂浆。

地下：M7.5 水泥砂浆。

（7）混凝土（除特殊说明之外的）。

垫层：　　　　　　　　　　C15

±0.000 以下部分：　　　　 C30（基础底板及地下室外墙抗渗等级为 S6）

其他：　　　　　　　　　　C25

五、混凝土环境类别及耐久性要求

（1）环境类别。地上一般构件为一类，地上露天构件为二类，地下为二类 b。

（2）钢筋混凝土耐久性基本要求。

1）一类：最大水灰比为 0.65，最少水泥用量为 225 kg/mm³，最大氯离子含量为 1.0%。

2）二类 a：最大水灰比为 0.60，最少水泥用量为 250 kg/mm³，最大氯离子含量为 0.3%，最大碱含量为 3.0kg/m³。

3）二类 b：最大水灰比为 0.55，最少水泥用量为 275 kg/mm³，最大氯离子含量为 0.2%，最大碱含量为 3.0kg/m³。

六、钢筋混凝土结构构造

（1）总则。

1）本工程采用 16G101 图集，梁、柱及剪力墙的构造分别选用其相应抗震等级的节点。

2）混凝土保护层厚度见表 9-1。

表 9-1　混凝土保护层厚度

环境条件	构件类别	保护层厚度/mm	
地下部分	基础梁、底板	40	不小于受力钢筋直径
	外墙外侧	25	
	外墙内侧	20	
地上部分	墙、楼板、楼梯	15（25）	
	梁	25（30）	
	柱、暗柱	30	

注：括号中的数值用于地上外露构件环境。

3）钢筋接头应优先采用机械连接或焊接，接头质量应符合国家现行标准《混凝土结构工程施工质量验收规范》（GB 50204—2015）的要求。当受力钢筋直径为 16mm 时，必须采用机械连接或焊接。

4）受力钢筋的接头位置应相互错开，要求详见图集 16G101。

5）纵向钢筋最小锚固及搭接长度要求详见图集 16G101。

6）设备留洞须密切配合专业图纸，不得后凿，如有疑问应与设计单位联系。

（2）楼板、屋面板的构造要求。

1）双向板（或异形板）钢筋的放置，短向钢筋置于外层，长向钢筋置于内层，现浇板施工时，应采取措施保证钢筋位置。

2）当钢筋长度不够时，楼板、梁及屋面板、梁上部筋应在跨中搭接，梁板下部钢筋应在支座处搭接，筏板基础梁、板下部筋应在跨中搭接，上部钢筋应在支座处搭接。

3）板内钢筋如遇洞口：当洞宽或洞直径小于 300mm 时，钢筋绕过洞口，不需截断；当 300mm＜洞宽或洞直径＜800mm 时，钢筋于洞口边可截断并弯曲锚固（距洞边距离小于 120mm 的钢筋不应切断，绕过洞边拐入板内），于洞边增设加强筋。

4）管道井内钢筋在预留洞口处不得切断，待管道安装后楼板用 C25 的混凝土逐层封堵。

5）板内纵筋锚入梁内及混凝土墙内长度要求如图 9-1 所示。

6）板、梁上下位置应注意预留构造柱插筋或连接用的埋件。

7）异形柱阳角处按图 9-2 的要求附加板面钢筋并锚入支座 l_a。

8）大跨度梁板按施工规范要求在支模板时起拱。

9）楼板施工时应注意养护，防止开裂，对于边长大于 6m 的板块，板面无配筋的部分应配Φ6@250 双向与板受力筋搭接 300mm 或锚入支座。

10）坡屋面折板做法如图 9-3 所示。

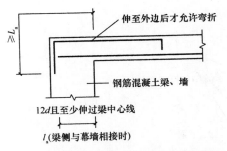

图 9-1　板内纵筋锚入梁内及混凝土墙内长度要求

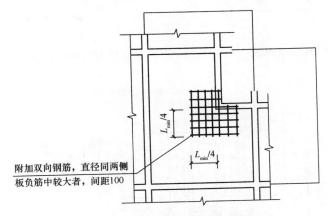

图 9-2　异形柱阳角处附加板面钢筋要求

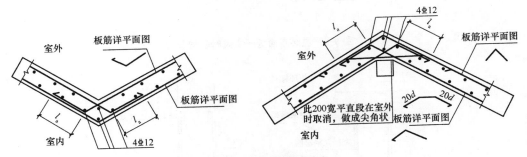

图 9-3　坡屋面折板做法

11）屋面挑檐转角处做法如图 9-4、图 9-5 所示。

（3）梁、柱的构造要求。

1）梁纵筋水平锚固长度不满足规范要求时，钢筋做法参照图集 16G101。

2）次梁底面低于主梁时的构造如图 9-6 所示。

3）板与梁交接处不闭合做法如图 9-7 所示。

4）主次梁相交处应在主梁上此两处的两侧设附加箍筋，每侧三根，直径及肢数同主梁箍筋，附加吊筋具体施工图在主次梁交接处，附加箍筋、吊筋做法具体见图集 16G101。

5）坡屋面折梁做法如图 9-8 所示。

6）屋面板檐口梁梁顶标高示意图如图 9-9 所示。

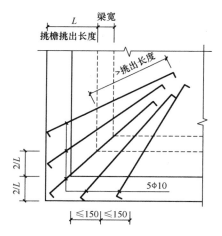

图 9-4　屋面挑檐转角处做法

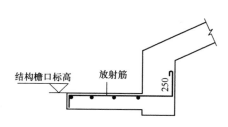

图 9-5　屋面挑檐转角处放射筋做法示意图

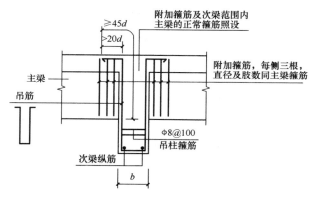

图 9-6　次梁底面低于主梁时的构造

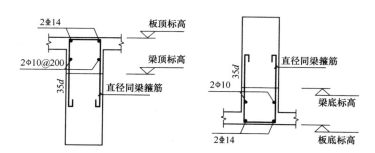

图 9-7　板与梁交接处不闭合做法

7）剪力墙连梁高度大于 700mm 或跨高比小于 2.5 时，腰筋均用 Φ10@200。

七、隔墙与混凝土墙、柱的连接及圈梁、过梁、构造柱的要求

（1）砌体结构施工控制等级不应低于 B 级。

（2）填充墙及隔墙的抗震构造要求及做法见 11G329-1 图集。

（3）空心砌块填充墙及隔墙的要求及做法见 14J102-2 图集、14G614 图集，其中，

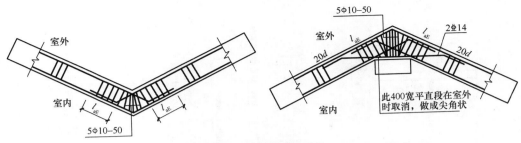

图 9-8　坡屋面折梁做法

填充墙及隔墙在拐角及纵横墙连接部位均应设置构造柱或芯柱。当墙长超过层高 1.5 倍时，墙内构造柱或芯柱间距不得大于 3m。

（4）门窗过梁。墙砌体上门窗洞口应设置钢筋混凝土过梁。当洞口上方有承重梁通过，且该梁底标高与门窗洞顶距离过近，放不下过梁或洞顶为弧形时，可直接在梁下挂板，具体做法如图 9-10 所示。

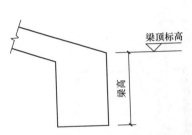

图 9-9　屋面板檐口梁梁顶标高示意图

图 9-10　门窗过梁做法
（当梁底标高与门窗洞顶距离过近时）

（5）填充墙及隔墙相关做法见 88J2‐2 图集。

第二节　基　础　图

基础梁结构图、基础底板配筋图及其讲解如图 9-11～图 9-14 所示。

第三节　各构件平法施工图

各构件平法施工图及其讲解如图 9-15～图 9-26 所示。

第四节　楼梯及壁炉详图

楼梯及壁炉详图及其讲解如图 9-27～图 9-30 所示。

清单定额计价第四集
扫码观看本视频

清单定额计价第五集
扫码观看本视频

清单定额计价第六集
扫码观看本视频

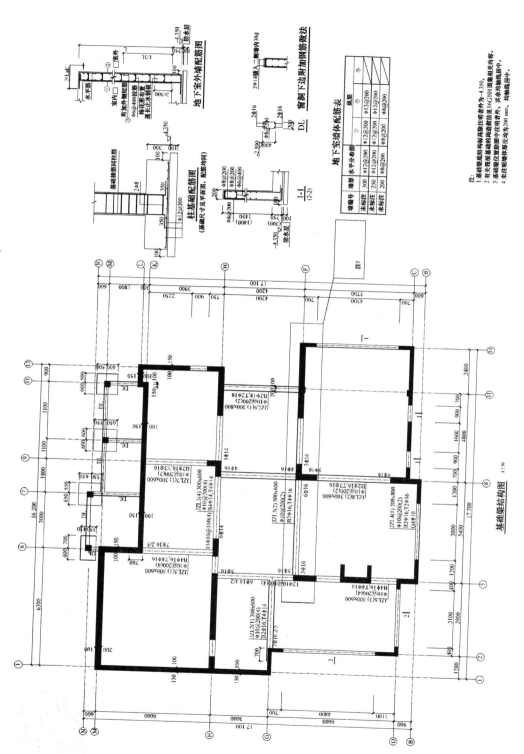

图 9-11　基础梁结构图

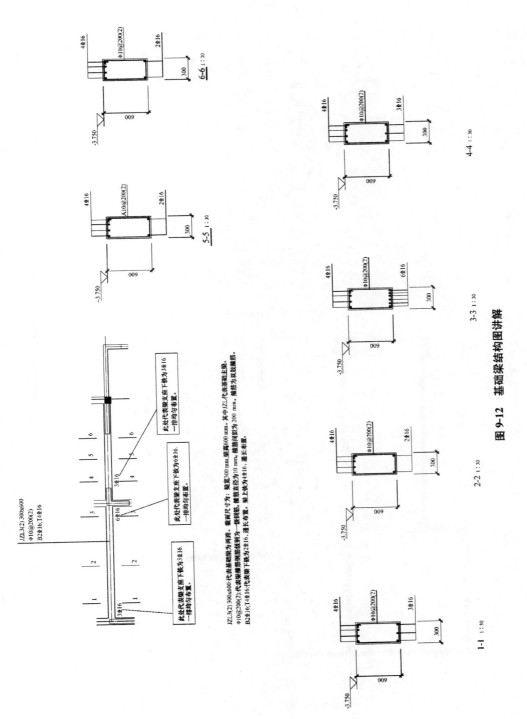

图 9-12　基础梁结构图讲解

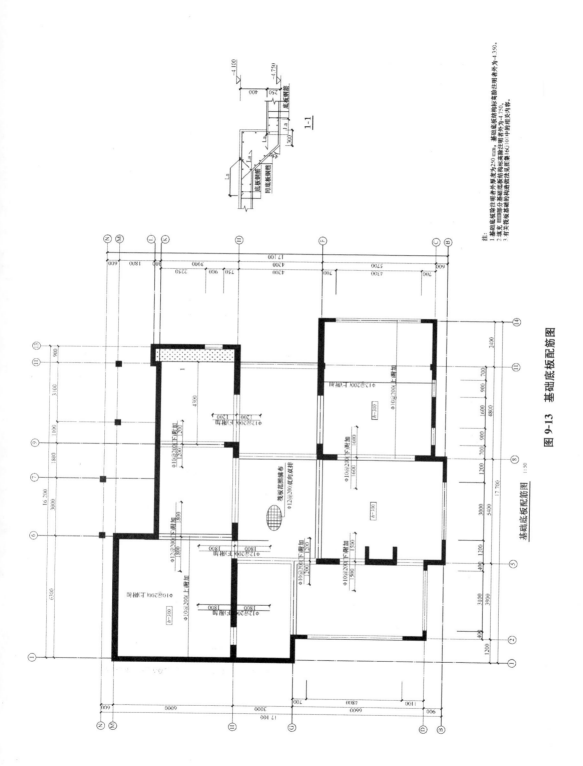

图 9-13　基础底板配筋图

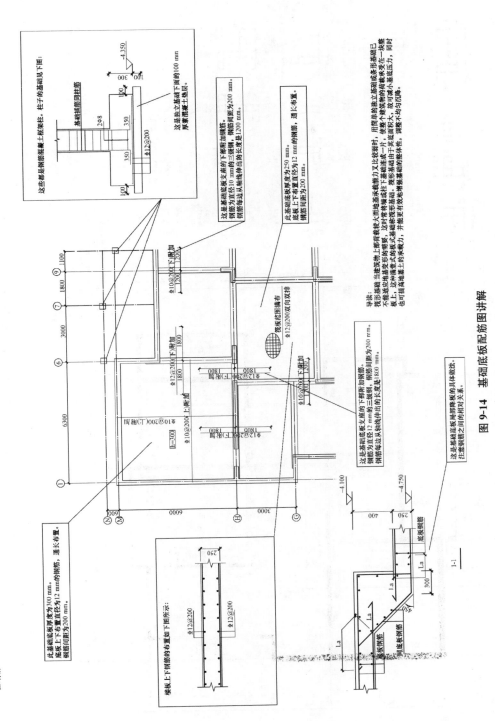

图9-14　基础底板配筋图讲解

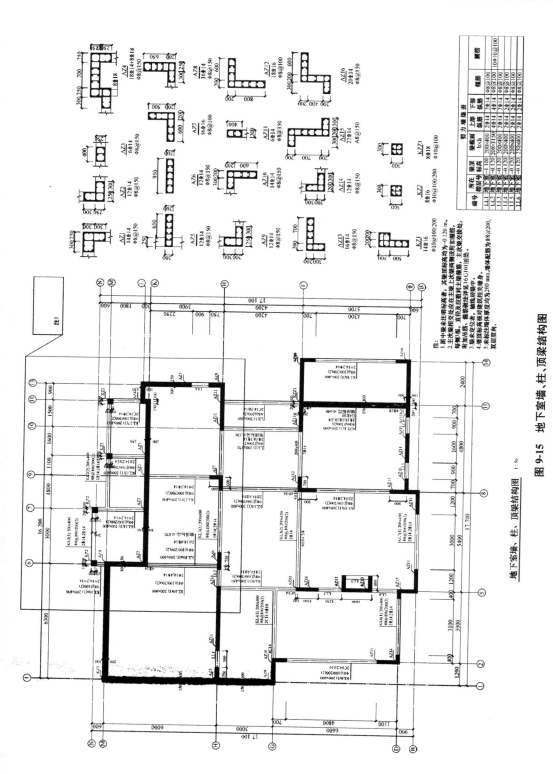

图 9-15 地下室墙、柱、顶梁结构图

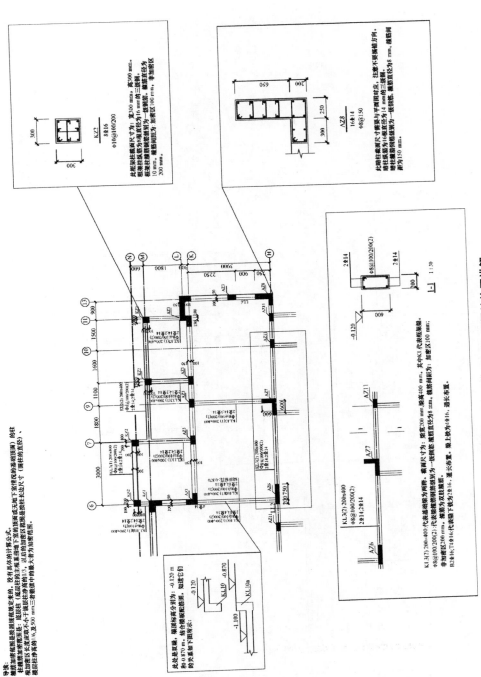

图 9-16　地下室墙、柱、顶梁结构图详解

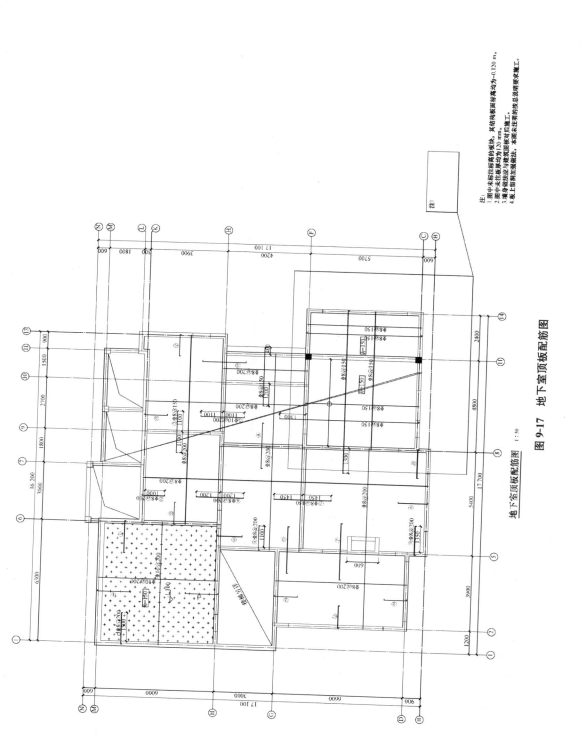

地下室顶板配筋图 1：50

图 9-17 地下室顶板配筋图

注：
1. 图中未标注标高的板块，其结构板面标高均为-0.120 m。
2. 图中未注板厚度均为120 mm。
3. 埋身板加挑与墙筑固模对后施工。
4. 板上图例加强做法，本图未注明的按总说明要求施工。

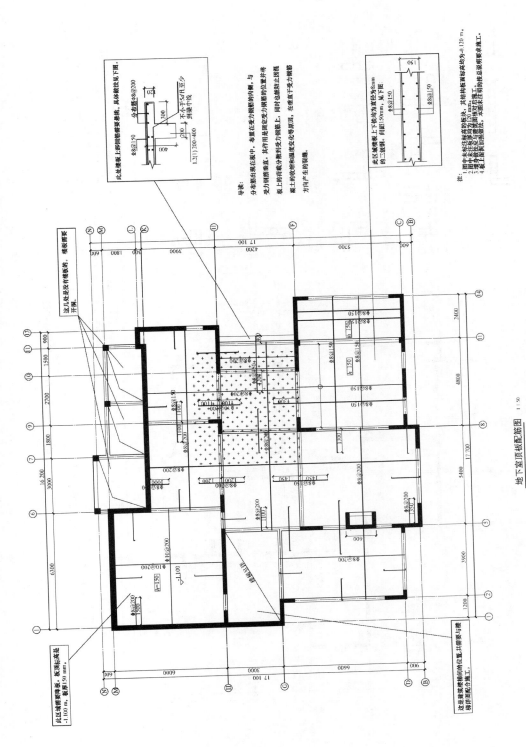

图9-18 地下室顶板配筋图讲解

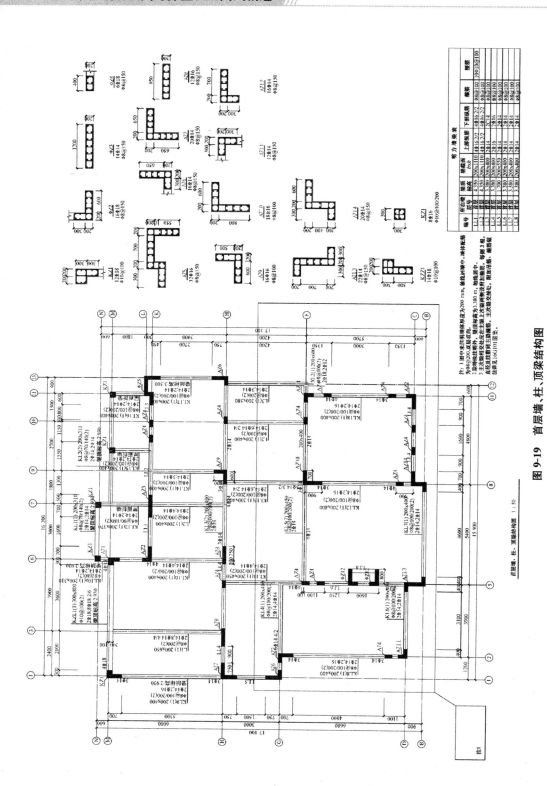

图 9-19 首层墙、柱、顶梁结构图

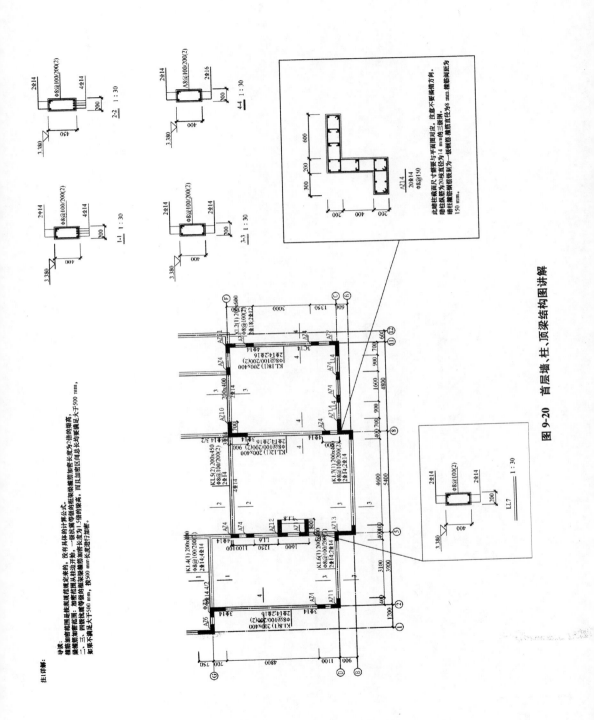

图 9-20　首层墙、柱、顶梁结构图讲解

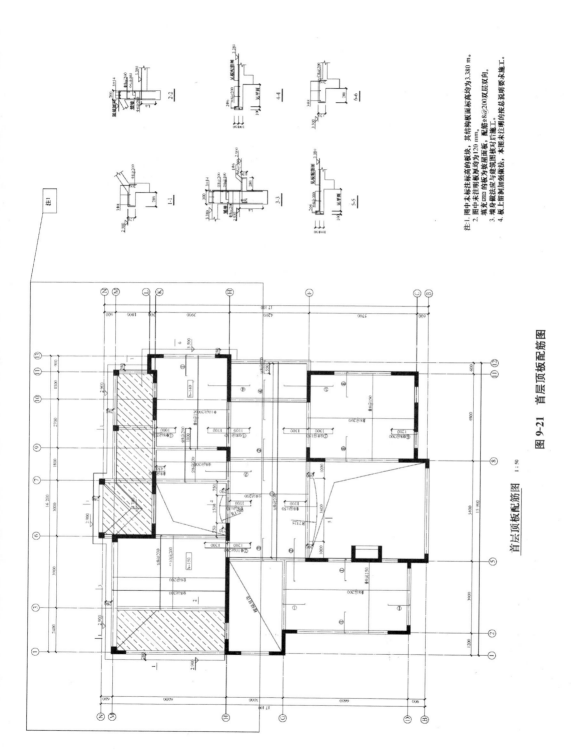

注:1.图中未标注标高的板块，其结构板面标高均为3.380 m。
2.图中未注明板厚度均为120 mm，图中未注明的板为现浇板，配筋Φ8@200双层双向。
填充Φ22的为垫面板，配筋8@200双层双向。
3.墙身做法应与建筑图接对后施工。
4.板上筋未注明的按总说明要求实施工，本图未注明的按总说明要求实施工。

图 9-21　首层顶板配筋图

首层顶板配筋图　1:50

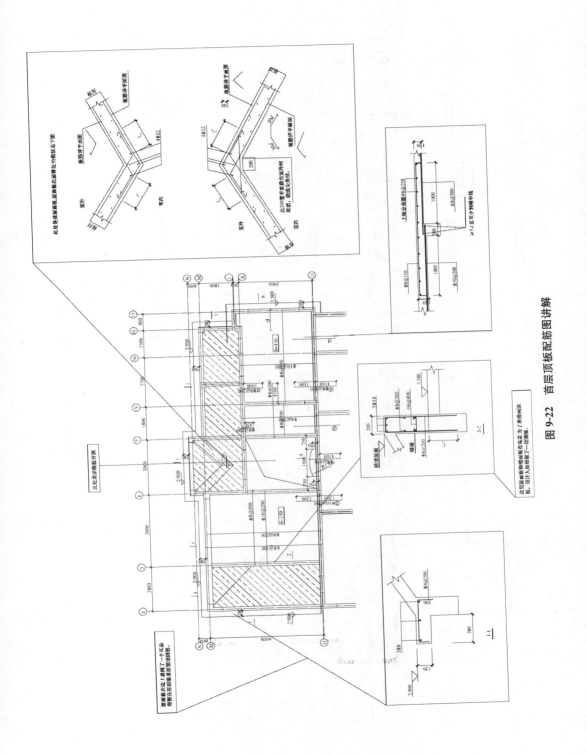

图 9-22　首层顶板配筋图详解

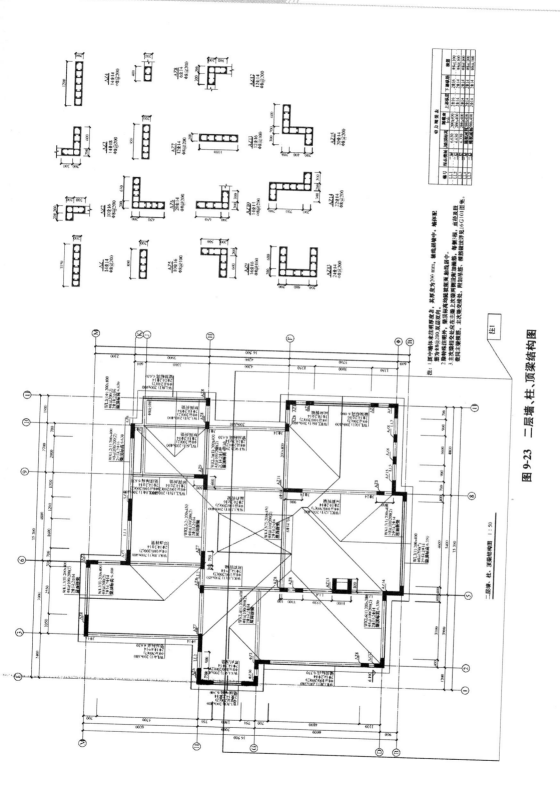

图 9-23 二层墙、柱、顶梁结构图

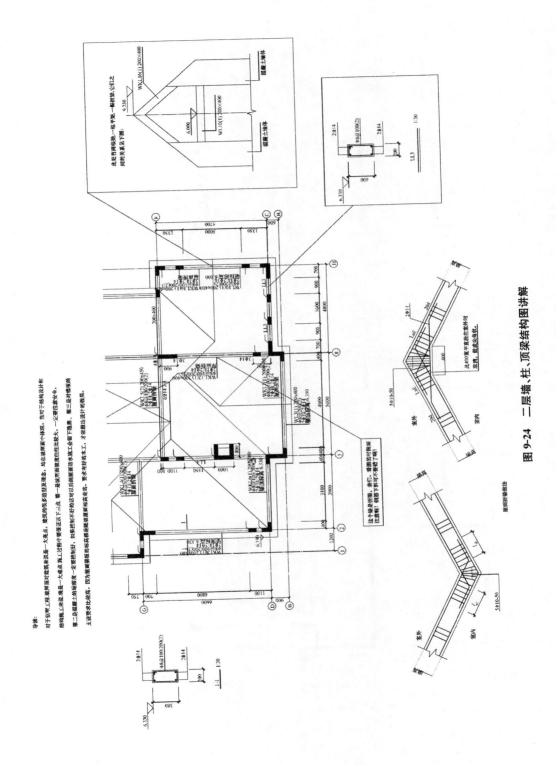

图9-24　二层墙、柱、顶梁结构图讲解

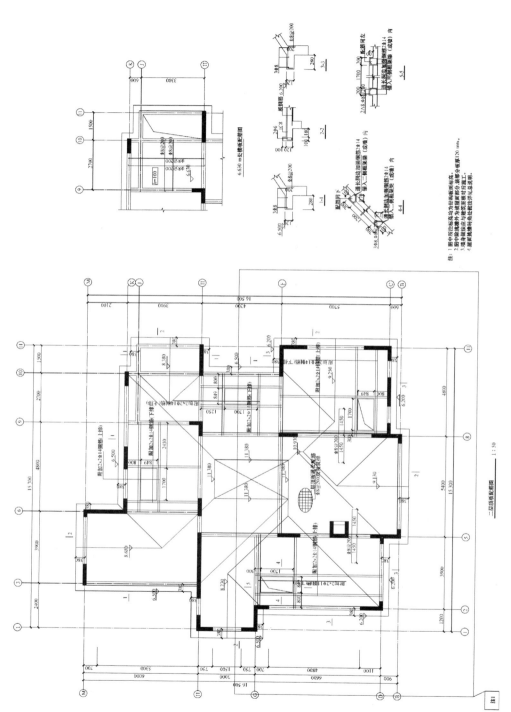

图 9-25　二层顶板配筋图

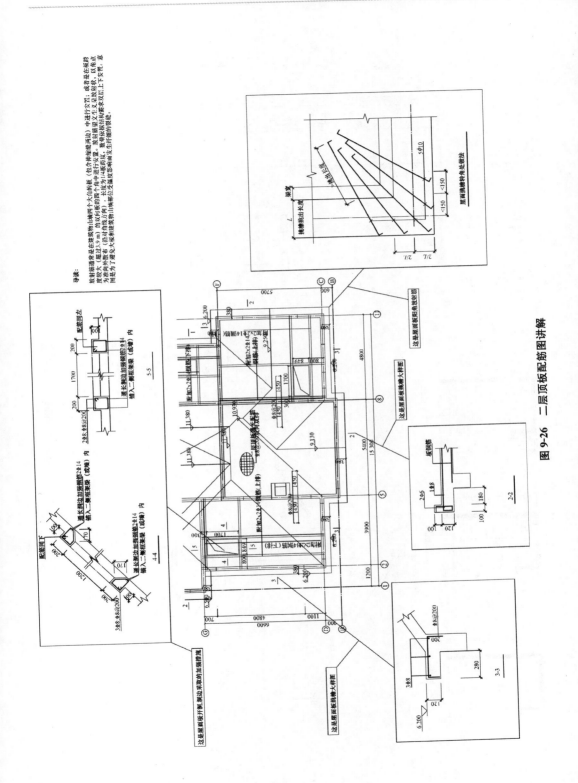

图 9-26　二层顶板配筋图讲解

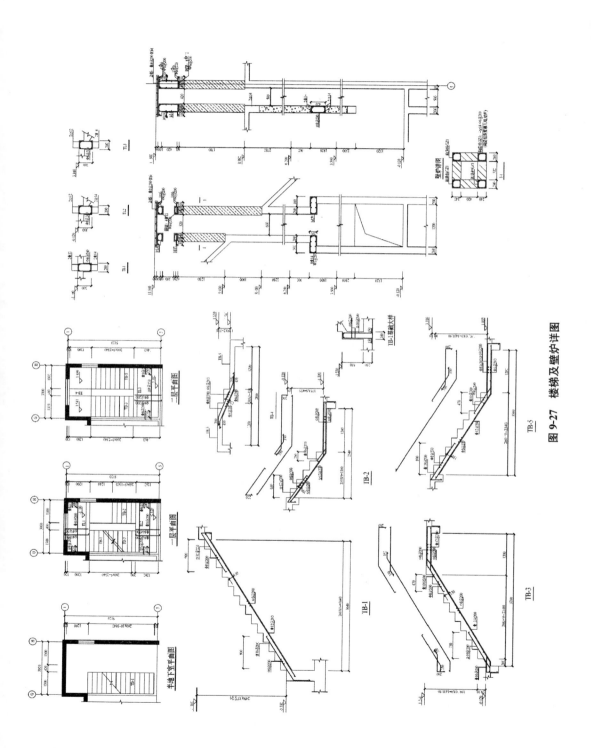

图 9-27 楼梯及壁炉详图

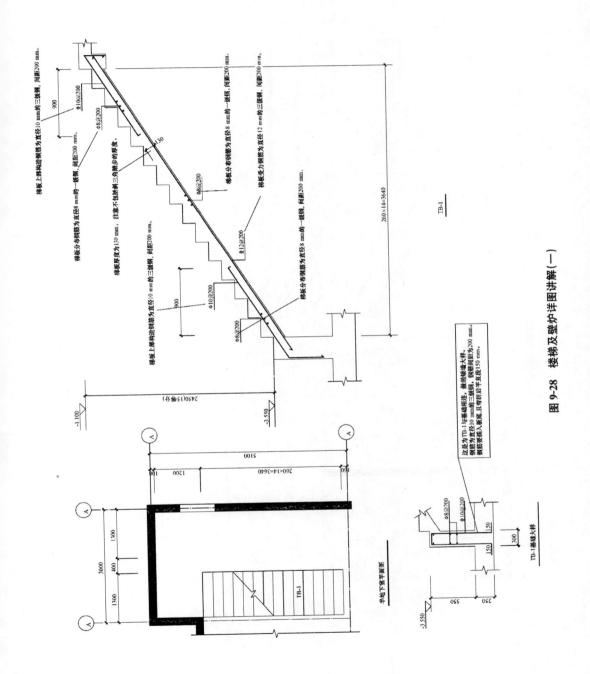

图 9-28 楼梯及壁炉详图讲解（一）

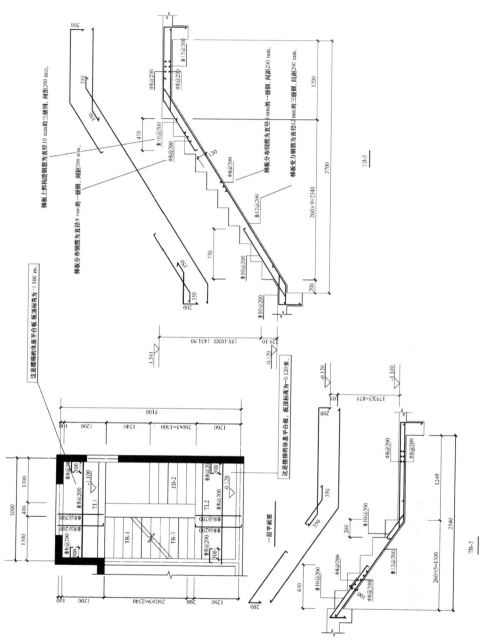

图 9-29　楼梯及壁炉详图讲解(二)

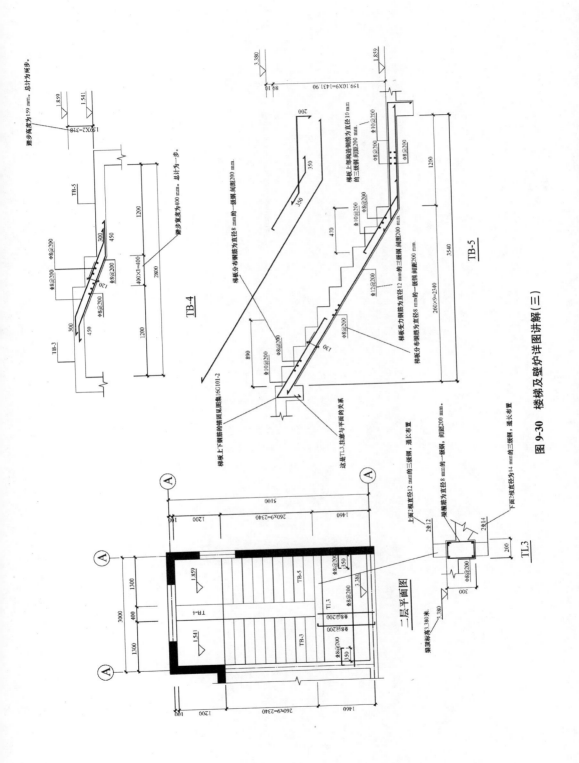

图 9-30　楼梯及壁炉详图讲解（三）

参 考 文 献

[1] 中国建筑标准设计研究院. 16G101-1混凝土结构施工图平面整体表示方法制图规则和构造详图（现浇混凝土框架、剪力墙、梁、板）［S］. 北京：中国计划出版社，2016.

[2] 中国建筑标准设计研究院. 16G101-2混凝土结构施工图平面整体表示方法制图规则和构造详图（现浇混凝土板式楼梯）［S］. 北京：中国计划出版社，2016.

[3] 中国建筑标准设计研究院. 16G101-1混凝土结构施工图平面整体表示方法制图规则和构造详图（独立基础、条形基础、筏形基础及桩基础）［S］. 北京：中国计划出版社，2016.

[4] 中华人民共和国住房和城乡建设部，中华人民共和国国家质量监督检查检疫总局. GB 50010—2010 混凝土结构设计规范（2015版）［S］. 北京：中国建筑工业出版社，2016.

[5] 中华人民共和国住房和城乡建设部，中华人民共和国国家质量监督检查检疫总局. GB 50011—2010 建筑抗震设计规范［S］. 北京：中国建筑工业出版社，2010.

[6] 陈达飞. 平法识图与钢筋计算［M］. 2版. 北京：中国建筑工业出版社，2012.

[7] 李守巨. 平法钢筋识图与算量［M］. 北京：中国电力出版社，2014.

[8] 彭波. 平法钢筋识图算量基础教程［M］. 北京：中国建筑工业出版社，2013.